教科書ガイド 数研出版 版 新編 数学C

本書は，数研出版が発行する教科書「新編 数学C［数C/710］」に沿って編集された，教科書の **公式ガイドブック** です。教科書のすべての問題の解き方と答えに加え，例と例題の解説動画も付いていますので，教科書の内容がすべてわかります。また，巻末には，オリジナルの演習問題も掲載していますので，これらに取り組むことで，更に実力が高まります。

本書の特徴と構成要素

1　教科書の問題の解き方と答えがわかる。予習・復習にピッタリ！

2　オリジナル問題で演習もできる。定期試験対策もバッチリ！

3　例・例題の解説動画付き。教科書の理解はバンゼン！

まとめ	各項目の冒頭に，公式や解法の要領，注意事項をまとめてあります。
指針	問題の考え方，解法の手がかり，解答の進め方を説明しています。
解答	指針に基づいて，できるだけ詳しい解答を示しています。
別解	解答とは別の解き方がある場合は，必要に応じて示しています。
注意 など	問題の考え方，解法の手がかり，解答の進め方で，特に注意すべきことや参考事項などを，必要に応じて示しています。
演習編	巻末に，教科書の問題の類問を掲載しています。これらの問題に取り組むことで，教科書で学んだ内容がいっそう身につきます。また，章ごとにまとめの問題も取り上げていますので，定期試験対策などにご利用ください。
デジタルコンテンツ	2次元コードを利用して，教科書の例・例題の解説動画や，巻末の演習編の問題の詳しい解き方などを見ることができます。

JN056772

目　次

第4章 式と曲線

第5章 数学的な表現の工夫

〈デジタルコンテンツ〉

次のものを用意しております。

① 教科書「新編数学C［数C/710］」の例・例題の解説動画

② 演習編の詳解

③ 教科書「新編数学C［数C/710］」
と黄チャート・白チャートの対応表

デジタルコンテンツ ➡

第1章 | 平面上のベクトル

第1節 ベクトルとその演算

1 ベクトル

まとめ

1 有向線分

向きをつけた線分を **有向線分** という。有向線分 AB では，A をその **始点**，B をその **終点** といい，その **向き** は A から B へ向かっているとする。

また，線分 AB の長さを，有向線分 AB の **大きさ** または **長さ** という。

2 ベクトル

有向線分の位置の違いを無視して，その向きと大きさだけに着目したものを **ベクトル** という。ベクトルは，向きと大きさをもつ量である。

たとえば，物理で扱われる速度や力は向きと大きさをもつ量であり，ベクトルで表すと考えやすくなる。

> **注意** 本章では平面上の有向線分が表すベクトルを考える。これを平面上のベクトルということがある。なお，空間の有向線分が表すベクトルについては，第2章で扱う。

3 ベクトルの表し方

有向線分 AB が表すベクトルを $\overrightarrow{\mathrm{AB}}$ で表す。また，ベクトルを $\vec{a}$，$\vec{b}$ などで表すこともある。ベクトル $\overrightarrow{\mathrm{AB}}$，$\vec{a}$ の大きさは，それぞれ $|\overrightarrow{\mathrm{AB}}|$，$|\vec{a}|$ で表す。$|\overrightarrow{\mathrm{AB}}|$ は有向線分 AB の長さに等しい。

4 ベクトルの相等

向きが同じで大きさも等しい 2 つのベクトル $\vec{a}$，$\vec{b}$ は **等しい** といい，$\vec{a}=\vec{b}$ と書く。

5 逆ベクトル

ベクトル $\vec{a}$ と大きさが等しく，向きが反対のベクトルを，$\vec{a}$ の **逆ベクトル** といい，$-\vec{a}$ で表す。
$\vec{a}=\overrightarrow{\mathrm{AB}}$ のとき，$-\vec{a}=\overrightarrow{\mathrm{BA}}$ である。すなわち
$$\overrightarrow{\mathrm{BA}}=-\overrightarrow{\mathrm{AB}}$$

A 有向線分とベクトル　B ベクトルの表記

| 練習1 | 右の図に示されたベクトルについて，次のようなベクトルの番号の組をすべてあげよ。
(1)　等しいベクトル
(2)　大きさが等しいベクトル
(3)　向きが同じベクトル
(4)　互いに逆ベクトル | 教 p.9 |

指針 **ベクトルの相等，向き，逆ベクトル**　ベクトルは，大きさと向きの2つの要素をもつ量で，この2つが等しいとき，ベクトルは等しい。

また，大きさが等しく向きが反対のベクトルを逆ベクトルという。

解答 (1)　ベクトルが等しいのは，大きさも，向きも等しいことから

　　　　①と⑧　答

(2)　大きさが等しいベクトルは，

　　　　①と⑧，③と⑤と⑥　答

(3)　向きが同じベクトルは，線分が平行で，向きが等しいことから

　　　　①と⑧，②と⑦，③と④　答

(4)　逆ベクトルは，大きさが等しく向きが反対のベクトルであるから

　　　　⑤と⑥　答

2 ベクトルの演算

まとめ

1　ベクトルの加法

ベクトル $\vec{a} = \overrightarrow{AB}$ とベクトル $\vec{b}$ に対して，$\overrightarrow{BC} = \vec{b}$ となるように点Cをとる。このようにして定まるベクトル $\overrightarrow{AC}$ を，$\vec{a}$ と $\vec{b}$ の **和** といい，$\vec{a} + \vec{b}$ と書く。

すなわち，次のことが成り立つ。

$$\overrightarrow{AB} + \overrightarrow{BC} = \overrightarrow{AC}$$

2　ベクトルの加法の性質

ベクトルの加法について，次の性質が成り立つ。

[1]　　$\vec{a} + \vec{b} = \vec{b} + \vec{a}$ 　　　　交換法則

[2]　　$(\vec{a} + \vec{b}) + \vec{c} = \vec{a} + (\vec{b} + \vec{c})$ 　　結合法則

3　零ベクトル

大きさが 0 のベクトルを **零ベクトル**
またはゼロベクトルといい，$\vec{0}$ で表す。

零ベクトルの向きは考えない。

$\overrightarrow{AA}=\vec{0}$
$\overrightarrow{BB}=\vec{0}$

零ベクトルに関して，次の性質が成り立つ。

$$\vec{a}+(-\vec{a})=\vec{0}, \quad \vec{a}+\vec{0}=\vec{a}$$

4　ベクトルの減法

ベクトル $\vec{a}$，$\vec{b}$ に対して，$\vec{b}+\vec{c}=\vec{a}$ を満たすベクトル $\vec{c}$ を，$\vec{a}$ と $\vec{b}$ の差といい，$\vec{a}-\vec{b}$ と書く。

一般に，$\overrightarrow{OB}+\overrightarrow{BA}=\overrightarrow{OA}$ であるから

$$\overrightarrow{OA}-\overrightarrow{OB}=\overrightarrow{BA}$$

同様に，$\overrightarrow{OA}+\overrightarrow{AB}=\overrightarrow{OB}$ から

$$\overrightarrow{AB}=\overrightarrow{OB}-\overrightarrow{OA}$$

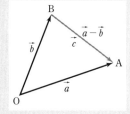

5　ベクトルの減法の性質

ベクトルの減法について，次の性質が成り立つ。

[1]　$\vec{a}-\vec{b}=\vec{a}+(-\vec{b})$　　　[2]　$\vec{a}-\vec{a}=\vec{0}$

6　ベクトルの実数倍

実数 k とベクトル $\vec{a}$ に対して，$\vec{a}$ の k 倍のベクトル $k\vec{a}$ を次のように定める。

$\vec{a}\neq\vec{0}$ のとき

[1]　$k>0$ ならば，$\vec{a}$ と向きが同じで，大きさが
　　k 倍のベクトル。

　　とくに　　　$1\vec{a}=\vec{a}$

[2]　$k<0$ ならば，$\vec{a}$ と向きが反対で，大きさが
　　$|k|$ 倍のベクトル。

　　とくに　　$(-1)\vec{a}=-\vec{a}$

[3]　$k=0$ ならば，$\vec{0}$ とする。

　　すなわち　　$0\vec{a}=\vec{0}$

$\vec{a}=\vec{0}$ のとき　どんな k に対しても $k\vec{0}=\vec{0}$ とする。

注意　$(-2)\vec{a}=-(2\vec{a})$ が成り立つから，これらを単に $-2\vec{a}$ と書く。

7　ベクトルの実数倍の性質

k，l は実数とする。

[1]　$k(l\vec{a})=(kl)\vec{a}$

[2]　$(k+l)\vec{a}=k\vec{a}+l\vec{a}$

[3]　$k(\vec{a}+\vec{b})=k\vec{a}+k\vec{b}$

8　ベクトルの平行

$\vec{0}$ でない 2 つのベクトル $\vec{a}$，$\vec{b}$ は，向きが同じか反対のとき，**平行** であるといい，$\vec{a}/\!/\vec{b}$ と書く。

9 ベクトルの平行条件 $\vec{a} \neq \vec{0}$, $\vec{b} \neq \vec{0}$ のとき

$$\vec{a} /\!/ \vec{b} \iff \vec{b} = k\vec{a} \ となる実数 \ k \ がある$$

注意 $\vec{b} = k\vec{a}$ において，$k>0$ のとき $\vec{a}$, $\vec{b}$ は同じ向きに平行，$k<0$ のとき $\vec{a}$,
$\vec{b}$ は反対向きに平行である。

10 単位ベクトル

大きさが 1 のベクトルを **単位ベクトル** という。

$\vec{a} \neq \vec{0}$ のとき，$\vec{a}$ と平行な単位ベクトルは $\dfrac{\vec{a}}{|\vec{a}|}$ と $-\dfrac{\vec{a}}{|\vec{a}|}$

11 ベクトルの分解

$\vec{0}$ でない 2 つのベクトル $\vec{a}, \vec{b}$ が平行でないとき，
どんなベクトル $\vec{p}$ も，$\vec{a}$, $\vec{b}$ と適当な実数 s, t を
用いて $\vec{p} = s\vec{a} + t\vec{b}$ の形に表すことができる。
しかも，この表し方はただ 1 通りである。

注意 $\vec{0}$ でない 2 つのベクトル $\vec{a}$, $\vec{b}$ が平行でない
とき，平面上におけるこのような 2 つのベクト
ル $\vec{a}$, $\vec{b}$ は **1 次独立** であるという。

A ベクトルの加法

練習
2

教 p.10

次のベクトル $\vec{a}$, $\vec{b}$ について，$\vec{a} + \vec{b}$ をそれぞれ図示せよ。

(1)　　　　　　(2)　　　　　　(3)　　　　　　(4)

指針 **ベクトルの加法** 2 つのベクトル $\vec{a}$, $\vec{b}$ の和 $\vec{a} + \vec{b}$ は，$\vec{b}$ を，その始点 P が
$\vec{a}$ の終点 A に一致するように平行移動させ，$\vec{a}$ の始点 O から $\vec{b}$ の終点 C へ
向かって線分を引くと得られる。

解答
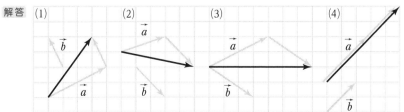

(1)　　　　　　(2)　　　　　　(3)　　　　　　(4)

練習 3　次の等式が成り立つことを示せ。
$$\overrightarrow{AB}+\overrightarrow{BD}+\overrightarrow{CA}=\overrightarrow{CD}$$

指針　**ベクトルの和**　交換法則，結合法則を利用する。

解答　$\overrightarrow{AB}+\overrightarrow{BD}+\overrightarrow{CA}=(\overrightarrow{AB}+\overrightarrow{BD})+\overrightarrow{CA}$
$\qquad\qquad\qquad\quad=\overrightarrow{AD}+\overrightarrow{CA}=\overrightarrow{CA}+\overrightarrow{AD}=\overrightarrow{CD}$　終

B 零ベクトル

練習 4　次の等式が成り立つことを示せ。
$$\overrightarrow{AB}+\overrightarrow{BC}+\overrightarrow{CA}=\vec{0}$$

指針　**ベクトルの加法と零ベクトル**　結合法則を利用して，$\overrightarrow{AB}+\overrightarrow{BC}$ を先に計算する。$\overrightarrow{A\square}+\overrightarrow{\square A}=\overrightarrow{AA}=\vec{0}$ である。

解答　$\overrightarrow{AB}+\overrightarrow{BC}+\overrightarrow{CA}=(\overrightarrow{AB}+\overrightarrow{BC})+\overrightarrow{CA}$
$\qquad\qquad\qquad\quad=\overrightarrow{AC}+\overrightarrow{CA}=\overrightarrow{AA}=\vec{0}$　終

C ベクトルの減法

練習 5　練習2のベクトル $\vec{a}$, $\vec{b}$ について，$\vec{a}-\vec{b}$ をそれぞれ図示せよ。

指針　**ベクトルの減法**　1つの点を始点として $\vec{a}$, $\vec{b}$ をかき，$\vec{b}$ の終点を始点とし，$\vec{a}$ の終点を終点とするベクトルをかく。

解答　(1)　　　(2)　　　(3)　　　(4)

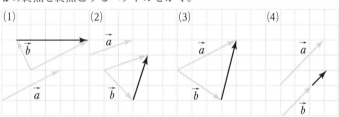

D ベクトルの実数倍

練習 6　教科書例3の4点A，B，C，Dについて，次の（　）に適する実数を求めよ。
(1)　$\overrightarrow{AC}=(\ \ )\overrightarrow{AB}$　　(2)　$\overrightarrow{AD}=(\ \ )\overrightarrow{AB}$　　(3)　$\overrightarrow{BC}=(\ \ )\overrightarrow{AB}$

指針 **ベクトルの実数倍**　向きが反対のとき，負の実数倍となる。

解答 (1)　AC：AB＝1：3であるから

$$\overrightarrow{AC}=\left(\frac{1}{3}\right)\overrightarrow{AB}　\text{答}$$

(1)

(2)　AD：AB＝3：2であるから

$$\overrightarrow{AD}=\left(\frac{3}{2}\right)\overrightarrow{AB}　\text{答}$$

(2)

(3)　BC：AB＝2：3であるから

$$\overrightarrow{BC}=\left(-\frac{2}{3}\right)\overrightarrow{AB}　\text{答}$$

(3)

練習 7

右の図のベクトル $\vec{a}$, $\vec{b}$ について，次のベクトルを図示せよ。

(1)　$2\vec{a}$　　　　　(2)　$-2\vec{b}$

(3)　$2\vec{a}+\vec{b}$　　　(4)　$\vec{a}-2\vec{b}$

教 p.13

指針 **ベクトルの図示**　まず，$\vec{a}$, $\vec{b}$ をそれぞれ実数倍したベクトルを作図する。

(3)，(4)　ベクトルの加法，減法の定義から向きを決定し，求めるベクトルを作図する。

解答 図のように，$\vec{a}=\overrightarrow{OA}$, $\vec{b}=\overrightarrow{OB}$ とする。

(1)　線分 OA の延長上に
　OC＝2OA となる点 C をとると
　　$2\vec{a}=\overrightarrow{OC}$

(2)　線分 BO の延長上に
　OD＝2OB となる点 D をとると
　　$-2\vec{b}=\overrightarrow{OD}$

(3)　$2\vec{a}+\vec{b}=\overrightarrow{OC}+\overrightarrow{OB}=\overrightarrow{OE}$

(4)　$\vec{a}-2\vec{b}=\vec{a}+(-2\vec{b})=\overrightarrow{OA}+\overrightarrow{OD}=\overrightarrow{OF}$

E ベクトルの計算

練習 8

次の計算をせよ。

(1)　$\vec{a}+3\vec{a}-2\vec{a}$

(2)　$3\vec{a}+7\vec{b}-5\vec{a}-2\vec{b}$

(3)　$3(2\vec{a}+\vec{b})+4(\vec{a}-2\vec{b})$

(4)　$2(\vec{a}-3\vec{b})-3(3\vec{a}-2\vec{b})$

教 p.14

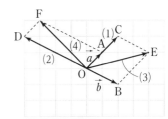

指針 **ベクトルの計算** $\vec{a}$, $\vec{b}$ などの式を文字式と同じように扱うことができる。

(1) 同類項をまとめる。

(3) 分配法則により，かっこをはずし，同類項をまとめる。

解答 (1) $\vec{a}+3\vec{a}-2\vec{a}=(1+3-2)\vec{a}=2\vec{a}$ 答

(2) $3\vec{a}+7\vec{b}-5\vec{a}-2\vec{b}=(3-5)\vec{a}+(7-2)\vec{b}=-2\vec{a}+5\vec{b}$ 答

(3) $3(2\vec{a}+\vec{b})+4(\vec{a}-2\vec{b})=6\vec{a}+3\vec{b}+4\vec{a}-8\vec{b}$
$$=(6+4)\vec{a}+(3-8)\vec{b}=10\vec{a}-5\vec{b}$$ 答

(4) $2(\vec{a}-3\vec{b})-3(3\vec{a}-2\vec{b})=2\vec{a}-6\vec{b}-9\vec{a}+6\vec{b}$
$$=(2-9)\vec{a}+(-6+6)\vec{b}$$
$$=-7\vec{a}$$ 答

F ベクトルの平行

練習 9

次の問いに答えよ。

(1) 単位ベクトル $\vec{e}$ と平行で，大きさが 4 のベクトルを $\vec{e}$ を用いて表せ。

(2) $|\vec{a}|=3$ のとき，$\vec{a}$ と同じ向きの単位ベクトルを $\vec{a}$ を用いて表せ。

指針 **平行なベクトルと単位ベクトル**

(1) $\vec{e}$ と平行なベクトルは $k\vec{e}$ である。

(2) $\vec{a}$ と同じ向きの単位ベクトル，すなわち，$\vec{a}$ と同じ向きの大きさが 1 のベクトルは $\dfrac{\vec{a}}{|\vec{a}|}$ である。

解答 (1) $4\vec{e}$, $-4\vec{e}$ 答

(2) $\dfrac{1}{3}\vec{a}$ $\left(\dfrac{\vec{a}}{3}\right)$ 答

深める

一般に，$\vec{a}\neq0$ のとき，$\vec{a}$ と平行な単位ベクトルは，$\dfrac{\vec{a}}{|\vec{a}|}$, $-\dfrac{\vec{a}}{|\vec{a}|}$ と表すことができる。この理由を説明してみよう。

指針 $\dfrac{\vec{a}}{|\vec{a}|}$, $-\dfrac{\vec{a}}{|\vec{a}|}$ の大きさと向きを考えると，$\vec{a}$ と平行な単位ベクトルであることがわかる。

解答 $\vec{a}$ の大きさは $|\vec{a}|$ であるから，$\dfrac{\vec{a}}{|\vec{a}|}$ の大きさは 1 である。

よって，$\dfrac{\vec{a}}{|\vec{a}|}$ は単位ベクトルである。

また，$\dfrac{\vec{a}}{|\vec{a}|}$ は $\vec{a}$ の実数倍であるから，$\vec{a}$ に平行である。

さらに，$\dfrac{\vec{a}}{|\vec{a}|}$ の逆ベクトルである $-\dfrac{\vec{a}}{|\vec{a}|}$ は，$\dfrac{\vec{a}}{|\vec{a}|}$ と大きさが等しく向きが反

対であるから，$-\dfrac{\vec{a}}{|\vec{a}|}$ は単位ベクトルで $\vec{a}$ に平行である。

以上から，$\vec{a} \neq \vec{0}$ のとき，$\vec{a}$ と平行な単位ベクトルは，$\dfrac{\vec{a}}{|\vec{a}|}$，$-\dfrac{\vec{a}}{|\vec{a}|}$ と表すことができる。　終

G ベクトルの分解

練習10　教科書の応用例題 1 において，次のベクトルを $\vec{a}$，$\vec{b}$ を用いて表せ。　　教 p.16

(1) $\overrightarrow{AC}$　　　　(2) $\overrightarrow{EF}$　　　　(3) $\overrightarrow{DB}$

指針 **ベクトルの分解**
　$\overrightarrow{○△} = \overrightarrow{○□} + \overrightarrow{□△}$ のように分解することができる。

解答 (1) $\overrightarrow{AC} = \overrightarrow{AF} + \overrightarrow{FC}$
$\qquad = \vec{b} + 2\vec{a} = 2\vec{a} + \vec{b}$　答

(2) $\overrightarrow{EF} = \overrightarrow{EO} + \overrightarrow{OF}$
$\qquad = -\vec{b} + (-\vec{a}) = -\vec{a} - \vec{b}$　答

(3) $\overrightarrow{DB} = \overrightarrow{DE} + \overrightarrow{EB}$
$\qquad = -\vec{a} + (-2\vec{b}) = -\vec{a} - 2\vec{b}$　答

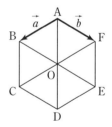

3 ベクトルの成分

1 基本ベクトル

O を原点とする座標平面上で，x軸，y軸の正の向きと同じ向きの単位ベクトルを，**基本ベクトル** といい，それぞれ $\vec{e_1}$, $\vec{e_2}$ で表す。

2 ベクトルの成分

座標平面上のベクトル $\vec{a}$ に対し，$\vec{a}=\overrightarrow{\mathrm{OA}}$ である点Aの座標が $(a_1,\ a_2)$ のとき，$\vec{a}$ は次のように表される。

$$\vec{a}=a_1\vec{e_1}+a_2\vec{e_2}$$
$$\vec{a}=(a_1,\ a_2) \quad \cdots\cdots ①$$

①における a_1, a_2 を，それぞれ $\vec{a}$ の x成分，y成分といい，まとめて $\vec{a}$ の **成分** という。また，①を $\vec{a}$ の **成分表示** という。

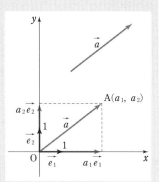

3 ベクトルの相等

$\vec{a}=(a_1,\ a_2)$, $\vec{b}=(b_1,\ b_2)$のとき

$$\vec{a}=\vec{b} \iff a_1=b_1,\ a_2=b_2$$

4 ベクトルの大きさ

$\vec{a}=(a_1,\ a_2)$のとき

$$|\vec{a}|=\sqrt{a_1^2+a_2^2}$$

5 和，差，実数倍の成分表示

$$(a_1,\ a_2)+(b_1,\ b_2)=(a_1+b_1,\ a_2+b_2)$$
$$(a_1,\ a_2)-(b_1,\ b_2)=(a_1-b_1,\ a_2-b_2)$$
$$k(a_1,\ a_2)=(ka_1,\ ka_2) \qquad ただし，k は実数$$

6 2点A，Bとベクトル$\overrightarrow{\mathrm{AB}}$

2点 A$(a_1,\ a_2)$，B$(b_1,\ b_2)$について

$$\overrightarrow{\mathrm{AB}}=(b_1-a_1,\ b_2-a_2)$$
$$|\overrightarrow{\mathrm{AB}}|=\sqrt{(b_1-a_1)^2+(b_2-a_2)^2}$$

A ベクトルの成分表示

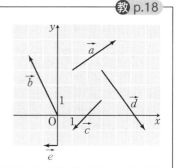

教 p.18

練習
11
右の図のベクトル $\vec{b}$, $\vec{c}$, $\vec{d}$, $\vec{e}$ を、
それぞれ成分表示せよ。また、各
ベクトルの大きさを求めよ。

指針 **ベクトルの成分と大きさ** 有向線分が表す各ベクトルの始点、終点の座標を
もとに求める。

解答
$\vec{b}=(-2,\ 4)$, $\quad|\vec{b}|=\sqrt{(-2)^2+4^2}=2\sqrt{5}$
$\vec{c}=(-2,\ -2)$, $\quad|\vec{c}|=\sqrt{(-2)^2+(-2)^2}=2\sqrt{2}$
$\vec{d}=(3,\ -4)$, $\quad|\vec{d}|=\sqrt{3^2+(-4)^2}=5$
$\vec{e}=(-1,\ 0)$, $\quad|\vec{e}|=\sqrt{(-1)^2+0^2}=1$ 答

B 和，差，実数倍の成分表示

教 p.19

練習
12
$\vec{a}=(3,\ -1)$, $\vec{b}=(-4,\ 2)$ のとき、次のベクトルを成分表示せよ。

(1) $2\vec{a}$　　　　　(2) $-\vec{b}$　　　　　(3) $\dfrac{1}{4}\vec{b}$

(4) $3\vec{a}+2\vec{b}$　　　(5) $4\vec{a}-3\vec{b}$　　　(6) $2(-3\vec{a}+\vec{b})$

指針 **和, 差, 実数倍の成分表示** (1)〜(3)は実数倍。x 成分、y 成分とも実数倍する。
(4)は和、(5)は差。x 成分どうし、y 成分どうしで和や差をとる。
(6)は和と実数倍を組み合わせる。

解答 (1) $2\vec{a}=2(3,\ -1)=(6,\ -2)$ 答

(2) $-\vec{b}=-(-4,\ 2)=(4,\ -2)$ 答

(3) $\dfrac{1}{4}\vec{b}=\dfrac{1}{4}(-4,\ 2)=\left(-1,\ \dfrac{1}{2}\right)$ 答

(4) $3\vec{a}+2\vec{b}=3(3,\ -1)+2(-4,\ 2)=(9,\ -3)+(-8,\ 4)$
$\qquad\qquad=(9-8,\ -3+4)=(1,\ 1)$ 答

(5) $4\vec{a}-3\vec{b}=4(3,\ -1)-3(-4,\ 2)=(12,\ -4)-(-12,\ 6)$
$\qquad\qquad=(12+12,\ -4-6)=(24,\ -10)$ 答

(6) $2(-3\vec{a}+\vec{b})=-6\vec{a}+2\vec{b}=-6(3,\ -1)+2(-4,\ 2)$
$\qquad\qquad=(-18,\ 6)+(-8,\ 4)=(-18-8,\ 6+4)=(-26,\ 10)$ 答

練習 13 教 p.19

$\vec{a}=(2,\ 1)$, $\vec{b}=(-1,\ 3)$ とする。$\vec{c}=(8,\ -3)$ を，適当な実数 s, t を用いて $s\vec{a}+t\vec{b}$ の形に表せ。

指針 **ベクトルの分解** ベクトル $s\vec{a}+t\vec{b}$ を成分表示し，$\vec{c}$ の成分と比べて，s, t の値を求める。

解答
$$s\vec{a}+t\vec{b}=s(2,\ 1)+t(-1,\ 3)$$
$$=(2s-t,\ s+3t)$$
であるから，$\vec{c}=s\vec{a}+t\vec{b}$ とすると
$$(8,\ -3)=(2s-t,\ s+3t)$$
よって $2s-t=8$, $s+3t=-3$
これを解くと $s=3$, $t=-2$
したがって $\vec{c}=3\vec{a}-2\vec{b}$ 答

練習 14 教 p.20

次の 2 つのベクトルが平行になるように，x の値を定めよ。

(1) $\vec{a}=(-2,\ 1)$, $\vec{b}=(x,\ -3)$　　(2) $\vec{a}=(2,\ x)$, $\vec{b}=(3,\ 6)$

指針 **ベクトルの平行** $\vec{a}/\!/\vec{b}$ であるとき，$\vec{b}=k\vec{a}$ となる実数 k がある。$\vec{a}$, $k\vec{b}$ の成分表示から実数 k の値を求め，続いて x の値を求める。

解答 (1) $\vec{a}\neq\vec{0}$, $\vec{b}\neq\vec{0}$ であるから，$\vec{a}/\!/\vec{b}$ になるのは，$\vec{b}=k\vec{a}$ となる実数 k が存在するときである。

$(x,\ -3)=(-2k,\ k)$ から $x=-2k$, $-3=k$
よって $k=-3$
したがって $x=-2\times(-3)=6$ 答 $x=6$

(2) $\vec{a}\neq\vec{0}$, $\vec{b}\neq\vec{0}$ であるから，$\vec{a}/\!/\vec{b}$ になるのは，$\vec{a}=k\vec{b}$ となる実数 k が存在するときである。

$(2,\ x)=(3k,\ 6k)$ から $2=3k$, $x=6k$
よって $k=\dfrac{2}{3}$
したがって $x=6\times\dfrac{2}{3}=4$ 答 $x=4$

C 座標平面上の点とベクトル

練習 15 教 p.21

次の 2 点 A，B について，$\overrightarrow{AB}$ を成分表示し，$|\overrightarrow{AB}|$ を求めよ。

(1) A$(5,\ 2)$, B$(1,\ 6)$　　(2) A$(-3,\ 4)$, B$(2,\ 0)$

指針 **座標平面上の点とベクトル** $A(a_1, a_2)$, $B(b_1, b_2)$ のとき
$$\overrightarrow{AB} = (b_1 - a_1, b_2 - a_2), \quad |\overrightarrow{AB}| = \sqrt{(b_1 - a_1)^2 + (b_2 - a_2)^2}$$

解答 (1) $\overrightarrow{AB} = (1-5, 6-2) = (-4, 4)$
$$|\overrightarrow{AB}| = \sqrt{(-4)^2 + 4^2} = 4\sqrt{2} \qquad \text{答}$$
(2) $\overrightarrow{AB} = (2-(-3), 0-4) = (5, -4)$
$$|\overrightarrow{AB}| = \sqrt{5^2 + (-4)^2} = \sqrt{41} \qquad \text{答}$$

練習 16

教 p.21

4 点 A(1, 1), B(4, 0), C(5, 2), D(x, y) を頂点とする次の四角形が平行四辺形になるように, x, y の値を定めよ。

(1) 四角形 ABCD   (2) 四角形 ACBD

指針 **平行四辺形とベクトル** 平行四辺形 ABCD では, $\overrightarrow{AD} = \overrightarrow{BC}$ が成り立つ。

解答 (1) 四角形 ABCD が平行四辺形になるのは,
$\overrightarrow{AD} = \overrightarrow{BC}$ のときである。
$\overrightarrow{AD} = (x-1, y-1)$, $\overrightarrow{BC} = (5-4, 2-0) = (1, 2)$
であるから $(x-1, y-1) = (1, 2)$
よって $x-1=1$, $y-1=2$
したがって $x=2$, $y=3$ 答

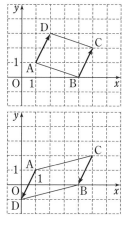

(2) 四角形 ACBD が平行四辺形になるのは,
$\overrightarrow{AD} = \overrightarrow{CB}$ のときである。
$\overrightarrow{AD} = (x-1, y-1)$, $\overrightarrow{CB} = (-1, -2)$ であるから
$(x-1, y-1) = (-1, -2)$
よって $x-1=-1$, $y-1=-2$
したがって $x=0$, $y=-1$ 答

4 ベクトルの内積

まとめ

1 2つのベクトルのなす角
$\vec{0}$ でない2つのベクトル $\vec{a}$, $\vec{b}$ について, 1点Oを定め, $\vec{a} = \overrightarrow{OA}$, $\vec{b} = \overrightarrow{OB}$ となる点A, Bをとる。このようにして定まる∠AOBの大きさ θ を, $\vec{a}$ と $\vec{b}$ の**なす角**という。ただし, $0° \leqq \theta \leqq 180°$ である。

2 ベクトルの内積
$\vec{0}$ でない2つのベクトル $\vec{a}$ と $\vec{b}$ のなす角を θ とするとき, $|\vec{a}||\vec{b}|\cos\theta$ を $\vec{a}$ と $\vec{b}$ の**内積**といい, $\vec{a} \cdot \vec{b}$ で表す。
$$\vec{a} \cdot \vec{b} = |\vec{a}||\vec{b}|\cos\theta \qquad \text{ただし, } \theta \text{ は } \vec{a} \text{ と } \vec{b} \text{ のなす角}$$

$\vec{a}=\vec{0}$ または $\vec{b}=\vec{0}$ のときは，$\vec{a}$ と $\vec{b}$ の内積を $\vec{a}\cdot\vec{b}=0$ と定める。

注意 2つのベクトルの内積は，ベクトルではなく実数である。

3 内積と成分

$\vec{a}=(a_1,\ a_2)$，$\vec{b}=(b_1,\ b_2)$ のとき　$\vec{a}\cdot\vec{b}=a_1b_1+a_2b_2$

注意 上のことは，$\vec{a}=\vec{0}$ または $\vec{b}=\vec{0}$ のときも成り立つ。

4 ベクトルのなす角の余弦

$\vec{0}$ でない2つのベクトル $\vec{a}=(a_1,\ a_2)$，$\vec{b}=(b_1,\ b_2)$ のなす角を θ とする。ただし，$0°\leqq\theta\leqq180°$ である。このとき

$$\cos\theta=\frac{\vec{a}\cdot\vec{b}}{|\vec{a}||\vec{b}|}=\frac{a_1b_1+a_2b_2}{\sqrt{a_1{}^2+a_2{}^2}\sqrt{b_1{}^2+b_2{}^2}}$$

5 ベクトルの垂直・平行

$\vec{0}$ でない2つのベクトル $\vec{a}$，$\vec{b}$ のなす角を θ とする。

$\theta=90°$ のとき，$\vec{a}$ と $\vec{b}$ は **垂直** であるといい，$\vec{a}\perp\vec{b}$ と書く。

$\theta=0°$ のとき $\vec{a}$ と $\vec{b}$ は同じ向きに平行，

$\theta=180°$ のとき $\vec{a}$ と $\vec{b}$ は反対向きに平行である。

6 ベクトルの垂直・平行と内積

$\vec{a}\neq\vec{0}$，$\vec{b}\neq\vec{0}$ のとき

[1]　$\vec{a}\perp\vec{b}\iff\vec{a}\cdot\vec{b}=0$

[2]　$\vec{a}/\!/\vec{b}\iff\vec{a}\cdot\vec{b}=|\vec{a}||\vec{b}|$　または　$\vec{a}\cdot\vec{b}=-|\vec{a}||\vec{b}|$

7 ベクトルの垂直条件

$\vec{0}$ でない2つのベクトル $\vec{a}=(a_1,\ a_2)$，$\vec{b}=(b_1,\ b_2)$ について

$\vec{a}\perp\vec{b}\iff a_1b_1+a_2b_2=0$

8 内積の性質

[1]　$\vec{a}\cdot\vec{a}=|\vec{a}|^2$　　　　　　　　　[2]　$\vec{a}\cdot\vec{b}=\vec{b}\cdot\vec{a}$

[3]　$(\vec{a}+\vec{b})\cdot\vec{c}=\vec{a}\cdot\vec{c}+\vec{b}\cdot\vec{c}$　　　[4]　$\vec{a}\cdot(\vec{b}+\vec{c})=\vec{a}\cdot\vec{b}+\vec{a}\cdot\vec{c}$

[5]　$(k\vec{a})\cdot\vec{b}=\vec{a}\cdot(k\vec{b})=k(\vec{a}\cdot\vec{b})$　　　ただし，k は実数

注意 [1]から，$\vec{a}\cdot\vec{a}\geqq0$，$|\vec{a}|=\sqrt{\vec{a}\cdot\vec{a}}$ が成り立つ。

A ベクトルの内積

教 p.23

練習17 $\vec{a}$ と $\vec{b}$ のなす角を θ とする。次の場合に内積 $\vec{a}\cdot\vec{b}$ を求めよ。
(1)　$|\vec{a}|=4$，$|\vec{b}|=3$，$\theta=45°$　　(2)　$|\vec{a}|=6$，$|\vec{b}|=6$，$\theta=150°$

指針 ベクトルの内積　$\vec{a}$ と $\vec{b}$ の内積は，$\vec{a}\cdot\vec{b}=|\vec{a}||\vec{b}|\cos\theta$ により求める。

解答 (1)　$\vec{a}\cdot\vec{b}=|\vec{a}||\vec{b}|\cos45°=4\times3\times\dfrac{1}{\sqrt{2}}=6\sqrt{2}$　**答**

(2)　$\vec{a}\cdot\vec{b}=|\vec{a}||\vec{b}|\cos150°=6\times6\times\left(-\dfrac{\sqrt{3}}{2}\right)=-18\sqrt{3}$　**答**

練習
18
教科書の例 10 の直角三角形 ABC において，次の内積を求めよ。
(1) $\overrightarrow{BA}\cdot\overrightarrow{AC}$　　　　　　(2) $\overrightarrow{AC}\cdot\overrightarrow{BC}$

指針 **図形と内積**
(1) $\overrightarrow{BA}$ と $\overrightarrow{AC}$ のなす角は $180°-30°=150°$ である。
(2) $\overrightarrow{AC}$ と $\overrightarrow{BC}$ のなす角は $90°$ である。

解答 (1) $|\overrightarrow{BA}|=2$，$|\overrightarrow{AC}|=\sqrt{3}$，$\overrightarrow{BA}$ と $\overrightarrow{AC}$ の
なす角 θ は $150°$ であるから

$$\overrightarrow{BA}\cdot\overrightarrow{AC}=|\overrightarrow{BA}||\overrightarrow{AC}|\cos\theta$$
$$=2\times\sqrt{3}\times\cos 150°$$
$$=2\times\sqrt{3}\times\left(-\frac{\sqrt{3}}{2}\right)=-3 \quad 答$$

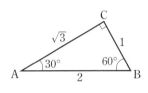

(2) $|\overrightarrow{AC}|=\sqrt{3}$，$|\overrightarrow{BC}|=1$，$\overrightarrow{AC}$ と $\overrightarrow{BC}$ のなす角 θ は $90°$ であるから
$$\overrightarrow{AC}\cdot\overrightarrow{BC}=|\overrightarrow{AC}||\overrightarrow{BC}|\cos\theta=\sqrt{3}\times1\times\cos 90°$$
$$=\sqrt{3}\times1\times0=0 \quad 答$$

B 成分による内積の表示

練習
19
次のベクトル $\vec{a}$，$\vec{b}$ について，内積 $\vec{a}\cdot\vec{b}$ を求めよ。
(1) $\vec{a}=(2,\ 5)$，$\vec{b}=(3,\ -2)$　　(2) $\vec{a}=(1,\ \sqrt{3}\,)$，$\vec{b}=(\sqrt{3}\,,\ 3)$
(3) $\vec{a}=(3,\ \sqrt{6}\,)$，$\vec{b}=(2,\ -\sqrt{6}\,)$

指針 **内積と成分** $\vec{a}=(a_1,\ a_2)$，$\vec{b}=(b_1,\ b_2)$ のとき，$\vec{a}$ と $\vec{b}$ の内積は，
$\vec{a}\cdot\vec{b}=a_1b_1+a_2b_2$ により求める。

解答 (1) $\vec{a}\cdot\vec{b}=2\times3+5\times(-2)=-4$　　答
(2) $\vec{a}\cdot\vec{b}=1\times\sqrt{3}+\sqrt{3}\times3=4\sqrt{3}$　　答
(3) $\vec{a}\cdot\vec{b}=3\times2+\sqrt{6}\times(-\sqrt{6}\,)=0$　　答

C ベクトルのなす角

練習
20
次の 2 つのベクトルのなす角 θ を求めよ。
(1) $\vec{a}=(2,\ 1)$，$\vec{b}=(-3,\ 1)$
(2) $\vec{a}=(1,\ \sqrt{3}\,)$，$\vec{b}=(\sqrt{3}\,,\ 1)$
(3) $\vec{a}=(3,\ -1)$，$\vec{b}=(1,\ 3)$
(4) $\vec{a}=(-4,\ 2)$，$\vec{b}=(2,\ -1)$
(5) $\vec{a}=(1,\ -2)$，$\vec{b}=(3,\ -6)$

指針 **ベクトルのなす角** $\vec{a}=(a_1, a_2)$, $\vec{b}=(b_1, b_2)$ のとき, なす角 θ は

$$\cos\theta=\frac{\vec{a}\cdot\vec{b}}{|\vec{a}||\vec{b}|}=\frac{a_1b_1+a_2b_2}{\sqrt{a_1^2+a_2^2}\sqrt{b_1^2+b_2^2}}$$ により求める。

解答 (1) $\vec{a}\cdot\vec{b}=2\times(-3)+1\times1=-5$

$|\vec{a}|=\sqrt{2^2+1^2}=\sqrt{5}$, $|\vec{b}|=\sqrt{(-3)^2+1^2}=\sqrt{10}$

よって $\cos\theta=\dfrac{\vec{a}\cdot\vec{b}}{|\vec{a}||\vec{b}|}=\dfrac{-5}{\sqrt{5}\sqrt{10}}=-\dfrac{1}{\sqrt{2}}$

$0°\leqq\theta\leqq180°$ であるから $\theta=135°$ 答

(2) $\vec{a}\cdot\vec{b}=1\times\sqrt{3}+\sqrt{3}\times1=2\sqrt{3}$

$|\vec{a}|=\sqrt{1^2+(\sqrt{3})^2}=2$, $|\vec{b}|=\sqrt{(\sqrt{3})^2+1^2}=2$

よって $\cos\theta=\dfrac{\vec{a}\cdot\vec{b}}{|\vec{a}||\vec{b}|}=\dfrac{2\sqrt{3}}{2\times2}=\dfrac{\sqrt{3}}{2}$

$0°\leqq\theta\leqq180°$ であるから $\theta=30°$ 答

(3) $\vec{a}\cdot\vec{b}=3\times1+(-1)\times3=0$

$\vec{a}\neq\vec{0}$, $\vec{b}\neq\vec{0}$ であるから $\cos\theta=\dfrac{\vec{a}\cdot\vec{b}}{|\vec{a}||\vec{b}|}=0$

$0°\leqq\theta\leqq180°$ であるから $\theta=90°$ 答

(4) $\vec{a}\cdot\vec{b}=-4\times2+2\times(-1)=-10$

$|\vec{a}|=\sqrt{(-4)^2+2^2}=2\sqrt{5}$, $|\vec{b}|=\sqrt{2^2+(-1)^2}=\sqrt{5}$

よって $\cos\theta=\dfrac{\vec{a}\cdot\vec{b}}{|\vec{a}||\vec{b}|}=\dfrac{-10}{2\sqrt{5}\sqrt{5}}=-1$

$0°\leqq\theta\leqq180°$ であるから $\theta=180°$ 答

(5) $\vec{a}\cdot\vec{b}=1\times3+(-2)\times(-6)=15$

$|\vec{a}|=\sqrt{1^2+(-2)^2}=\sqrt{5}$, $|\vec{b}|=\sqrt{3^2+(-6)^2}=\sqrt{45}=3\sqrt{5}$

よって $\cos\theta=\dfrac{\vec{a}\cdot\vec{b}}{|\vec{a}||\vec{b}|}=\dfrac{15}{\sqrt{5}\times3\sqrt{5}}=\dfrac{15}{15}=1$

$0°\leqq\theta\leqq180°$ であるから $\theta=0°$ 答

教 p.25

練習 21 次の2つのベクトルが垂直になるように, x の値を定めよ。

(1) $\vec{a}=(3, 6)$, $\vec{b}=(x, 4)$ (2) $\vec{a}=(x, -1)$, $\vec{b}=(x, x+2)$

指針 **垂直なベクトル** ベクトルの垂直条件 $\vec{a}\cdot\vec{b}=0$ を用いる。

解答 (1) $\vec{a}\cdot\vec{b}=0$ より $3x+6\times4=0$

よって $x=-8$ 答

(2) $\vec{a}\cdot\vec{b}=0$ より $x\times x+(-1)\times(x+2)=0$

ゆえに $x^2-x-2=0$

左辺を因数分解して $(x+1)(x-2)=0$

よって $x=-1, 2$ 答

練習 22　次の問いに答えよ。

(1) $\vec{a}=(2,\ 1)$ に垂直で大きさが $\sqrt{10}$ のベクトル $\vec{b}$ を求めよ。

(2) $\vec{a}=(4,\ 3)$ に垂直な単位ベクトル $\vec{e}$ を求めよ。

指針　**垂直なベクトル**

(1) $\vec{b}=(x,\ y)$ とすると $\vec{a}\cdot\vec{b}=0$ から　　$2x+y=0$

また，$|\vec{b}|^2=(\sqrt{10})^2$ から　　$x^2+y^2=10$

この $x,\ y$ の連立方程式を解く。

(2) (1) と同様に $\vec{e}=(x,\ y)$ として，$x,\ y$ の連立方程式を立ててそれを解く。

$\vec{e}$ は単位ベクトルであるから　　$|\vec{e}|^2=x^2+y^2=1$

解答　(1) $\vec{b}=(x,\ y)$ とする。

$\vec{a}\perp\vec{b}$ であるから　　$\vec{a}\cdot\vec{b}=0$　　すなわち　　$2x+y=0$

よって　　$y=-2x$ ……①

$|\vec{b}|^2=(\sqrt{10})^2$ であるから　　$x^2+y^2=10$ ……②

① を ② に代入すると　　$x^2+(-2x)^2=10$

整理すると　　$5x^2=10$　　すなわち　　$x=\pm\sqrt{2}$

① に代入して

$x=\sqrt{2}$ のとき $y=-2\sqrt{2}$，　　$x=-\sqrt{2}$ のとき $y=2\sqrt{2}$

よって　　$\vec{b}=(\sqrt{2},\ -2\sqrt{2}),\ (-\sqrt{2},\ 2\sqrt{2})$ 答

(2) $\vec{e}=(x,\ y)$ とする。

$\vec{a}\perp\vec{e}$ であるから　　$\vec{a}\cdot\vec{e}=0$　　すなわち　　$4x+3y=0$

よって　　$y=-\dfrac{4}{3}x$ ……①

$|\vec{e}|^2=1^2$ であるから　　$x^2+y^2=1$ ……②

① を ② に代入すると　　$x^2+\left(-\dfrac{4}{3}x\right)^2=1$

整理すると　　$\dfrac{25}{9}x^2=1$　　すなわち　　$x=\pm\dfrac{3}{5}$

① に代入して

$x=\dfrac{3}{5}$ のとき $y=-\dfrac{4}{5}$，　　$x=-\dfrac{3}{5}$ のとき $y=\dfrac{4}{5}$

よって　　$\vec{e}=\left(\dfrac{3}{5},\ -\dfrac{4}{5}\right),\ \left(-\dfrac{3}{5},\ \dfrac{4}{5}\right)$ 答

練習 23　$\vec{a}=(4,\ -2)$ に垂直なベクトルを1つ示せ。

指針　**垂直なベクトル**　$\vec{a}=(a_1,\ a_2)$ と $\vec{b}=(-a_2,\ a_1)$ は垂直である。

解答 $\vec{b}=(2,\ 4)$ とすると $\vec{a}\cdot\vec{b}=4\times2+(-2)\times4=0$

よって，$\vec{a}$ と $\vec{b}$ は垂直である。

したがって，求めるベクトルは (2, 4) 答

参考 $(-2,\ -4)$ でもよい。

教 p.26

深める

教科書の例題5のベクトル $\vec{a}=(\sqrt{3},\ -1)$ に垂直なベクトルは無数にある。このことを説明してみよう。

指針 **垂直なベクトル** 例題5で求めた $\vec{b}$ と平行なベクトルは，すべて $\vec{a}$ と垂直である。

解答 例題5の $\vec{b}$ を実数倍したベクトルはすべて $\vec{a}$ と垂直である。

$\vec{b}$ を実数倍したベクトルは実数 t を用いて $t\vec{b}$ と表され，この形のベクトルは無数にある。 終

D 内積の性質

練習 24

教 p.27

教科書27ページの3の証明にならって，次の等式を証明せよ。

$$\vec{a}\cdot(\vec{b}-\vec{c})=\vec{a}\cdot\vec{b}-\vec{a}\cdot\vec{c}$$

指針 **内積の性質の証明** 成分表示して左辺を変形し，右辺と等しくなることを示す。

解答 $\vec{a}=(a_1,\ a_2)$，$\vec{b}=(b_1,\ b_2)$，$\vec{c}=(c_1,\ c_2)$ とする。

$\vec{b}-\vec{c}=(b_1-c_1,\ b_2-c_2)$ であるから

$$\vec{a}\cdot(\vec{b}-\vec{c})=a_1(b_1-c_1)+a_2(b_2-c_2)=a_1b_1-a_1c_1+a_2b_2-a_2c_2$$
$$=(a_1b_1+a_2b_2)-(a_1c_1+a_2c_2)=\vec{a}\cdot\vec{b}-\vec{a}\cdot\vec{c}$$

よって $\vec{a}\cdot(\vec{b}-\vec{c})=\vec{a}\cdot\vec{b}-\vec{a}\cdot\vec{c}$ 終

練習 25

教 p.28

次の等式が成り立つことを示せ。

(1) $|2\vec{a}+\vec{b}|^2=4|\vec{a}|^2+4\vec{a}\cdot\vec{b}+|\vec{b}|^2$ (2) $(\vec{a}+\vec{b})\cdot(\vec{a}-\vec{b})=|\vec{a}|^2-|\vec{b}|^2$

指針 **ベクトルの大きさと内積**

(1) $|2\vec{a}+\vec{b}|$ はベクトル $2\vec{a}+\vec{b}$ の大きさを表す実数であるから，このままでは内積の計算法則を利用することはできない。まず，$\vec{a}\cdot\vec{a}=|\vec{a}|^2$ であることを用いて，$|2\vec{a}+\vec{b}|^2$ を内積の形に表す。

解答 (1) 左辺 $=|2\vec{a}+\vec{b}|^2=(2\vec{a}+\vec{b})\cdot(2\vec{a}+\vec{b})$

$\qquad\qquad =2\vec{a}\cdot(2\vec{a}+\vec{b})+\vec{b}\cdot(2\vec{a}+\vec{b})=2\vec{a}\cdot2\vec{a}+2\vec{a}\cdot\vec{b}+\vec{b}\cdot2\vec{a}+\vec{b}\cdot\vec{b}$

$\qquad\qquad =4|\vec{a}|^2+4\vec{a}\cdot\vec{b}+|\vec{b}|^2=$ 右辺

$\qquad$ よって $|2\vec{a}+\vec{b}|^2=4|\vec{a}|^2+4\vec{a}\cdot\vec{b}+|\vec{b}|^2$ 終

$\quad$ (2) 左辺 $=\vec{a}\cdot(\vec{a}-\vec{b})+\vec{b}\cdot(\vec{a}-\vec{b})=\vec{a}\cdot\vec{a}-\vec{a}\cdot\vec{b}+\vec{b}\cdot\vec{a}-\vec{b}\cdot\vec{b}\ \leftarrow\vec{a}\cdot\vec{b}=\vec{b}\cdot\vec{a}$

$\qquad\qquad =\vec{a}\cdot\vec{a}-\vec{b}\cdot\vec{b}=|\vec{a}|^2-|\vec{b}|^2=$ 右辺

$\qquad$ よって $(\vec{a}+\vec{b})\cdot(\vec{a}-\vec{b})=|\vec{a}|^2-|\vec{b}|^2$ 終

練習 26
教 p.28

$|\vec{a}|=3$, $|\vec{b}|=2$, $\vec{a}\cdot\vec{b}=-3$ のとき，次の値を求めよ。

(1) $|\vec{a}+\vec{b}|$ $\qquad\qquad$ (2) $|\vec{a}-2\vec{b}|$

指針 **ベクトルの大きさと内積**

$\quad$ (1) $|\vec{a}+\vec{b}|^2=(\vec{a}+\vec{b})\cdot(\vec{a}+\vec{b})$ から，まず $|\vec{a}+\vec{b}|^2$ の値を求める。

解答 (1) $|\vec{a}+\vec{b}|^2=(\vec{a}+\vec{b})\cdot(\vec{a}+\vec{b})=|\vec{a}|^2+2\vec{a}\cdot\vec{b}+|\vec{b}|^2$

$\qquad\qquad =3^2+2\times(-3)+2^2=7$

$\qquad$ $|\vec{a}+\vec{b}|\geqq0$ であるから $|\vec{a}+\vec{b}|=\sqrt{7}$ 答

$\quad$ (2) $|\vec{a}-2\vec{b}|^2=(\vec{a}-2\vec{b})\cdot(\vec{a}-2\vec{b})=|\vec{a}|^2-4\vec{a}\cdot\vec{b}+4|\vec{b}|^2$

$\qquad\qquad =3^2-4\times(-3)+4\times2^2=37$

$\qquad$ $|\vec{a}-2\vec{b}|\geqq0$ であるから $|\vec{a}-2\vec{b}|=\sqrt{37}$ 答

研究 三角形の面積

まとめ

三角形の面積

$\quad$ △OAB において，$\overrightarrow{OA}=\vec{a}$，$\overrightarrow{OB}=\vec{b}$ とする。
このとき，△OAB の面積 S を，ベクトル $\vec{a}$，$\vec{b}$
で表すと

$$S=\frac{1}{2}\sqrt{|\vec{a}|^2|\vec{b}|^2-(\vec{a}\cdot\vec{b})^2}$$

また，$\overrightarrow{OA}=\vec{a}=(a_1,\ a_2)$，$\overrightarrow{OB}=\vec{b}=(b_1,\ b_2)$
とすると $S=\frac{1}{2}|a_1b_2-a_2b_1|$

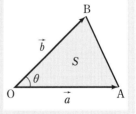

練習 1 △OAB について，$|\overrightarrow{OA}|=4$，$|\overrightarrow{OB}|=5$，$\overrightarrow{OA}\cdot\overrightarrow{OB}=-10$ のとき，△OAB の面積を求めよ。

指針 **三角形の面積** $\overrightarrow{OA}=\vec{a}$，$\overrightarrow{OB}=\vec{b}$ とすると，△OAB の面積 S は
$$S=\frac{1}{2}\sqrt{|\vec{a}|^2|\vec{b}|^2-(\vec{a}\cdot\vec{b})^2}$$

解答 △OAB の面積を S とすると
$$S=\frac{1}{2}\sqrt{|\overrightarrow{OA}|^2|\overrightarrow{OB}|^2-(\overrightarrow{OA}\cdot\overrightarrow{OB})^2}$$
$$=\frac{1}{2}\sqrt{4^2\times5^2-(-10)^2}=\frac{1}{2}\sqrt{300}$$
$$=5\sqrt{3}\quad \boxed{\text{答}}$$

練習 2 次の3点を頂点とする三角形の面積を求めよ。
$$O(0,\ 0),\ A(4,\ 1),\ B(2,\ -1)$$

指針 **三角形の面積** $\overrightarrow{OA}=\vec{a}=(a_1,\ a_2)$，$\overrightarrow{OB}=\vec{b}=(b_1,\ b_2)$ とすると，

△OAB の面積 S は $\quad S=\frac{1}{2}\sqrt{|\vec{a}|^2|\vec{b}|^2-(\vec{a}\cdot\vec{b})^2}=\frac{1}{2}|a_1b_2-a_2b_1|$

解答 $\overrightarrow{OA}=(4,\ 1)$，$\overrightarrow{OB}=(2,\ -1)$ であるから
$$|\overrightarrow{OA}|^2=4^2+1^2=17,\quad |\overrightarrow{OB}|^2=2^2+(-1)^2=5$$
$$\overrightarrow{OA}\cdot\overrightarrow{OB}=4\times2+1\times(-1)=7$$
よって，求める三角形の面積 S は
$$S=\frac{1}{2}\sqrt{|\overrightarrow{OA}|^2|\overrightarrow{OB}|^2-(\overrightarrow{OA}\cdot\overrightarrow{OB})^2}=\frac{1}{2}\sqrt{17\times5-7^2}$$
$$=\frac{1}{2}\sqrt{36}=3\quad\boxed{\text{答}}$$

別解 $\overrightarrow{OA}=(4,\ 1)$，$\overrightarrow{OB}=(2,\ -1)$ であるから
$$S=\frac{1}{2}|4\times(-1)-1\times2|=\frac{1}{2}|-6|=3\quad\boxed{\text{答}}$$

第1章 第1節　補充問題

教 p.30

1 次の等式を満たす $\vec{x}$ を，$\vec{a}$，$\vec{b}$ を用いて表せ。

(1) $3\vec{x} - 4\vec{a} = \vec{x} - 2\vec{b}$ 　　　　(2) $2(\vec{x} - 3\vec{a}) = 5(\vec{x} + 2\vec{b})$

指針 **ベクトルの計算**　ベクトルの加法，減法，実数倍の計算では，$\vec{a}$，$\vec{b}$ などを，数を表す文字と同じように扱うことができる。$\vec{x}$ についての方程式を解くと考えてよい。

解答 (1) 移項すると 　　　　　　　$3\vec{x} - \vec{x} = -2\vec{b} + 4\vec{a}$

　　　　整理して 　　　　　　　　$2\vec{x} = 4\vec{a} - 2\vec{b}$

　　　　両辺を 2 で割って 　　　　$\vec{x} = 2\vec{a} - \vec{b}$ 　答

　　(2) かっこをはずすと 　　　　$2\vec{x} - 6\vec{a} = 5\vec{x} + 10\vec{b}$

　　　　移項すると 　　　　　　　$2\vec{x} - 5\vec{x} = 10\vec{b} + 6\vec{a}$

　　　　整理して 　　　　　　　　$-3\vec{x} = 6\vec{a} + 10\vec{b}$

　　　　両辺を -3 で割って 　　$\vec{x} = -2\vec{a} - \dfrac{10}{3}\vec{b}$ 　答

教 p.30

2 次の問いに答えよ。

(1) 次が成り立つことを示せ。

　　$\vec{a} \neq \vec{0}$，$\vec{b} \neq \vec{0}$ で，$\vec{a} = (a_1, a_2)$，$\vec{b} = (b_1, b_2)$ のとき

　　　　　$\vec{a} /\!/ \vec{b} \iff a_1 b_2 - a_2 b_1 = 0$

(2) 2つのベクトル $\vec{a} = (9, -6)$，$\vec{b} = (x, 2)$ について，$\vec{a} /\!/ \vec{b}$ のとき，(1)の結果を用いて，x の値を求めよ。

指針 **ベクトルの平行条件**

(1) $\vec{a} = k\vec{b}$ となる 0 でない実数 k が存在することからも示せるが，場合分けが面倒である。ここでは内積を利用して示す。

　　$\vec{0}$ でない 2 つのベクトル $\vec{a}$，$\vec{b}$ のなす角を $\theta (0° \leqq \theta \leqq 180°)$ とすると

　　　　$\vec{a} /\!/ \vec{b} \iff \theta = 0°$ または $\theta = 180°$

　　これを成分で表す。

(2) $a_1 = 9$，$a_2 = -6$，$b_1 = x$，$b_2 = 2$ を $a_1 b_2 - a_2 b_1 = 0$ に代入して求める。

解答 (1) $\vec{a}$ と $\vec{b}$ のなす角を θ とすると，$\vec{a}\,/\!/\,\vec{b}$ のとき

$$\theta=0° \quad または \quad \theta=180°$$

このとき，$\cos 0°=1$，$\cos 180°=-1$ から

$$\vec{a}\cdot\vec{b}=|\vec{a}||\vec{b}| \quad または \quad \vec{a}\cdot\vec{b}=-|\vec{a}||\vec{b}|$$

すなわち $\qquad |\vec{a}\cdot\vec{b}|=|\vec{a}||\vec{b}|$

両辺を 2 乗して $\qquad |\vec{a}\cdot\vec{b}|^2=|\vec{a}|^2|\vec{b}|^2$

両辺を成分で表すと $\qquad (a_1b_1+a_2b_2)^2=(a_1{}^2+a_2{}^2)(b_1{}^2+b_2{}^2)$

整理すると $\qquad a_1{}^2b_2{}^2-2a_1b_1a_2b_2+a_2{}^2b_1{}^2=0$

すなわち $\qquad (a_1b_2-a_2b_1)^2=0$

よって $\qquad a_1b_2-a_2b_1=0$

逆に，このとき $|\vec{a}\cdot\vec{b}|=|\vec{a}||\vec{b}|$ となり，$\vec{a}\,/\!/\,\vec{b}$ が成り立つ。 終

(2) (1) より $\qquad 9\times2-(-6)\times x=0$

すなわち $\qquad 18+6x=0$

よって $\qquad x=-3$ 答

---

3 $|\vec{a}|=1$，$|\vec{b}|=\sqrt{3}$，$|\vec{a}-\vec{b}|=\sqrt{7}$ のとき，次のものを求めよ。

(1) 内積 $\vec{a}\cdot\vec{b}$　　　　　　(2) $\vec{a}$ と $\vec{b}$ のなす角 θ

指針 **ベクトルとなす角** (1) $|\vec{a}-\vec{b}|^2=|\vec{a}|^2-2\vec{a}\cdot\vec{b}+|\vec{b}|^2$ を利用して内積を求める。

(2) $\cos\theta=\dfrac{\vec{a}\cdot\vec{b}}{|\vec{a}||\vec{b}|}$ により，なす角 θ を求める。

解答 (1) $|\vec{a}-\vec{b}|=\sqrt{7}$ の両辺を 2 乗して

$$|\vec{a}-\vec{b}|^2=7 \quad すなわち \quad |\vec{a}|^2-2\vec{a}\cdot\vec{b}+|\vec{b}|^2=7$$

$|\vec{a}|=1$，$|\vec{b}|=\sqrt{3}$ を代入して

$$1^2-2\vec{a}\cdot\vec{b}+(\sqrt{3})^2=7$$

よって $\qquad \vec{a}\cdot\vec{b}=-\dfrac{3}{2}$ 答

(2) (1) より，$\vec{a}\cdot\vec{b}=-\dfrac{3}{2}$ であるから

$$\cos\theta=\frac{\vec{a}\cdot\vec{b}}{|\vec{a}||\vec{b}|}=\frac{-\dfrac{3}{2}}{1\times\sqrt{3}}=-\frac{\sqrt{3}}{2}$$

$0°\leqq\theta\leqq180°$ であるから $\qquad \theta=150°$ 答

第2節 ベクトルと平面図形

5 位置ベクトル

まとめ

1 位置ベクトル

平面上で，点Oを定めておくと，どんな点Pの
位置も，ベクトル $\vec{p}=\overrightarrow{OP}$ によって決まる。
このようなベクトル $\vec{p}$ を，点Oに関する点Pの
位置ベクトル という。
また，位置ベクトルが $\vec{p}$ である点Pを，$P(\vec{p})$
で表す。
2点の位置ベクトルが同じならば，その2点は一致する。

注意 位置ベクトルにおける点Oは平面上のどこに定めてもよい。以下，と
くに断らない限り，1つ定めた点Oに関する位置ベクトルを考える。

2 位置ベクトルと $\overrightarrow{AB}$

2点A，Bに対して
$$\overrightarrow{AB}=\overrightarrow{OB}-\overrightarrow{OA}$$

が成り立つから，次のことがいえる。
2点 $A(\vec{a})$，$B(\vec{b})$ に対して　　$\overrightarrow{AB}=\vec{b}-\vec{a}$

3 内分点・外分点の位置ベクトル

2点 $A(\vec{a})$，$B(\vec{b})$ に対して，線分ABを $m:n$ に内分する点，$m:n$ に外分す
る点の位置ベクトルは

$$内分 \cdots \frac{n\vec{a}+m\vec{b}}{m+n} \qquad 外分 \cdots \frac{-n\vec{a}+m\vec{b}}{m-n}$$

とくに，線分ABの中点の位置ベクトルは　　$\dfrac{\vec{a}+\vec{b}}{2}$

注意 内分の場合の n を $-n$ におき換えたものが，外分の場合である。また，
線分ABの内分点も外分点もその位置ベクトルは，適当な実数 t を用いて
$(1-t)\vec{a}+t\vec{b}$ の形に表される。

4 三角形の重心の位置ベクトル

3点 $A(\vec{a})$，$B(\vec{b})$，$C(\vec{c})$ を頂点とする△ABCの重心Gの位置ベクトル $\vec{g}$ は
$$\vec{g}=\frac{\vec{a}+\vec{b}+\vec{c}}{3}$$

注意 三角形の重心は，3本の中線が交わる点で，各中線を2:1に内分する。

A 位置ベクトル

教 p.31

練習 27

3点 A$(\vec{a})$，B$(\vec{b})$，C$(\vec{c})$ に対して，次のベクトルを $\vec{a}$，$\vec{b}$，$\vec{c}$ のいずれかを用いて表せ。

(1) $\overrightarrow{BC}$　　　　(2) $\overrightarrow{CA}$　　　　(3) $\overrightarrow{BA}$

指針 **位置ベクトル**　2点 A，B に対して，$\overrightarrow{AB}=\overrightarrow{OB}-\overrightarrow{OA}$ が成り立つから，2点 A，B の位置ベクトルを，それぞれ $\vec{a}$，$\vec{b}$ とするとき，$\overrightarrow{AB}=\vec{b}-\vec{a}$ が成り立つ。

解答 (1) $\overrightarrow{BC}=\vec{c}-\vec{b}$　答

　　 (2) $\overrightarrow{CA}=\vec{a}-\vec{c}$　答

　　 (3) $\overrightarrow{BA}=\vec{a}-\vec{b}$　答

B 内分点・外分点の位置ベクトル

教 p.33

練習 28

2点 A$(\vec{a})$，B$(\vec{b})$ を結ぶ線分 AB に対して，次のような点の位置ベクトルを求めよ。

(1) 2:3 に内分する点　　　(2) 3:1 に内分する点

(3) 4:1 に外分する点　　　(4) 1:2 に外分する点

指針 **内分点・外分点の位置ベクトル**

(1), (2)　線分 AB を $m:n$ に内分する点の位置ベクトルは
$$\frac{n\vec{a}+m\vec{b}}{m+n}$$

(3), (4)　線分 AB を $m:n$ に外分する点の位置ベクトルは
$$\frac{-n\vec{a}+m\vec{b}}{m-n}$$

解答 (1) $\dfrac{3\vec{a}+2\vec{b}}{2+3}=\dfrac{3}{5}\vec{a}+\dfrac{2}{5}\vec{b}$　答

　　 (2) $\dfrac{\vec{a}+3\vec{b}}{3+1}=\dfrac{1}{4}\vec{a}+\dfrac{3}{4}\vec{b}$　答

　　 (3) $\dfrac{-\vec{a}+4\vec{b}}{4-1}=-\dfrac{1}{3}\vec{a}+\dfrac{4}{3}\vec{b}$　答

　　 (4) $\dfrac{-2\vec{a}+\vec{b}}{1-2}=2\vec{a}-\vec{b}$　答

C 三角形の重心の位置ベクトル

練習 29

3 点 A($\vec{a}$)，B($\vec{b}$)，C($\vec{c}$) を頂点とする△ABC において，辺 BC，CA，AB を 2：1 に内分する点を，それぞれ P，Q，R とする。また，△ABC の重心を G，△PQR の重心を G′ とする。

(1) 点 G′ の位置ベクトル $\vec{g'}$ を $\vec{a}$，$\vec{b}$，$\vec{c}$ を用いて表せ。

(2) 等式 $\overrightarrow{GA}+\overrightarrow{GB}+\overrightarrow{GC}=\vec{0}$ が成り立つことを示せ。

指針 **三角形の重心の位置ベクトル**

(1) P，Q，R の位置ベクトルを，それぞれ $\vec{p}$，$\vec{q}$，$\vec{r}$ とすると

$$\vec{g'}=\frac{\vec{p}+\vec{q}+\vec{r}}{3}$$

(2) $\overrightarrow{GA}$，$\overrightarrow{GB}$，$\overrightarrow{GC}$ を，それぞれ $\vec{a}$，$\vec{b}$，$\vec{c}$ で表す。

解答 (1) P，Q，R の位置ベクトルを，それぞれ $\vec{p}$，$\vec{q}$，$\vec{r}$ とすると

$$\vec{p}=\frac{\vec{b}+2\vec{c}}{3},\ \vec{q}=\frac{\vec{c}+2\vec{a}}{3},\ \vec{r}=\frac{\vec{a}+2\vec{b}}{3}$$

であるから

$$\vec{p}+\vec{q}+\vec{r}=\frac{\vec{b}+2\vec{c}}{3}+\frac{\vec{c}+2\vec{a}}{3}+\frac{\vec{a}+2\vec{b}}{3}$$
$$=\vec{a}+\vec{b}+\vec{c}$$

よって $\vec{g'}=\dfrac{\vec{p}+\vec{q}+\vec{r}}{3}$

$$=\frac{\vec{a}+\vec{b}+\vec{c}}{3}\quad \boxed{答}$$

(2) G の位置ベクトルを $\vec{g}$ とすると，$\vec{g}=\dfrac{\vec{a}+\vec{b}+\vec{c}}{3}$ であるから

$$\overrightarrow{GA}+\overrightarrow{GB}+\overrightarrow{GC}=(\vec{a}-\vec{g})+(\vec{b}-\vec{g})+(\vec{c}-\vec{g})$$
$$=\vec{a}+\vec{b}+\vec{c}-3\vec{g}$$
$$=\vec{a}+\vec{b}+\vec{c}-3\left(\frac{\vec{a}+\vec{b}+\vec{c}}{3}\right)=\vec{0}$$

よって $\overrightarrow{GA}+\overrightarrow{GB}+\overrightarrow{GC}=\vec{0}$ $\boxed{終}$

6 ベクトルの図形への応用

まとめ

1 一直線上にある3点

2点 A, B が異なるとき

点 C が直線 AB 上にある $\iff$ $\overrightarrow{AC}=k\overrightarrow{AB}$ となる実数 k がある

2 ベクトルの分解の利用

2つのベクトル $\vec{a}$, $\vec{b}$ は $\vec{0}$ でなく, また平行でないとする。このとき, 任意のベクトル $\vec{p}$ は, $\vec{p}=s\vec{a}+t\vec{b}$ の形にただ1通りに表される。

$$s\vec{a}+t\vec{b}=s'\vec{a}+t'\vec{b} \iff s=s',\ t=t'$$

3 内積の利用

ベクトルの内積を利用して, 図形の性質を証明するとき, 内積に関しては, 次のことがよく利用される。

[1] $AB^2=|\overrightarrow{AB}|^2=\overrightarrow{AB}\cdot\overrightarrow{AB}$

[2] 3点 O, A, B が異なるとき

$OA\perp OB \iff \overrightarrow{OA}\cdot\overrightarrow{OB}=0$

A 位置ベクトルの利用

教 p.36

練習30 △ABC において, 辺 BC を 2:1 に内分する点を E, 辺 BC を 3:2 に外分する点を F とする。このとき, 次のベクトルを $\overrightarrow{AB}$, $\overrightarrow{AC}$ を用いて表せ。

(1) $\overrightarrow{AE}$　　　(2) $\overrightarrow{AF}$　　　(3) $\overrightarrow{EF}$

指針 **位置ベクトル** (3) (1), (2)で求めた A を始点とするベクトルで考える。

解答 (1) $\overrightarrow{AE}=\dfrac{\overrightarrow{AB}+2\overrightarrow{AC}}{2+1}$　すなわち　$\overrightarrow{AE}=\dfrac{1}{3}\overrightarrow{AB}+\dfrac{2}{3}\overrightarrow{AC}$ 答

(2) $\overrightarrow{AF}=\dfrac{-2\overrightarrow{AB}+3\overrightarrow{AC}}{3-2}$　すなわち　$\overrightarrow{AF}=-2\overrightarrow{AB}+3\overrightarrow{AC}$ 答

(3) $\overrightarrow{EF}=\overrightarrow{AF}-\overrightarrow{AE}$

$=-2\overrightarrow{AB}+3\overrightarrow{AC}-\left(\dfrac{1}{3}\overrightarrow{AB}+\dfrac{2}{3}\overrightarrow{AC}\right)$

$=-\dfrac{7}{3}\overrightarrow{AB}+\dfrac{7}{3}\overrightarrow{AC}$ 答

B 直線上の点

教 p.37

練習
31

平行四辺形 ABCD において，辺 BC を 3：2 に内分する点を E，対角線 BD を 3：5 に内分する点を F とする。このとき，3 点 A，F，E は一直線上にあることを証明せよ。

指針 **3 点が一直線上にあることの証明** $\overrightarrow{AB}=\vec{b}$，$\overrightarrow{AD}=\vec{d}$ として，$\overrightarrow{AE}$，$\overrightarrow{AF}$ をそれぞれ $\vec{b}$，$\vec{d}$ で表し，$\overrightarrow{AF}=k\,\overrightarrow{AE}$ となる実数 k があることを示す。

解答 $\overrightarrow{AB}=\vec{b}$，$\overrightarrow{AD}=\vec{d}$ とする。

BF：FD＝3：5 であるから

$$\overrightarrow{AF}=\frac{5\overrightarrow{AB}+3\overrightarrow{AD}}{3+5}=\frac{5\vec{b}+3\vec{d}}{8}$$

BE：EC＝3：2 であるから

$$\overrightarrow{AE}=\frac{2\overrightarrow{AB}+3\overrightarrow{AC}}{3+2}$$

$$=\frac{2\vec{b}+3(\vec{b}+\vec{d})}{5}=\frac{5\vec{b}+3\vec{d}}{5}$$

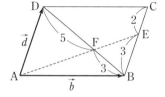

よって $\overrightarrow{AF}=\dfrac{5}{8}\overrightarrow{AE}$

したがって，3 点 A，F，E は一直線上にある。 終

練習
32

教 p.38

△OAB において，辺 OA を 3：2 に内分する点を C，辺 OB を 1：2 に内分する点を D とし，線分 AD と線分 BC の交点を P とする。$\overrightarrow{OA}=\vec{a}$，$\overrightarrow{OB}=\vec{b}$ とするとき，$\overrightarrow{OP}$ を $\vec{a}$，$\vec{b}$ を用いて表せ。

指針 **線分の交点** AP：PD＝s：$(1-s)$，BP：PC＝t：$(1-t)$ とすると，$\overrightarrow{OP}$ は $\vec{a}$，$\vec{b}$ を用いて 2 通りに表されるが，$\overrightarrow{OP}$ の表し方はただ 1 通りしかないことから，s，t の値が定まる。

解答 AP：PD＝s：$(1-s)$ とすると

$$\overrightarrow{OP}=(1-s)\overrightarrow{OA}+s\overrightarrow{OD}$$

$$=(1-s)\vec{a}+\frac{1}{3}s\vec{b} \quad \cdots\cdots ①$$

BP：PC＝t：$(1-t)$ とすると

$$\overrightarrow{OP}=t\overrightarrow{OC}+(1-t)\overrightarrow{OB}$$

$$=\frac{3}{5}t\vec{a}+(1-t)\vec{b} \quad \cdots\cdots ②$$

$\vec{a} \neq \vec{0}$, $\vec{b} \neq \vec{0}$ で, $\vec{a}$ と $\vec{b}$ は平行でないから, $\overrightarrow{OP}$ の $\vec{a}$, $\vec{b}$ を用いた表し方はただ1通りである。

①, ② から $\qquad 1-s=\dfrac{3}{5}t$, $\dfrac{1}{3}s=1-t$

これを解くと $\qquad s=\dfrac{1}{2}$, $t=\dfrac{5}{6}$ $\qquad\qquad$ ←①, ②のどちらか
$\qquad\qquad\qquad\qquad\qquad\qquad\qquad\qquad\qquad\qquad$ に代入する。

よって $\qquad\qquad \overrightarrow{OP}=\dfrac{1}{2}\vec{a}+\dfrac{1}{6}\vec{b}$ 答

C 内積の利用

練習 33 平行四辺形 ABCD において, 次のことが成り立つ。

$\qquad$ AB＝AD $\quad$ ならば $\quad$ AC⊥DB

このことを, ベクトルを用いて証明せよ。

指針 **内積の利用** AB＝AD すなわち $|\overrightarrow{AB}|^2=|\overrightarrow{AD}|^2$ から, $\overrightarrow{AC}\cdot\overrightarrow{DB}=0$ を示す。

解答 平行四辺形 ABCD において
$$\overrightarrow{AB}=\vec{b}, \quad \overrightarrow{AD}=\vec{d}$$
とすると
$$\overrightarrow{AC}=\vec{b}+\vec{d}, \quad \overrightarrow{DB}=\vec{b}-\vec{d}$$
であるから
$$\begin{aligned}
\overrightarrow{AC}\cdot\overrightarrow{DB}&=(\vec{b}+\vec{d})\cdot(\vec{b}-\vec{d})\\
&=|\vec{b}|^2-\vec{b}\cdot\vec{d}+\vec{d}\cdot\vec{b}-|\vec{d}|^2\\
&=|\vec{b}|^2-|\vec{d}|^2
\end{aligned}$$
AB＝AD のとき, $|\overrightarrow{AB}|^2=|\overrightarrow{AD}|^2$ すなわち $|\vec{b}|^2=|\vec{d}|^2$ であるから
$$\overrightarrow{AC}\cdot\overrightarrow{DB}=0$$
$\overrightarrow{AC}\neq\vec{0}$, $\overrightarrow{DB}\neq\vec{0}$ であるから $\qquad \overrightarrow{AC}\perp\overrightarrow{DB}$
よって $\qquad$ AC⊥DB
したがって, AB＝AD のとき AC⊥DB である。 終

7 図形のベクトルによる表示

まとめ

1 ベクトル $\vec{d}$ に平行な直線のベクトル方程式

点 $A(\vec{a})$ を通り，ベクトル $\vec{d}$ に平行な直線を g とする。

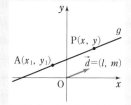

直線 g 上のどんな点 $P(\vec{p})$ に対しても，
$\overrightarrow{AP} = t\vec{d}$ となる実数 t がただ1つ定まる。
$\overrightarrow{AP} = \vec{p} - \vec{a}$ であるから

$$\vec{p} = \vec{a} + t\vec{d} \quad \cdots\cdots ①$$

① において，t がすべての実数値をとって変化するとき，点 $P(\vec{p})$ の全体は直線 g になる。① を直線 g の **ベクトル方程式** といい，t を **媒介変数** または **パラメータ** という。
また，$\vec{d}$ を直線 g の **方向ベクトル** という。

2 直線の媒介変数表示

O を原点とする座標平面上で，点 $A(x_1, \ y_1)$ を通り，ベクトル $\vec{d} = (l, \ m)$ に平行な直線 g 上の点を $P(x, \ y)$ とする。
ベクトル方程式 $\vec{p} = \vec{a} + t\vec{d}$ において，
$\vec{p} = (x, \ y)$，$\vec{a} = (x_1, \ y_1)$，$\vec{d} = (l, \ m)$ であるから

$$(x, \ y) = (x_1, \ y_1) + t(l, \ m)$$

よって
$$\begin{cases} x = x_1 + lt \\ y = y_1 + mt \end{cases} \quad \cdots\cdots ②$$

② を直線 g の **媒介変数表示** という。
② から t を消去すると，次のことがいえる。
点 $A(x_1, \ y_1)$ を通り，$\vec{d} = (l, \ m)$ に平行な直線の方程式は

$$m(x - x_1) - l(y - y_1) = 0$$

3 異なる2点 $A(\vec{a})$，$B(\vec{b})$ を通る直線のベクトル方程式

異なる2点 $A(\vec{a})$，$B(\vec{b})$ を通る直線 AB のベクトル方程式は

　[1] $\vec{p} = (1-t)\vec{a} + t\vec{b}$

　[2] $\vec{p} = s\vec{a} + t\vec{b}$，$s + t = 1$

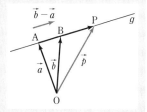

解説　異なる2点 $A(\vec{a})$，$B(\vec{b})$ を通る直線のベクトル
　　　方程式は $\vec{p} = \vec{a} + t\vec{d}$ で $\vec{d} = \overrightarrow{AB} = \vec{b} - \vec{a}$ として整理
　　　すると，次式が得られる。
$$\vec{p} = (1-t)\vec{a} + t\vec{b}$$
　　　$1 - t = s$ とおくと
$$\vec{p} = s\vec{a} + t\vec{b}, \quad s + t = 1$$

4 点の存在範囲(1)

ベクトル方程式 $\vec{p}=(1-t)\vec{a}+t\vec{b}$ において，実
数 t のとる値によって点 $P(\vec{p})$ の存在範囲は図
のようになる。

5 点の存在範囲(2)

異なる2点 $A(\vec{a})$，$B(\vec{b})$ について，次の式を満
たす点 $P(\vec{p})$ の存在範囲は **直線AB** である。

$$\vec{p}=s\vec{a}+t\vec{b}, \qquad s+t=1$$

$t=0$ のとき P は A に一致し，$t=1$ のとき P は B
に一致する。また，$0<t<1$ のとき，P は線分
AB の内分点である。

$s+t=1$ のとき，$s\geqq0$，$t\geqq0$ とすると $0\leqq t\leqq1$ であるから，次の式を満たす
点 $P(\vec{p})$ の存在範囲は，**線分AB** である。

$$\vec{p}=s\vec{a}+t\vec{b}, \qquad s+t=1, \quad s\geqq0, \quad t\geqq0$$

6 ベクトル $\vec{n}$ に垂直な直線のベクトル方程式

点 $A(\vec{a})$ を通り，ベクトル $\vec{n}$ に垂直な直線を g
とする。

直線 g 上の点 $P(\vec{p})$ が A に一致しないとき，
$\vec{n}\perp\overrightarrow{AP}$ であるから，$\vec{n}\cdot\overrightarrow{AP}=0$ となり，次の
式が得られる。

$$\vec{n}\cdot(\vec{p}-\vec{a})=0 \quad \cdots\cdots ①$$

P が A に一致するときは，$\vec{p}-\vec{a}=\vec{0}$ であるから，このときも ① は成り立つ。
① は点 $A(\vec{a})$ を通り，$\vec{n}$ に垂直な直線 g のベクトル方程式である。
直線 g に垂直なベクトル $\vec{n}$ を，直線 g の **法線ベクトル** という。
O を原点とする座標平面上で，点 $A(x_1, y_1)$ を通り，$\vec{n}=(a, b)$ に垂直な直線 g
上の点を $P(x, y)$ とする。
ベクトル方程式 ① において $\vec{n}=(a, b)$，$\vec{a}=(x_1, y_1)$，$\vec{p}=(x, y)$，
$\vec{p}-\vec{a}=(x-x_1, y-y_1)$ であるから，次のことがいえる。

  [1] 点 $A(x_1, y_1)$ を通り，$\vec{n}=(a, b)$ に垂直な直線の方程式は
$$a(x-x_1)+b(y-y_1)=0$$

  [2] ベクトル $\vec{n}=(a, b)$ は，直線 $ax+by+c=0$ に垂直である。

7 円のベクトル方程式

点 $A(\vec{a})$ を中心とする半径 r の円上のどんな
点 $P(\vec{p})$ に対しても，$|\overrightarrow{AP}|=r$ が成り立つから，
点 $A(\vec{a})$ を中心とする半径 r の円のベクトル方
程式は $|\vec{p}-\vec{a}|=r$
で表される。これは，また，

$$(\vec{p}-\vec{a})\cdot(\vec{p}-\vec{a})=r^2$$

で表される。

$|\vec{p}-\vec{a}|=r$

中心の位置ベクトル　半径

8 AB を直径とする円のベクトル方程式

2点 $A(\vec{a})$，$B(\vec{b})$ を結ぶ線分 AB を直径とする円のベクトル方程式は

$$(\vec{p}-\vec{a})\cdot(\vec{p}-\vec{b})=0$$

解説 　円上の点を $P(\vec{p})$ とすると，P が A にも B にも
一致しないとき　　AP⊥BP
すなわち　　　　　$\overrightarrow{AP}\cdot\overrightarrow{BP}=0$
よって　　$(\vec{p}-\vec{a})\cdot(\vec{p}-\vec{b})=0$ ……①
P が A または B に一致するときは，
$\vec{p}-\vec{a}=\vec{0}$ または $\vec{p}-\vec{b}=\vec{0}$ で，このときも ① は
成り立つ。

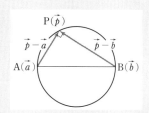

A ベクトル $\vec{d}$ に平行な直線

練習 34 　　　　　　　　　　　　　　　　　　　　　　　教 p.40

教科書 40 ページのベクトル方程式 $\vec{p}=\vec{a}+t\vec{d}$ において，t を次の値
にしたときの点 $P(\vec{p})$ の位置をそれぞれ教科書の図にしるせ。

(1) $t=1$　　　　　(2) $t=0$　　　　　(3) $t=4$　　　　　(4) $t=-2$

指針 **ベクトル方程式** 　媒介変数 t は，方向ベクトル $\vec{d}$ の方向に進む大きさと向き
を表している。

解答

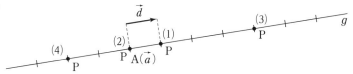

練習 35 　　　　　　　　　　　　　　　　　　　　　　　教 p.41

点 $A(2,\ -1)$ を通り，$\vec{d}=(-4,\ 3)$ に平行な直線を媒介変数表示せよ。
また，媒介変数を消去した式で表せ。

指針 **ベクトル $\vec{d}$ に平行な直線の媒介変数表示** 　点 $A(x_1,\ y_1)$ を通り，$\vec{d}=(l,\ m)$ に

平行な直線の媒介変数表示は　　$\begin{cases} x=x_1+lt \\ y=y_1+mt \end{cases}$　　t は実数

媒介変数 t を消去すると　　$m(x-x_1)-l(y-y_1)=0$

解答 媒介変数表示すると
$$\begin{cases} x=2-4t \\ y=-1+3t \end{cases}$$

媒介変数 t を消去すると　$3(x-2)-(-4)\times\{y-(-1)\}=0$

すなわち　$3x+4y-2=0$　答

B 異なる2点 A，B を通る直線

教 p.42

練習 36

教科書 41 ページのベクトル方程式 $\vec{p}=(1-t)\vec{a}+t\vec{b}$ において，t を次の値にしたときの点 P($\vec{p}$)の位置をそれぞれ教科書の図にしるせ。

(1)　$t=1$　　　(2)　$t=2$　　　(3)　$t=-1$　　　(4)　$t=\dfrac{1}{2}$

指針 **ベクトル方程式** $\vec{p}=\vec{a}+t(\vec{b}-\vec{a})$ として考えるとよい。

解答

練習 37

教 p.43

△OAB において，次の式を満たす点 P の存在範囲を求めよ。

$$\overrightarrow{OP}=s\overrightarrow{OA}+t\overrightarrow{OB}, \quad s+t=\frac{1}{2}, \ s\geqq0, \ t\geqq0$$

指針 **ベクトル方程式を満たす点の存在範囲**

$\overrightarrow{OP}=s'\boxed{}+t'\boxed{}$　$(s'+t'=1)$ の形に直す。

解答 $s+t=\dfrac{1}{2}$ から　$2s+2t=1$

ここで，$2s=s'$，$2t=t'$ とおくと

$$\overrightarrow{OP}=s'\left(\frac{1}{2}\overrightarrow{OA}\right)+t'\left(\frac{1}{2}\overrightarrow{OB}\right), \quad s'+t'=1, \ s'\geqq0, \ t'\geqq0$$

よって，$\overrightarrow{OA'}=\dfrac{1}{2}\overrightarrow{OA}$，$\overrightarrow{OB'}=\dfrac{1}{2}\overrightarrow{OB}$ となる点 A'，B' をとると

$$\overrightarrow{OP}=s'\overrightarrow{OA'}+t'\overrightarrow{OB'},$$

$s'+t'=1, \ s'\geqq0, \ t'\geqq0$

したがって，点 P の存在範囲は **線分 A'B'** である。答

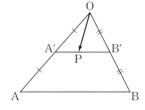

注意 「辺 OA，辺 OB の中点をそれぞれ A'，B' とすると，線分 A'B'」と答えてもよい。

教 p.43

深める

教科書の応用問題 6 において，「$s\geqq0$，$t\geqq0$」がない場合の式，すなわち，次の式を満たす点 P の存在範囲はどうなるか考えてみよう。
$$\overrightarrow{\mathrm{OP}}=s\overrightarrow{\mathrm{OA}}+t\overrightarrow{\mathrm{OB}}, \quad s+t=2$$

指針 **点の存在範囲の条件** $s<0$ や $t<0$ の場合には，直線 A′B′ 上で線分 A′B′ の外に点 P があることになる。

解答 **直線 A′B′** となる。 終

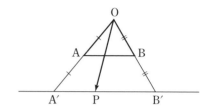

C ベクトル $\vec{n}$ に垂直な直線

教 p.44

練習 38

次の点 A を通り，ベクトル $\vec{n}$ に垂直な直線の方程式を求めよ。

(1) A$(3, 4)$，$\vec{n}=(1, 2)$　　(2) A$(-1, 2)$，$\vec{n}=(3, -4)$

指針 **定ベクトルに垂直な直線の方程式** 点(x_1, y_1)を通り，ベクトル(a, b)に垂直な直線の方程式は　　$a(x-x_1)+b(y-y_1)=0$
与えられた値を代入して，x, yについて整理する。

解答 (1) 求める直線の方程式は　　$1(x-3)+2(y-4)=0$
　　　よって　　　　$x-3+2y-8=0$
　　　したがって　　$x+2y-11=0$ 答
　　(2) 求める直線の方程式は　　$3\{x-(-1)\}-4(y-2)=0$
　　　よって　　　　$3x+3-4y+8=0$
　　　したがって　　$3x-4y+11=0$ 答

教 p.44

練習 39

次の直線の法線ベクトルを 1 つ示せ。

(1) $3x-2y+5=0$　　(2) $y=-2x+3$

指針 **直線の法線ベクトル** 直線 $ax+by+c=0$ はベクトル(a, b)と垂直である。

解答 (1) $(3, -2)$ 答
　　(2) 方程式を変形すると　　$2x+y-3=0$
　　　よって，この直線の法線ベクトルの 1 つは　　$(2, 1)$ 答

研究 円のベクトル方程式

練習 1
点 A($\vec{a}$) が与えられているとき，次のベクトル方程式において点 P($\vec{p}$) の全体は円となる。円の中心の位置ベクトル，円の半径を求めよ。
(1) $|\vec{p} - \vec{a}| = 3$　　　　　　(2) $|2\vec{p} - \vec{a}| = 4$

指針 **円のベクトル方程式** (2) $\vec{p}$ の係数が 1 となるように，与えられたベクトル方程式を変形する。

解答 (1) **中心の位置ベクトルは $\vec{a}$，半径は 3 である。** 答

(2) $|2\vec{p} - \vec{a}| = 4$ を変形すると　　$2\left|\vec{p} - \dfrac{1}{2}\vec{a}\right| = 4$

よって　　$\left|\vec{p} - \dfrac{1}{2}\vec{a}\right| = 2$

したがって，**中心の位置ベクトルは $\dfrac{1}{2}\vec{a}$，半径は 2 である。** 答

練習 2
平面上の異なる 2 点 O，A に対して $\overrightarrow{OA} = \vec{a}$ とすると，線分 OA を直径とする円のベクトル方程式は，その円上の点 P について $\overrightarrow{OP} = \vec{p}$ として，$\vec{p} \cdot (\vec{p} - \vec{a}) = 0$ で与えられることを示せ。

指針 **円のベクトル方程式** 直径に対する円周角の性質により，
∠OPA＝90°であるから，OP⊥AP が成り立つ。これをベクトルで表す。
33 ページのまとめ 8 において，A を O に，B を A に変えた場合である。

解答 P が O にも A にも一致しないとき
　　　OP⊥AP　　すなわち　　$\overrightarrow{OP} \cdot \overrightarrow{AP} = 0$
よって　　$\vec{p} \cdot (\vec{p} - \vec{a}) = 0$ ……①
P が O または A に一致するときは
　$\vec{p} = \vec{0}$　または　$\vec{p} - \vec{a} = \vec{0}$
で，このときも ① は成り立つ。
したがって，線分 OA を直径とする円のベクトル方程式は　　$\vec{p} \cdot (\vec{p} - \vec{a}) = 0$ 終

研究 直線のベクトル方程式の応用

まとめ

三角形と直線上の点
△OAB において，次のことが成り立つ。
　点 P が直線 AB 上にある　⇔　$\overrightarrow{OP} = s\overrightarrow{OA} + t\overrightarrow{OB}$　$(s + t = 1)$

第1章 第2節　補充問題

4　平行四辺形 OABC の辺 OA と辺 OC を 2：1 に内分する点を，それぞれ D，E とし，対角線 OB を 1：2 に内分する点を F とする。このとき，3 点 D，F，E は一直線上にあることを証明せよ。

指針　**3 点が一直線上にあることの証明**　$\overrightarrow{\mathrm{OA}}=\vec{a}$，$\overrightarrow{\mathrm{OC}}=\vec{c}$ として，$\overrightarrow{\mathrm{DE}}$，$\overrightarrow{\mathrm{DF}}$ を $\vec{a}$，$\vec{c}$ で表し，$\overrightarrow{\mathrm{DE}}=k\overrightarrow{\mathrm{DF}}$ となる実数 k があることを示す。

解答　$\overrightarrow{\mathrm{OA}}=\vec{a}$，$\overrightarrow{\mathrm{OC}}=\vec{c}$ とする。

$$\overrightarrow{\mathrm{DE}}=\overrightarrow{\mathrm{OE}}-\overrightarrow{\mathrm{OD}}=\frac{2}{3}\vec{c}-\frac{2}{3}\vec{a}$$

$$\overrightarrow{\mathrm{DF}}=\overrightarrow{\mathrm{OF}}-\overrightarrow{\mathrm{OD}}=\frac{1}{3}\overrightarrow{\mathrm{OB}}-\overrightarrow{\mathrm{OD}}$$

$$=\frac{1}{3}(\vec{a}+\vec{c})-\frac{2}{3}\vec{a}$$

$$=\frac{1}{3}\vec{c}-\frac{1}{3}\vec{a}$$

よって　$\overrightarrow{\mathrm{DE}}=2\overrightarrow{\mathrm{DF}}$

したがって，3 点 D，F，E は一直線上にある。　終

5　鋭角三角形 ABC において，頂点 B，C からそれぞれの向かい合う辺 CA，AB に下ろした垂線の交点を H とすると，HA⊥BC である。このことを，ベクトルを用いて証明せよ。

指針　**内積の利用**　$\overrightarrow{\mathrm{HA}}\cdot\overrightarrow{\mathrm{BC}}=0$ であることを示す。$\overrightarrow{\mathrm{HA}}=\vec{a}$，$\overrightarrow{\mathrm{HB}}=\vec{b}$，$\overrightarrow{\mathrm{HC}}=\vec{c}$ として，$\overrightarrow{\mathrm{HA}}\cdot\overrightarrow{\mathrm{BC}}$ を $\vec{a}$，$\vec{b}$，$\vec{c}$ で表し，$\overrightarrow{\mathrm{HB}}\cdot\overrightarrow{\mathrm{CA}}=0$，$\overrightarrow{\mathrm{HC}}\cdot\overrightarrow{\mathrm{AB}}=0$ であることを利用する。

解答　$\overrightarrow{\mathrm{HA}}=\vec{a}$，$\overrightarrow{\mathrm{HB}}=\vec{b}$，$\overrightarrow{\mathrm{HC}}=\vec{c}$ とする。

HB⊥CA より，$\overrightarrow{\mathrm{HB}}\cdot\overrightarrow{\mathrm{CA}}=0$ であるから　$\vec{b}\cdot(\vec{a}-\vec{c})=0$

すなわち　$\vec{a}\cdot\vec{b}=\vec{b}\cdot\vec{c}$　……①

HC⊥AB より，$\overrightarrow{\mathrm{HC}}\cdot\overrightarrow{\mathrm{AB}}=0$ であるから　$\vec{c}\cdot(\vec{b}-\vec{a})=0$

すなわち　$\vec{a}\cdot\vec{c}=\vec{b}\cdot\vec{c}$　……②

ここで　$\overrightarrow{\mathrm{HA}}\cdot\overrightarrow{\mathrm{BC}}=\vec{a}\cdot(\vec{c}-\vec{b})=\vec{a}\cdot\vec{c}-\vec{a}\cdot\vec{b}$

①，② より　$\overrightarrow{\mathrm{HA}}\cdot\overrightarrow{\mathrm{BC}}=\vec{b}\cdot\vec{c}-\vec{b}\cdot\vec{c}=0$

したがって，$\overrightarrow{\mathrm{HA}}\perp\overrightarrow{\mathrm{BC}}$ であるから，HA⊥BC である。　終

第1章　章末問題 A

1. 平行四辺形 ABCD において，対角線の交点を E とする。$\overrightarrow{AB}=\vec{b}$，$\overrightarrow{AD}=\vec{d}$ とするとき，次のベクトルを $\vec{b}$，$\vec{d}$ を用いて表せ。
   (1) $\overrightarrow{EC}$　　　　　(2) $\overrightarrow{BE}$　　　　　(3) $\overrightarrow{EA}$

指針　**ベクトルの分解**　平行四辺形であるから，E は対角線 AC，BD それぞれの中点である。

解答　(1) $\overrightarrow{EC}=\dfrac{1}{2}\overrightarrow{AC}=\dfrac{1}{2}(\overrightarrow{AB}+\overrightarrow{BC})=\dfrac{1}{2}(\vec{b}+\vec{d})=\dfrac{1}{2}\vec{b}+\dfrac{1}{2}\vec{d}$　答

　　　(2) $\overrightarrow{BE}=\dfrac{1}{2}\overrightarrow{BD}=\dfrac{1}{2}(\overrightarrow{AD}-\overrightarrow{AB})$

　　　　　　$=\dfrac{1}{2}(\vec{d}-\vec{b})=-\dfrac{1}{2}\vec{b}+\dfrac{1}{2}\vec{d}$　答

　　　(3) $\overrightarrow{EA}=-\overrightarrow{AE}=-\overrightarrow{EC}$

　　　　　　$=-\left(\dfrac{1}{2}\vec{b}+\dfrac{1}{2}\vec{d}\right)=-\dfrac{1}{2}\vec{b}-\dfrac{1}{2}\vec{d}$　答

2. $\vec{a}=(3,\ 1)$，$\vec{b}=(1,\ 2)$ と実数 t に対して，$\vec{c}=\vec{a}+t\vec{b}$ とする。次の問いに答えよ。
   (1) $|\vec{c}|=5$ となる t の値を求めよ。
   (2) $|\vec{c}|$ が最小となるとき，$\vec{b}\perp\vec{c}$ であることを示せ。

指針　**ベクトルの大きさ**　$\vec{c}=\vec{a}+t\vec{b}=(3+t,\ 1+2t)$ であるから
　　　　　$|\vec{c}|^2=(3+t)^2+(1+2t)^2$
　　　(1)は方程式を立てる。(2)は t の2次関数として考える。

解答　$\vec{c}=\vec{a}+t\vec{b}=(3,\ 1)+t(1,\ 2)=(3+t,\ 1+2t)$
　　　(1) $|\vec{c}|=5$ より　　　　$|\vec{c}|^2=5^2$
　　　　　よって　　　　　　　$(3+t)^2+(1+2t)^2=25$
　　　　　整理すると　　　　　$5t^2+10t-15=0$
　　　　　すなわち　　　　　　$t^2+2t-3=0$
　　　　　これを解いて　　　　$t=-3,\ 1$　答
　　　(2) $|\vec{c}|^2=(3+t)^2+(1+2t)^2=5t^2+10t+10=5(t+1)^2+5$
　　　　　$|\vec{c}|^2$ が最小のとき $|\vec{c}|$ も最小となるから，$|\vec{c}|$ は $t=-1$ のとき最小値をとる。
　　　　　このとき　　　　$\vec{c}=(3-1,\ 1-2)=(2,\ -1)$
　　　　　これより　　　　$\vec{b}\cdot\vec{c}=1\times2+2\times(-1)=0$
　　　　　したがって　　　$\vec{b}\perp\vec{c}$　終

3. $|\vec{a}|=2$, $|\vec{b}|=1$ で，ベクトル $\vec{a}+\vec{b}$, $2\vec{a}-5\vec{b}$ が垂直であるとする。
 (1) $\vec{a}\cdot\vec{b}$ を求めよ。   (2) $\vec{a}$ と $\vec{b}$ のなす角 θ を求めよ。

指針　**ベクトルとなす角**

　　(1) $(\vec{a}+\vec{b})\cdot(2\vec{a}-5\vec{b})=0$ から $\vec{a}\cdot\vec{b}$ を求める。

　　(2) $\cos\theta=\dfrac{\vec{a}\cdot\vec{b}}{|\vec{a}||\vec{b}|}$ により θ を求める。

解答　(1) $(\vec{a}+\vec{b})\perp(2\vec{a}-5\vec{b})$ より　　$(\vec{a}+\vec{b})\cdot(2\vec{a}-5\vec{b})=0$
　　　よって　　　　$2|\vec{a}|^2-3\vec{a}\cdot\vec{b}-5|\vec{b}|^2=0$
　　　これに $|\vec{a}|=2$, $|\vec{b}|=1$ を代入して　　$2\times2^2-3\vec{a}\cdot\vec{b}-5\times1^2=0$
　　　したがって　　$\vec{a}\cdot\vec{b}=1$　圏

　　(2) (1)より，$\vec{a}\cdot\vec{b}=1$ であるから　　$\cos\theta=\dfrac{\vec{a}\cdot\vec{b}}{|\vec{a}||\vec{b}|}=\dfrac{1}{2\times1}=\dfrac{1}{2}$

　　　$0°\leqq\theta\leqq180°$ であるから　　$\theta=60°$　圏

4. 平面上に $\triangle ABC$ と点 P，Q があって，次
　の等式が成り立つとき，P，Q の位置を右
　の図にしるせ。
$$3\overrightarrow{AP}=2\overrightarrow{AB}+\overrightarrow{AC}$$
$$\overrightarrow{AQ}+2\overrightarrow{BQ}+\overrightarrow{CQ}=\vec{0}$$

指針　**内分点の位置ベクトル**　　$\overrightarrow{AP}=\dfrac{2\overrightarrow{AB}+\overrightarrow{AC}}{1+2}$ であるから，P は線分 BC を $1:2$

　　に内分する。さらに，$\overrightarrow{AQ}+2\overrightarrow{BQ}+\overrightarrow{CQ}=\vec{0}$ を変形すると $\overrightarrow{AQ}=\dfrac{3}{4}\overrightarrow{AP}$ である

　　から，Q は線分 AP を $3:1$ に内分する。

解答　$3\overrightarrow{AP}=2\overrightarrow{AB}+\overrightarrow{AC}$ から　　$\overrightarrow{AP}=\dfrac{2\overrightarrow{AB}+\overrightarrow{AC}}{3}=\dfrac{2\overrightarrow{AB}+\overrightarrow{AC}}{1+2}$

　　よって，点 P は線分 BC を $1:2$ に内分する。
　　また，$\overrightarrow{AQ}+2\overrightarrow{BQ}+\overrightarrow{CQ}=\vec{0}$ から　　$\overrightarrow{AQ}+2(\overrightarrow{AQ}-\overrightarrow{AB})+(\overrightarrow{AQ}-\overrightarrow{AC})=\vec{0}$
　　よって　　　$4\overrightarrow{AQ}=2\overrightarrow{AB}+\overrightarrow{AC}=3\overrightarrow{AP}$

　　すなわち　　$\overrightarrow{AQ}=\dfrac{3}{4}\overrightarrow{AP}$

　　したがって，点 Q は線分 AP を $3:1$ に内分
　　する。
　　以上から，P，Q の位置を図示すると **右の図**
　　のようになる。　圏

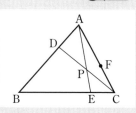

5. △ABC において，辺 AB を 1:2 に内分する点を D，辺 BC を 3:1 に内分する点を E，辺 CA を 2:3 に内分する点を F とする。また，線分 AE と線分 CD の交点を P とするとき，次の問いに答えよ。

(1) $\overrightarrow{AB}=\vec{b}$，$\overrightarrow{AC}=\vec{c}$ とするとき，$\overrightarrow{AP}$ を $\vec{b}$，$\vec{c}$ を用いて表せ。

(2) 3 点 B，P，F は一直線上にあることを示せ。

指針 **3 点が一直線上にあることの証明**

(1) $\overrightarrow{AP}$ を $\vec{b}$，$\vec{c}$ を用いて 2 通りに表す。

(2) $\overrightarrow{BP}=k\overrightarrow{BF}$ となる実数 k があることを示す。

解答 (1) P は線分 AE 上の点であるから

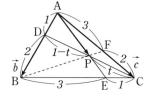

$$\overrightarrow{AP}=k\overrightarrow{AE}=k\left(\frac{\overrightarrow{AB}+3\overrightarrow{AC}}{3+1}\right)$$
$$=\frac{1}{4}k\overrightarrow{AB}+\frac{3}{4}k\overrightarrow{AC}$$
$$=\frac{1}{4}k\vec{b}+\frac{3}{4}k\vec{c}\quad\cdots\cdots①$$

また，CP:PD$=t:(1-t)$ とすると

$$\overrightarrow{AP}=t\overrightarrow{AD}+(1-t)\overrightarrow{AC}=\frac{1}{3}t\vec{b}+(1-t)\vec{c}\quad\cdots\cdots②$$

$\vec{b}\neq\vec{0}$，$\vec{c}\neq\vec{0}$ で，$\vec{b}$ と $\vec{c}$ は平行でないから，$\overrightarrow{AP}$ の $\vec{b}$，$\vec{c}$ を用いた表し方はただ 1 通りである。

①，② から　　　$\dfrac{1}{4}k=\dfrac{1}{3}t$，　　$\dfrac{3}{4}k=1-t$

これを解くと　　　$k=\dfrac{2}{3}$，$t=\dfrac{1}{2}$

よって　　　　　$\overrightarrow{AP}=\dfrac{1}{6}\vec{b}+\dfrac{1}{2}\vec{c}$　答

(2) $\overrightarrow{BP}=\overrightarrow{AP}-\overrightarrow{AB}=\dfrac{1}{6}\vec{b}+\dfrac{1}{2}\vec{c}-\vec{b}=-\dfrac{5}{6}\vec{b}+\dfrac{1}{2}\vec{c}=\dfrac{-5\vec{b}+3\vec{c}}{6}$

$\overrightarrow{BF}=\overrightarrow{AF}-\overrightarrow{AB}=\dfrac{3}{5}\vec{c}-\vec{b}=-\vec{b}+\dfrac{3}{5}\vec{c}=\dfrac{-5\vec{b}+3\vec{c}}{5}$

よって　　　$\overrightarrow{BP}=\dfrac{5}{6}\overrightarrow{BF}$

したがって，3 点 B，P，F は一直線上にある。　終

第1章　章末問題B

教 p.49

6. $|\vec{a}|=1$, $|\vec{b}|=2$ のとき，次の値の最大値，最小値を求めよ。

(1) $\vec{a}\cdot\vec{b}$ (2) $|\vec{a}-\vec{b}|$

指針 **内積の性質**　ベクトル $\vec{a}$, $\vec{b}$ のなす角によって，(1), (2)のどちらの値も変化する。

(2) まず $|\vec{a}-\vec{b}|^2$ を考える。

解答 $\vec{a}$, $\vec{b}$ のなす角を $\theta\,(0°\leqq\theta\leqq180°)$ とする。

(1) $\vec{a}\cdot\vec{b}=|\vec{a}||\vec{b}|\cos\theta=2\cos\theta$

$0°\leqq\theta\leqq180°$ より，$-1\leqq\cos\theta\leqq1$ であるから

$$-2\leqq\vec{a}\cdot\vec{b}\leqq2$$

よって，$\vec{a}\cdot\vec{b}$ について　**最大値2，最小値−2**　答

(2) $|\vec{a}-\vec{b}|^2=|\vec{a}|^2-2\vec{a}\cdot\vec{b}+|\vec{b}|^2$

$\qquad\quad =1^2-2\vec{a}\cdot\vec{b}+2^2$

$\qquad\quad =5-2\vec{a}\cdot\vec{b}$

(1)より，$-2\leqq\vec{a}\cdot\vec{b}\leqq2$ であるから

$$1\leqq5-2\vec{a}\cdot\vec{b}\leqq9$$

$|\vec{a}-\vec{b}|\geqq0$ より　　$1\leqq|\vec{a}-\vec{b}|\leqq3$

よって，$|\vec{a}-\vec{b}|$ について　**最大値3，最小値1**　答

教 p.49

7. △ABC の外心を O，重心を G とし，$\overrightarrow{OH}=\overrightarrow{OA}+\overrightarrow{OB}+\overrightarrow{OC}$ とする。ただし，△ABC は直角三角形ではないとする。

(1) 点 O, G, H は一直線上にあることを証明せよ。

(2) BH⊥CA かつ CH⊥AB であることを証明せよ。

指針 **三角形の外心，重心**

(1) $\overrightarrow{OH}=k\overrightarrow{OG}$ (k は実数) の形で表されることを示せばよい。

(2) $|\overrightarrow{OA}|=|\overrightarrow{OB}|=|\overrightarrow{OC}|$ を利用する。

解答 (1) G は △ABC の重心であるから　　$\overrightarrow{OG}=\dfrac{\overrightarrow{OA}+\overrightarrow{OB}+\overrightarrow{OC}}{3}$

よって　　$\overrightarrow{OH}=\overrightarrow{OA}+\overrightarrow{OB}+\overrightarrow{OC}=3\overrightarrow{OG}$

したがって，点 O, G, H は一直線上にある。　終

(2) $\overrightarrow{OH}=\overrightarrow{OA}+\overrightarrow{OB}+\overrightarrow{OC}$ より

$$\begin{aligned}
\overrightarrow{BH}\cdot\overrightarrow{CA} &=(\overrightarrow{OH}-\overrightarrow{OB})\cdot(\overrightarrow{OA}-\overrightarrow{OC}) \\
&=(\overrightarrow{OA}+\overrightarrow{OC})\cdot(\overrightarrow{OA}-\overrightarrow{OC}) \\
&=|\overrightarrow{OA}|^2-|\overrightarrow{OC}|^2
\end{aligned}$$

O は △ABC の外心であるから　　　OA＝OC

すなわち　　　　$|\overrightarrow{OA}|=|\overrightarrow{OC}|$

したがって　　　$\overrightarrow{BH}\cdot\overrightarrow{CA}=|\overrightarrow{OA}|^2-|\overrightarrow{OC}|^2=0$

よって，$\overrightarrow{BH}\perp\overrightarrow{CA}$ となるから　　　BH⊥CA

また　　　$\begin{aligned}[t]\overrightarrow{CH}\cdot\overrightarrow{AB} &=(\overrightarrow{OH}-\overrightarrow{OC})\cdot(\overrightarrow{OB}-\overrightarrow{OA}) \\ &=(\overrightarrow{OB}+\overrightarrow{OA})\cdot(\overrightarrow{OB}-\overrightarrow{OA}) \\ &=|\overrightarrow{OB}|^2-|\overrightarrow{OA}|^2 \end{aligned}$

O は △ABC の外心であるから　　　OA＝OB

すなわち　　　　$|\overrightarrow{OA}|=|\overrightarrow{OB}|$

したがって　　　$\overrightarrow{CH}\cdot\overrightarrow{AB}=|\overrightarrow{OB}|^2-|\overrightarrow{OA}|^2=0$

よって，$\overrightarrow{CH}\perp\overrightarrow{AB}$ となるから　　　CH⊥AB　終

教 p.49

8. △OAB において，辺 OB を $2:1$ に内分する点を C，線分 AC の中点を M とし，直線 OM と辺 AB の交点を D とする。次のものを求めよ。
(1) $\overrightarrow{OD}=k\overrightarrow{OM}$ となる実数 k の値　　(2) AD：DB

指針 **2 直線の交点**

(1) D は直線 AB 上の点であるから，$\overrightarrow{OD}=s\overrightarrow{OA}+t\overrightarrow{OB}$ （s, t は実数）と表したとき，$s+t=1$ である。

(2) 内分点の公式を利用して比を求める。

解答 (1) $\overrightarrow{OA}=\vec{a}$, $\overrightarrow{OB}=\vec{b}$ とすると

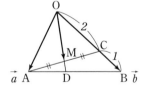

$$\begin{aligned}
\overrightarrow{OM} &=\frac{\overrightarrow{OA}+\overrightarrow{OC}}{2} \\
&=\frac{1}{2}\overrightarrow{OA}+\frac{1}{2}\left(\frac{2}{3}\overrightarrow{OB}\right) \\
&=\frac{1}{2}\vec{a}+\frac{1}{3}\vec{b}
\end{aligned}$$

よって　　　$\overrightarrow{OD}=k\overrightarrow{OM}=k\left(\frac{1}{2}\vec{a}+\frac{1}{3}\vec{b}\right)=\frac{1}{2}k\vec{a}+\frac{1}{3}k\vec{b}$

D は直線 AB 上の点であるから　　　$\dfrac{1}{2}k+\dfrac{1}{3}k=1$

これを解いて　　　$k=\dfrac{6}{5}$　答

(2) $\overrightarrow{\text{OD}} = \dfrac{1}{2}\left(\dfrac{6}{5}\vec{a}\right) + \dfrac{1}{3}\left(\dfrac{6}{5}\vec{b}\right)$

$= \dfrac{3}{5}\vec{a} + \dfrac{2}{5}\vec{b} = \dfrac{3\vec{a} + 2\vec{b}}{2+3}$

よって　　AD : DB = 2 : 3　答

9. 点 A(1, 2) から直線 $3x+4y-1=0$ に垂線を下ろし，交点を H とする。

　(1) $\vec{n} = (3, 4)$ に対し $\overrightarrow{\text{AH}} = k\vec{n}$ となる実数 k の値を求めよ。

　(2) 点 H の座標と線分 AH の長さを求めよ。

指針 **直線に下ろした垂線の交点の座標と線分の長さ**　直線上にない 1 点から，直線に下ろした垂線と直線の交点の座標および垂線の長さを，直線の法線ベクトルを利用して求める問題である。

　(1) 点 H の座標を (x, y) として，$\overrightarrow{\text{AH}} = k\vec{n}$ から，x, y を k で表し，H が直線上にあることから，k の値を求める。

　(2) (1) の結果を利用する。

解答 (1)　$\vec{n} = (3, 4)$ は直線 $3x+4y-1=0$　……①
　　　の法線ベクトルの 1 つであるから，$\overrightarrow{\text{AH}}$ と $\vec{n}$
　　　は平行である。
　　　よって，$\overrightarrow{\text{AH}} = k\vec{n}$ となる実数 k がある。
　　　点 H の座標を (x, y) とすると，
　　　$\overrightarrow{\text{AH}} = k\vec{n}$ から
　　　　　$(x-1, y-2) = k(3, 4)$
　　　よって
　　　　　$x = 3k+1,\ y = 4k+2$　……②
　　　点 H は直線 ① 上にあるから，② を ① に代入して
　　　　　$3(3k+1) + 4(4k+2) - 1 = 0$
　　　よって　　$25k+10 = 0$

　　　これを解いて　　$k = -\dfrac{2}{5}$　答

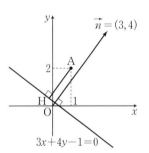

(2)　(1) において，$k = -\dfrac{2}{5}$ を ② に代入すると，点 H の座標は

$$\left(-\dfrac{1}{5},\ \dfrac{2}{5}\right)$$

　　　よって，線分 AH の長さは

$$\text{AH} = \sqrt{\left(-\dfrac{1}{5}-1\right)^2 + \left(\dfrac{2}{5}-2\right)^2} = \sqrt{\dfrac{100}{25}} = 2$$　答

10. 海上を航行する2隻の船A，Bがあり，船Bは船Aから見て西に 50 km の位置にある。船Aは北に，船Bは北東に向かって一定の速さで航行しており，船Aの速さは時速 20 km であるとする。

(1) 船Bも時速 20 km で航行しているとき，船Bが船Aから見てちょうど南東方向に見えるのは何時間後か求めよ。

(2) 衝突を回避するために，2隻の船A，Bが衝突する船Bの速さを事前に求めたい。船Aと衝突してしまう船Bの速さを求めよ。

指針 **位置ベクトル**

(1) 東西を x 軸，南北を y 軸にとって考える。南東方向を表すベクトルの1つは $(1, -1)$ であるから，$\overrightarrow{AB}=k(1, -1)$ と表されることを利用する。

(2) 船Aと船Bが衝突するのは $\overrightarrow{OA}=\overrightarrow{OB}$ となるときである。このときの船Bの速さを求める。

解答 x 軸の正の方向を東，y 軸の正の方向を北にとり，船Bが船Aから見て西に 50 km の位置にあるときのBの位置を原点Oとし，1 km を距離1とする座標平面を考える。

また，t 時間後の2隻の船の位置を A，B とする。

(1) $\overrightarrow{OA}, \overrightarrow{OB}$ を成分表示すると

$$\overrightarrow{OA}=(50, 20t), \quad \overrightarrow{OB}=(10\sqrt{2}\,t, 10\sqrt{2}\,t)$$

船Bが船Aから見てちょうど南東方向に見えるとき，$\overrightarrow{AB}=k(1, -1)$ $(k>0)$ と表される。

ゆえに　$(10\sqrt{2}\,t-50, 10\sqrt{2}\,t-20t)=k(1, -1)$

すなわち　$10\sqrt{2}\,t-50=k, 10\sqrt{2}\,t-20t=-k$

これを解くと　$t=\dfrac{5\sqrt{2}+5}{2}, k=25\sqrt{2}$

よって　$\dfrac{5\sqrt{2}+5}{2}$ **時間後** 答

(2) 船Bの速さを時速 v km とすると

$$\overrightarrow{OA}=(50, 20t), \quad \overrightarrow{OB}=\left(\dfrac{v}{\sqrt{2}}t, \dfrac{v}{\sqrt{2}}t\right)$$

船Aと船Bが衝突するのは，$\overrightarrow{OA}=\overrightarrow{OB}$ のときであるから

$$50=\dfrac{vt}{\sqrt{2}}, 20t=\dfrac{vt}{\sqrt{2}}$$

これを解くと　$v=20\sqrt{2}, t=\dfrac{5}{2}$

よって　**時速 $20\sqrt{2}$ km** 答

第2章 | 空間のベクトル

1 空間の点

1 座標軸と座標平面

空間に点 O をとり，O で互いに直交する3本
の数直線を図のように定める。

これらを，それぞれ *x*軸，*y*軸，*z*軸 といい，
まとめて **座標軸** という。

また，点 O を **原点** という。さらに

 *x*軸と *y*軸で定まる平面を *xy*平面，

 *y*軸と *z*軸で定まる平面を *yz*平面，

 *z*軸と *x*軸で定まる平面を *zx*平面

といい，これらをまとめて **座標平面** という。

2 点の座標

空間の点 P に対して，P を通り各座標軸に垂直
な平面が，*x*軸，*y*軸，*z*軸と交わる点を，そ
れぞれ A，B，C とする。

A，B，C の各座標軸上での座標が，それぞれ
a，*b*，*c* のとき，3つの実数の組

   $(a, \ b, \ c)$

を点 P の **座標** といい，*a*，*b*，*c* をそれぞれ点 P
の *x*座標，*y*座標，*z*座標 という。

この点 P を P$(a, \ b, \ c)$ と書く。

原点 O と，図の点 A，B，C の座標は，

O$(0, \ 0, \ 0)$，A$(a, \ 0, \ 0)$，B$(0, \ b, \ 0)$，C$(0, \ 0, \ c)$ である。

座標の定められた空間を **座標空間** という。

3 原点 O と点 P の距離

原点 O と点 P$(a, \ b, \ c)$の距離は

$$OP = \sqrt{a^2 + b^2 + c^2}$$

A 空間の点の座標

教 p.53

練習 1 次の平面に関して点 P(1, 3, 2)と対称な点の座標を，それぞれ求めよ。

(1) yz 平面   (2) zx 平面

指針 対称な点の座標 点 P(a, b, c)に対して
(1) yz 平面に関して対称な点の座標は $(-a,\ b,\ c)$
(2) zx 平面に関して対称な点の座標は $(a,\ -b,\ c)$

解答 (1) $(-1,\ 3,\ 2)$ 答
     (2) $(1,\ -3,\ 2)$ 答

B 原点 O と点 P の距離

教 p.53

練習 2 原点 O と次の点の距離を求めよ。

(1) P(2, 3, 6)   (2) Q(3, -4, 5)

指針 原点 O と点の距離 原点 O と点 P(a, b, c)の距離は
$$OP=\sqrt{a^2+b^2+c^2}$$

解答 (1) $OP=\sqrt{2^2+3^2+6^2}$
         $=\sqrt{49}=7$ 答
     (2) $OQ=\sqrt{3^2+(-4)^2+5^2}$
         $=\sqrt{50}=5\sqrt{2}$ 答

教 p.53

深める 教科書例 1 の点 P(1, 3, 2)に対して，次の点の座標を求めてみよう。

(1) x 軸に関して対称な点   (2) y 軸に関して対称な点
(3) z 軸に関して対称な点   (4) 原点に関して対称な点

指針 対称な点の座標 点 P(a, b, c)に対して
(1) x 軸に関して対称な点の座標は $(a,\ -b,\ -c)$
(2) y 軸に関して対称な点の座標は $(-a,\ b,\ -c)$
(3) z 軸に関して対称な点の座標は $(-a,\ -b,\ c)$
(4) 原点に関して対称な点の座標は $(-a,\ -b,\ -c)$

解答 (1) $(1,\ -3,\ -2)$ 答
     (2) $(-1,\ 3,\ -2)$ 答
     (3) $(-1,\ -3,\ 2)$ 答
     (4) $(-1,\ -3,\ -2)$ 答

2 空間のベクトル

まとめ

1 空間のベクトル

空間において，始点を A，終点を B とする有向
線分 AB が表すベクトルを $\overrightarrow{\mathbf{AB}}$ で表す。また，
$\overrightarrow{\mathbf{AB}}$ の大きさを $|\overrightarrow{\mathbf{AB}}|$ で表す。

空間のベクトルも $\vec{a}$，$\vec{b}$ などで表すことがある。

このとき，$\vec{a} = \vec{b}$ や，$\vec{a}$ の逆ベクトル $-\vec{a}$ の定義は，
平面上の場合と同様である。

2 零ベクトル

大きさが 0 のベクトルを **零ベクトル** またはゼロベクトルといい，$\vec{0}$ で表す。

3 単位ベクトル

大きさが 1 のベクトルを **単位ベクトル** という。

4 空間のベクトルの和，差，実数倍

空間のベクトルの和，差，実数倍の定義も，平面上の場合と同様である。さらに，平面上のベクトルに成り立つ性質は，空間のベクトルに対してもそのまま成り立つ。

5 平行六面体

2 つずつ平行な 3 組の平面で囲まれる立体を **平行六面体** という。直方体も平行六面体である。平行六面体の各面は，平行四辺形である。

6 ベクトルの分解

空間において，同じ平面上にない 4 点 O，A，B，C が与えられたとき，
$\overrightarrow{\mathrm{OA}} = \vec{a}$，$\overrightarrow{\mathrm{OB}} = \vec{b}$，$\overrightarrow{\mathrm{OC}} = \vec{c}$ とすると，この空間のどんなベクトル $\vec{p}$ も，適当な実数 s，t，u を用いて，$\vec{p} = s\vec{a} + t\vec{b} + u\vec{c}$ の形に表すことができる。しかも，この表し方はただ 1 通りである。

注意 一直線上にない 3 点 O，A，B を通る平面は，ただ 1 つ定まる。この平面を，平面 OAB ということがある。

A 空間のベクトル

練習
3

教 p.54

教科書例 2 において，$\overrightarrow{\mathrm{AE}}$ に等しいベクトルで $\overrightarrow{\mathrm{AE}}$ 以外のものをすべてあげよ。また，$\overrightarrow{\mathrm{AD}}$ の逆ベクトルで $\overrightarrow{\mathrm{DA}}$ 以外のものをすべてあげよ。

指針 **等しいベクトル・逆ベクトル**　等しいベクトルは，向きが同じで大きさが等しいベクトルである。逆ベクトルは向きが反対で大きさが等しいベクトルである。よって，辺 AE，AD とそれぞれ平行な辺について考える。

解答　辺 AE に平行な辺は　　辺 BF，CG，DH
よって，$\overrightarrow{\mathrm{AE}}$ に等しいベクトルは　　$\overrightarrow{\mathbf{BF}}$, $\overrightarrow{\mathbf{CG}}$, $\overrightarrow{\mathbf{DH}}$
また，辺 AD に平行な辺は　　辺 BC，FG，EH
よって，$\overrightarrow{\mathrm{AD}}$ の逆ベクトルは，$\overrightarrow{\mathrm{AD}}$ と向きが反対で大きさが等しいベクトルであるから　　$\overrightarrow{\mathbf{CB}}$, $\overrightarrow{\mathbf{GF}}$, $\overrightarrow{\mathbf{HE}}$　答

練習4　**教** p.55

教科書例3の直方体において，次の□に適する頂点の文字を求めよ。
(1) $\overrightarrow{\mathrm{AB}}+\overrightarrow{\mathrm{FG}}=\overrightarrow{\mathrm{A}\square}$　　　　　(2) $\overrightarrow{\mathrm{AD}}-\overrightarrow{\mathrm{EF}}=\overrightarrow{\square\mathrm{D}}$

指針 **ベクトルの和・差**　等しいベクトルを見つけ，平面上のベクトルを考えるようにする。たとえば，$\overrightarrow{\mathrm{FG}}=\overrightarrow{\mathrm{BC}}$ であるから，$\overrightarrow{\mathrm{AB}}+\overrightarrow{\mathrm{FG}}$ は $\overrightarrow{\mathrm{AB}}+\overrightarrow{\mathrm{BC}}$ と等しく，平面 ABCD 上で考えることができる。

解答 (1) $\overrightarrow{\mathrm{AB}}+\overrightarrow{\mathrm{FG}}=\overrightarrow{\mathrm{AB}}+\overrightarrow{\mathrm{BC}}=\overrightarrow{\mathrm{AC}}$　　答　**C**
　　 (2) $\overrightarrow{\mathrm{AD}}-\overrightarrow{\mathrm{EF}}=\overrightarrow{\mathrm{AD}}-\overrightarrow{\mathrm{AB}}=\overrightarrow{\mathrm{BD}}$　　答　**B**

B ベクトルの分解

練習5　**教** p.55

教科書例題1において，次のベクトルを $\vec{a}$, $\vec{b}$, $\vec{c}$ を用いて表せ。
(1) $\overrightarrow{\mathrm{EC}}$　　　(2) $\overrightarrow{\mathrm{BH}}$　　　(3) $\overrightarrow{\mathrm{DF}}$　　　(4) $\overrightarrow{\mathrm{HF}}$

指針 **平行六面体**　解答の図の平行六面体で，ベクトル $\vec{a}$, $\vec{b}$, $\vec{c}$ と等しいベクトルは，それぞれ3つずつある。たとえば，$\vec{a}$ と等しいベクトルは，$\overrightarrow{\mathrm{DC}}$, $\overrightarrow{\mathrm{EF}}$, $\overrightarrow{\mathrm{HG}}$である。このことを利用して，それぞれのベクトルを $\vec{a}$, $\vec{b}$, $\vec{c}$ を用いて表す。

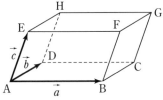

解答 (1) $\overrightarrow{\mathrm{EC}}=\overrightarrow{\mathrm{EG}}+\overrightarrow{\mathrm{GC}}=\overrightarrow{\mathrm{EF}}+\overrightarrow{\mathrm{FG}}+\overrightarrow{\mathrm{GC}}$
　　　　　$=\overrightarrow{\mathrm{AB}}+\overrightarrow{\mathrm{AD}}+\overrightarrow{\mathrm{EA}}=\vec{a}+\vec{b}-\vec{c}$　答
　　 (2) $\overrightarrow{\mathrm{BH}}=\overrightarrow{\mathrm{BD}}+\overrightarrow{\mathrm{DH}}=\overrightarrow{\mathrm{AD}}-\overrightarrow{\mathrm{AB}}+\overrightarrow{\mathrm{DH}}$
　　　　　$=-\overrightarrow{\mathrm{AB}}+\overrightarrow{\mathrm{AD}}+\overrightarrow{\mathrm{AE}}$
　　　　　$=-\vec{a}+\vec{b}+\vec{c}$　答
　　 (3) $\overrightarrow{\mathrm{DF}}=\overrightarrow{\mathrm{DB}}+\overrightarrow{\mathrm{BF}}=\overrightarrow{\mathrm{AB}}-\overrightarrow{\mathrm{AD}}+\overrightarrow{\mathrm{BF}}=\overrightarrow{\mathrm{AB}}-\overrightarrow{\mathrm{AD}}+\overrightarrow{\mathrm{AE}}=\vec{a}-\vec{b}+\vec{c}$　答
　　 (4) $\overrightarrow{\mathrm{HF}}=\overrightarrow{\mathrm{HE}}+\overrightarrow{\mathrm{EF}}=\overrightarrow{\mathrm{DA}}+\overrightarrow{\mathrm{AB}}=\overrightarrow{\mathrm{AB}}-\overrightarrow{\mathrm{AD}}=\vec{a}-\vec{b}$　答

別解 (2) $\overrightarrow{\mathrm{BH}}=\overrightarrow{\mathrm{BD}}+\overrightarrow{\mathrm{DH}}=\overrightarrow{\mathrm{BA}}+\overrightarrow{\mathrm{AD}}+\overrightarrow{\mathrm{DH}}=-\overrightarrow{\mathrm{AB}}+\overrightarrow{\mathrm{AD}}+\overrightarrow{\mathrm{AE}}=-\vec{a}+\vec{b}+\vec{c}$　答
　　 (3) $\overrightarrow{\mathrm{DF}}=\overrightarrow{\mathrm{DB}}+\overrightarrow{\mathrm{BF}}=\overrightarrow{\mathrm{DA}}+\overrightarrow{\mathrm{AB}}+\overrightarrow{\mathrm{BF}}=-\overrightarrow{\mathrm{AD}}+\overrightarrow{\mathrm{AB}}+\overrightarrow{\mathrm{AE}}$
　　　　　$=-\vec{b}+\vec{a}+\vec{c}=\vec{a}-\vec{b}+\vec{c}$　答
　　 (4) $\overrightarrow{\mathrm{HF}}=\overrightarrow{\mathrm{DB}}=\overrightarrow{\mathrm{AB}}-\overrightarrow{\mathrm{AD}}=\vec{a}-\vec{b}$　答

3 ベクトルの成分

1 基本ベクトルと成分

O を原点とする座標空間で，x 軸，y 軸，z 軸の正の向きと同じ向きの単位ベクトルを **基本ベクトル** といい，それぞれ $\vec{e_1}$，$\vec{e_2}$，$\vec{e_3}$ で表す。

座標空間のベクトル $\vec{a}$ に対し，$\vec{a}=\overrightarrow{OA}$ である点 A の座標が

$$(a_1,\ a_2,\ a_3)$$

のとき，$\vec{a}$ は次のように表される。

$$\vec{a}=a_1\vec{e_1}+a_2\vec{e_2}+a_3\vec{e_3}$$

この $\vec{a}$ を，次のようにも書く。

$$\vec{a}=(a_1,\ a_2,\ a_3)\quad\cdots\cdots①$$

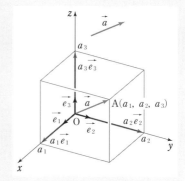

① における a_1，a_2，a_3 を，それぞれ $\vec{a}$ の **x 成分**，**y 成分**，**z 成分** といい，まとめて $\vec{a}$ の **成分** という。

また，① を $\vec{a}$ の **成分表示** という。

空間の基本ベクトル $\vec{e_1}$，$\vec{e_2}$，$\vec{e_3}$ の成分表示は，次のようになる。

$$\vec{e_1}=(1,\ 0,\ 0),\qquad \vec{e_2}=(0,\ 1,\ 0),\qquad \vec{e_3}=(0,\ 0,\ 1)$$

空間の零ベクトル $\vec{0}$ の成分表示は，$\vec{0}=(0,\ 0,\ 0)$ である。

2 ベクトルの相等

空間の 2 つのベクトル $\vec{a}=(a_1,\ a_2,\ a_3)$，$\vec{b}=(b_1,\ b_2,\ b_3)$ について，次が成り立つ。

$$\vec{a}=\vec{b}\ \Longleftrightarrow\ a_1=b_1,\ a_2=b_2,\ a_3=b_3$$

3 ベクトルの大きさ

$\vec{a}=(a_1,\ a_2,\ a_3)$ のとき

$$|\vec{a}|=\sqrt{a_1{}^2+a_2{}^2+a_3{}^2}$$

4 和，差，実数倍の成分表示

平面上の場合と同様に，空間のベクトルの和，差，実数倍の成分表示について，次のことが成り立つ。

$$(a_1,\ a_2,\ a_3)+(b_1,\ b_2,\ b_3)=(a_1+b_1,\ a_2+b_2,\ a_3+b_3)$$
$$(a_1,\ a_2,\ a_3)-(b_1,\ b_2,\ b_3)=(a_1-b_1,\ a_2-b_2,\ a_3-b_3)$$
$$k(a_1,\ a_2,\ a_3)=(ka_1,\ ka_2,\ ka_3)\qquad ただし，k は実数$$

5　2点A，Bとベクトル $\overrightarrow{AB}$

2点 $A(a_1,\ a_2,\ a_3)$，$B(b_1,\ b_2,\ b_3)$について
$$\overrightarrow{AB} = (b_1 - a_1,\ b_2 - a_2,\ b_3 - a_3)$$
$$|\overrightarrow{AB}| = \sqrt{(b_1 - a_1)^2 + (b_2 - a_2)^2 + (b_3 - a_3)^2}$$

A　ベクトルの成分表示

練習6　 教 p.57

次のベクトル $\vec{a}$，$\vec{b}$ が等しくなるように，x，y，z の値を定めよ。

(1) $\vec{a} = (2,\ -1,\ -3)$，$\vec{b} = (x-4,\ y+2,\ -z+1)$

(2) $\vec{a} = (-4,\ 2-y,\ 8)$，$\vec{b} = (3x-1,\ 0,\ -2z)$

指針 **ベクトルの相等と成分表示**　空間の2つのベクトル
$\vec{a} = (a_1,\ a_2,\ a_3)$，$\vec{b} = (b_1,\ b_2,\ b_3)$について
$$\vec{a} = \vec{b} \iff a_1 = b_1,\ a_2 = b_2,\ a_3 = b_3$$
が成り立つ。

解答 (1) $\vec{a} = \vec{b}$ より　　$2 = x-4$，$-1 = y+2$，$-3 = -z+1$

これを解いて　　$x=6$，$y=-3$，$z=4$　答

(2) $\vec{a} = \vec{b}$ より　　$-4 = 3x-1$，$2-y=0$，$8 = -2z$

これを解いて　　$x=-1$，$y=2$，$z=-4$　答

練習7　 教 p.58

次のベクトルの大きさを求めよ。

(1) $\vec{a} = (1,\ 2,\ -2)$　　　　　(2) $\vec{b} = (-5,\ 3,\ -4)$

指針 **ベクトルの成分と大きさ**　 $\vec{a} = (a_1,\ a_2,\ a_3)$ の大きさは
$$|\vec{a}| = \sqrt{a_1{}^2 + a_2{}^2 + a_3{}^2}$$

解答 (1) $|\vec{a}| = \sqrt{1^2 + 2^2 + (-2)^2} = \sqrt{9} = 3$　答

(2) $|\vec{b}| = \sqrt{(-5)^2 + 3^2 + (-4)^2} = \sqrt{50} = 5\sqrt{2}$　答

B　和，差，実数倍の成分表示

練習8　 教 p.59

$\vec{a} = (1,\ 3,\ -2)$，$\vec{b} = (4,\ -3,\ 0)$ のとき，次のベクトルを成分表示せよ。

(1) $\vec{a} + \vec{b}$ 　　　　　　　　(2) $\vec{a} - \vec{b}$

(3) $3\vec{a} + 2\vec{b}$ 　　　　　　　(4) $2\vec{a} - 3\vec{b}$

(5) $2(-\vec{a} + 4\vec{b})$ 　　　　　(6) $-3(\vec{a} - 2\vec{b})$

指針 **成分によるベクトルの計算** まとめの計算規則により計算する。

解答 (1) $\vec{a}+\vec{b}=(1,\ 3,\ -2)+(4,\ -3,\ 0)$
$=(1+4,\ 3+(-3),\ -2+0)=(5,\ 0,\ -2)$ 答

(2) $\vec{a}-\vec{b}=(1,\ 3,\ -2)-(4,\ -3,\ 0)$
$=(1-4,\ 3-(-3),\ -2-0)=(-3,\ 6,\ -2)$ 答

(3) $3\vec{a}+2\vec{b}=3(1,\ 3,\ -2)+2(4,\ -3,\ 0)$
$=(3\times1,\ 3\times3,\ 3\times(-2))+(2\times4,\ 2\times(-3),\ 2\times0)$
$=(3,\ 9,\ -6)+(8,\ -6,\ 0)$
$=(3+8,\ 9-6,\ -6+0)=(11,\ 3,\ -6)$ 答

(4) $2\vec{a}-3\vec{b}=2(1,\ 3,\ -2)-3(4,\ -3,\ 0)$
$=(2\times1,\ 2\times3,\ 2\times(-2))-(3\times4,\ 3\times(-3),\ 3\times0)$
$=(2,\ 6,\ -4)-(12,\ -9,\ 0)$
$=(2-12,\ 6-(-9),\ -4-0)=(-10,\ 15,\ -4)$ 答

(5) $2(-\vec{a}+4\vec{b})$
$=-2\vec{a}+8\vec{b}$
$=-2(1,\ 3,\ -2)+8(4,\ -3,\ 0)$
$=(-2\times1,\ -2\times3,\ -2\times(-2))+(8\times4,\ 8\times(-3),\ 8\times0)$
$=(-2,\ -6,\ 4)+(32,\ -24,\ 0)$
$=(-2+32,\ -6-24,\ 4+0)=(30,\ -30,\ 4)$ 答

(6) $-3(\vec{a}-2\vec{b})$
$=-3\vec{a}+6\vec{b}$
$=-3(1,\ 3,\ -2)+6(4,\ -3,\ 0)$
$=(-3\times1,\ -3\times3,\ -3\times(-2))+(6\times4,\ 6\times(-3),\ 6\times0)$
$=(-3,\ -9,\ 6)+(24,\ -18,\ 0)$
$=(-3+24,\ -9+(-18),\ 6+0)=(21,\ -27,\ 6)$ 答

C 座標空間の点とベクトル

教 p.59

練習 9 次の2点A，Bについて，$\vec{AB}$ を成分表示し，$|\vec{AB}|$ を求めよ。
(1) $A(2,\ 1,\ 4)$，$B(3,\ -1,\ 5)$
(2) $A(3,\ 0,\ -2)$，$B(1,\ -4,\ 2)$

指針 **ベクトルの成分と大きさ** $A(a_1,\ a_2,\ a_3)$，$B(b_1,\ b_2,\ b_3)$のとき
$\vec{AB}=(b_1-a_1,\ b_2-a_2,\ b_3-a_3)$
$|\vec{AB}|=\sqrt{(b_1-a_1)^2+(b_2-a_2)^2+(b_3-a_3)^2}$

解答 (1) $\overrightarrow{\mathrm{AB}}=(3-2, \ -1-1, \ 5-4)$
   $=(1, \ -2, \ 1)$ 答
   $|\overrightarrow{\mathrm{AB}}|=\sqrt{1^2+(-2)^2+1^2}$
   $=\sqrt{6}$ 答

(2) $\overrightarrow{\mathrm{AB}}=(1-3, \ -4-0, \ 2-(-2))$
   $=(-2, \ -4, \ 4)$ 答
   $|\overrightarrow{\mathrm{AB}}|=\sqrt{(-2)^2+(-4)^2+4^2}$
   $=\sqrt{36}=6$ 答

4 ベクトルの内積

まとめ

1 ベクトルの内積

空間の $\vec{0}$ でない 2 つのベクトル $\vec{a}$, $\vec{b}$ について,そのなす角 θ を平面上の場合と同様に定義し,$\vec{a}$ と $\vec{b}$ の内積 $\vec{a}\cdot\vec{b}$ も同じ式 $\vec{a}\cdot\vec{b}=|\vec{a}||\vec{b}|\cos\theta$ で定義する。

$\vec{a}=\vec{0}$ または $\vec{b}=\vec{0}$ のときは,$\vec{a}$ と $\vec{b}$ の内積を $\vec{a}\cdot\vec{b}=0$ と定める。

2 ベクトルの内積

$\vec{0}$ でない 2 つのベクトル $\vec{a}=(a_1, \ a_2, \ a_3)$,$\vec{b}=(b_1, \ b_2, \ b_3)$ のなす角を θ とする。ただし,$0°\leqq\theta\leqq180°$ である。

このとき

[1] $\vec{a}\cdot\vec{b}=a_1b_1+a_2b_2+a_3b_3$

[2] $\cos\theta=\dfrac{\vec{a}\cdot\vec{b}}{|\vec{a}||\vec{b}|}=\dfrac{a_1b_1+a_2b_2+a_3b_3}{\sqrt{a_1{}^2+a_2{}^2+a_3{}^2}\sqrt{b_1{}^2+b_2{}^2+b_3{}^2}}$

注意 [1] の式は,$\vec{a}=\vec{0}$ または $\vec{b}=\vec{0}$ のときも成り立つ。

3 ベクトルの垂直条件

$\vec{a}\neq\vec{0}$,$\vec{b}\neq\vec{0}$ で,$\vec{a}=(a_1, \ a_2, \ a_3)$,$\vec{b}=(b_1, \ b_2, \ b_3)$ のとき

[1] $\vec{a}\perp\vec{b} \iff \vec{a}\cdot\vec{b}=0$

[2] $\vec{a}\perp\vec{b} \iff a_1b_1+a_2b_2+a_3b_3=0$

A ベクトルの内積

教 p.61

練習 10 次の 2 つのベクトル $\vec{a}$, $\vec{b}$ の内積およびそのなす角 θ を求めよ。

(1) $\vec{a}=(2, \ -1, \ -2)$,$\vec{b}=(4, \ 3, \ -5)$

(2) $\vec{a}=(2, \ 4, \ 3)$,$\vec{b}=(-2, \ 1, \ 0)$

指針 **内積となす角** $\vec{a}=(a_1,\ a_2,\ a_3),\ \vec{b}=(b_1,\ b_2,\ b_3)$ のとき，内積は

$$\vec{a}\cdot\vec{b}=a_1b_1+a_2b_2+a_3b_3$$

また，なす角 θ は

$$\cos\theta=\frac{\vec{a}\cdot\vec{b}}{|\vec{a}||\vec{b}|}=\frac{a_1b_1+a_2b_2+a_3b_3}{\sqrt{a_1{}^2+a_2{}^2+a_3{}^2}\sqrt{b_1{}^2+b_2{}^2+b_3{}^2}}$$

から求める。(2)は，$|\vec{a}|$，$|\vec{b}|$ が 0 でないことを確かめればよい。

解答 (1) 内積は

$$\vec{a}\cdot\vec{b}=2\times4+(-1)\times3+(-2)\times(-5)=15 \quad \boxed{答}$$

また $|\vec{a}|=\sqrt{2^2+(-1)^2+(-2)^2}=\sqrt{9}=3$

$|\vec{b}|=\sqrt{4^2+3^2+(-5)^2}=\sqrt{50}=5\sqrt{2}$

であるから

$$\cos\theta=\frac{\vec{a}\cdot\vec{b}}{|\vec{a}||\vec{b}|}=\frac{15}{3\times5\sqrt{2}}=\frac{1}{\sqrt{2}}$$

$0°\leqq\theta\leqq180°$ であるから $\theta=45°$ $\boxed{答}$

(2) 内積は

$$\vec{a}\cdot\vec{b}=2\times(-2)+4\times1+3\times0=0 \quad \boxed{答}$$

また，$\vec{a}\neq\vec{0}$，$\vec{b}\neq\vec{0}$ より $|\vec{a}|\neq0$，$|\vec{b}|\neq0$ であるから

$$\cos\theta=\frac{\vec{a}\cdot\vec{b}}{|\vec{a}||\vec{b}|}=0$$

$0°\leqq\theta\leqq180°$ であるから $\theta=90°$ $\boxed{答}$

教 p.61

練習 11 3 点 A$(6,\ 7,\ -8)$，B$(5,\ 5,\ -6)$，C$(6,\ 4,\ -2)$ を頂点とする △ABC において，∠ABC の大きさを求めよ。

指針 **三角形の内角** ∠ABC の大きさは $\overrightarrow{BA}$，$\overrightarrow{BC}$ のなす角である。したがって，$\overrightarrow{BA}\cdot\overrightarrow{BC}$ と，$|\overrightarrow{BA}|$，$|\overrightarrow{BC}|$ を求めてから，$\cos\angle ABC$ の値を求める。

解答 $\overrightarrow{BA}=(6-5,\ 7-5,\ -8-(-6))=(1,\ 2,\ -2)$，

$\overrightarrow{BC}=(6-5,\ 4-5,\ -2-(-6))=(1,\ -1,\ 4)$ であるから

$$\overrightarrow{BA}\cdot\overrightarrow{BC}=1\times1+2\times(-1)+(-2)\times4=-9$$

$$|\overrightarrow{BA}|=\sqrt{1^2+2^2+(-2)^2}=3$$

$$|\overrightarrow{BC}|=\sqrt{1^2+(-1)^2+4^2}=3\sqrt{2}$$

よって $\cos\angle ABC=\dfrac{\overrightarrow{BA}\cdot\overrightarrow{BC}}{|\overrightarrow{BA}||\overrightarrow{BC}|}$

$$=\frac{-9}{3\times3\sqrt{2}}=-\frac{1}{\sqrt{2}}$$

$0°\leqq\angle ABC\leqq180°$ であるから ∠ABC$=135°$ $\boxed{答}$

B ベクトルの垂直

教 p.62

練習
12

2つのベクトル $\vec{a}=(2,\ 0,\ -1)$, $\vec{b}=(1,\ 3,\ -2)$ の両方に垂直で，大きさが $\sqrt{6}$ のベクトル $\vec{p}$ を求めよ。

指針 **2つのベクトルに垂直なベクトル** $\vec{p}=(x,\ y,\ z)$ とする。
$\vec{a}\cdot\vec{p}=0$, $\vec{b}\cdot\vec{p}=0$, $|\vec{p}|=\sqrt{6}$ から，$x,\ y,\ z$ の連立方程式を立てて解く。

解答 $\vec{p}=(x,\ y,\ z)$ とする。
　　$\vec{a}\perp\vec{p}$ より $\vec{a}\cdot\vec{p}=0$ であるから
　　　　$2\times x+0\times y+(-1)\times z=0$　　すなわち　　$2x-z=0$ …… ①
　　$\vec{b}\perp\vec{p}$ より $\vec{b}\cdot\vec{p}=0$ であるから
　　　　$1\times x+3\times y+(-2)\times z=0$　　すなわち　　$x+3y-2z=0$ …… ②
　　$|\vec{p}|^2=(\sqrt{6})^2$ であるから　　$x^2+y^2+z^2=6$ …… ③
　　①, ② から，$y,\ z$ を x で表すと　　$y=x,\ z=2x$ …… ④
　　これらを ③ に代入すると　　$x^2+x^2+(2x)^2=6$
　　整理すると　　$6x^2=6$
　　ゆえに　　$x^2=1$
　　これを解くと　　$x=\pm1$
　　よって，④ から
　　　　$x=1$ のとき　　　　$y=1,\ z=2$
　　　　$x=-1$ のとき　　　$y=-1,\ z=-2$
　　　　　　　　答　$\vec{p}=(1,\ 1,\ 2),\ (-1,\ -1,\ -2)$

注意 答のベクトル $\vec{p}$ を $\vec{p}=(\pm1,\ \pm1,\ \pm2)$（複号同順）と書いてもよい。

5 ベクトルの図形への応用

まとめ

1 位置ベクトル

空間においても点 O を定めておくと，どんな点 P の
位置も，ベクトル $\vec{p}=\overrightarrow{\text{OP}}$ によって決まる。

このようなベクトル $\vec{p}$ を，点 O に関する点 P の **位置ベクトル** という。
空間においても，点 P の位置ベクトルが $\vec{p}$ であることを，$\text{P}(\vec{p})$ で表す。
以下，とくに断らない限り，点 O に関する位置ベクトルを考える。
平面上の場合と同様に，次のことが成り立つ。

　[1]　2点 $\text{A}(\vec{a})$, $\text{B}(\vec{b})$ に対して　　$\overrightarrow{\text{AB}}=\vec{b}-\vec{a}$
　[2]　2点 $\text{A}(\vec{a})$, $\text{B}(\vec{b})$ に対して，線分 AB を $m:n$ に内分する点，$m:n$
　　　に外分する点の位置ベクトルは

$$内分 \cdots \frac{n\vec{a}+m\vec{b}}{m+n} \qquad 外分 \cdots \frac{-n\vec{a}+m\vec{b}}{m-n}$$

とくに，線分 AB の中点の位置ベクトルは $\dfrac{\vec{a}+\vec{b}}{2}$

[3] 3点 A($\vec{a}$)，B($\vec{b}$)，C($\vec{c}$)を頂点とする△ABC の重心 G の位置ベクトル $\vec{g}$ は $\quad \vec{g}=\dfrac{\vec{a}+\vec{b}+\vec{c}}{3}$

2章 空間のベクトル

2 一直線上にある点

2点 A，B が異なるとき

点 C が直線 AB 上にある ⇔ $\vec{AC}=k\vec{AB}$ となる実数 k がある

3 同じ平面上にある点⑴

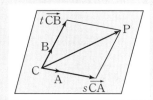

一直線上にない3点 A, B, C の定める平面 ABC がある。この平面上に点 P があるとき

$$\vec{CP}=s\vec{CA}+t\vec{CB}$$

となる実数 s, t がただ1組定まる。

逆に，この式を満たす実数 s, t があるとき，点 P は平面 ABC 上にある。よって，次のことが成り立つ。

点 P が平面 ABC 上にある ⇔ $\vec{CP}=s\vec{CA}+t\vec{CB}$ となる実数 s, t がある

4 内積の利用

内積を利用して，垂直の証明をすることができる。

$\vec{AB}\neq\vec{0}$，$\vec{CD}\neq\vec{0}$ のとき $\quad \vec{AB}\cdot\vec{CD}=0 \iff AB\perp CD$

5 同じ平面上にある点⑵

一直線上にない3点 A($\vec{a}$)，B($\vec{b}$)，C($\vec{c}$)と点 P($\vec{p}$)について

点 P が平面 ABC 上にある
⇔ $\vec{p}=s\vec{a}+t\vec{b}+u\vec{c}$，$s+t+u=1$ となる実数 s, t, u がある

解説 $\vec{CP}=s\vec{CA}+t\vec{CB}$ から

$$\vec{p}-\vec{c}=s(\vec{a}-\vec{c})+t(\vec{b}-\vec{c})$$

よって $\quad \vec{p}=s\vec{a}+t\vec{b}+(1-s-t)\vec{c}$

$1-s-t=u$ とおくと $\quad s+t+u=1$ 終

A 位置ベクトル

教 p.63

練習 13 4点 A($\vec{a}$)，B($\vec{b}$)，C($\vec{c}$)，D($\vec{d}$)を頂点とする四面体 ABCD において，△BCD の重心を G($\vec{g}$)，線分 AG を 3:1 に内分する点を P($\vec{p}$)とする。$\vec{p}$ を $\vec{a}$, $\vec{b}$, $\vec{c}$, $\vec{d}$ を用いて表せ。

指針 **内分する点の位置ベクトル**　まず，ベクトル $\vec{g}$ を $\vec{b}$, $\vec{c}$, $\vec{d}$ を用いて表す。
次に，ベクトル $\vec{p}$ を，まず $\vec{a}$ と $\vec{g}$ を使って表す。

解答 △BCD の重心 G の位置ベクトル $\vec{g}$ は

$$\vec{g}=\frac{\vec{b}+\vec{c}+\vec{d}}{3}$$

線分 AG を 3：1 に内分する点 P の位置ベクトル $\vec{p}$ は

$$\vec{p}=\frac{\vec{a}+3\vec{g}}{3+1}=\frac{\vec{a}+3\vec{g}}{4}=\frac{\vec{a}+3\left(\dfrac{\vec{b}+\vec{c}+\vec{d}}{3}\right)}{4}=\frac{\vec{a}+\vec{b}+\vec{c}+\vec{d}}{4}\quad\boxed{答}$$

B 平面 ABC 上の点の位置ベクトル

教 p.65

練習 14　四面体 OABC において，辺 OA の中点を M，辺 BC を 1：2 に内分する点を Q，線分 MQ の中点を R とし，直線 OR と平面 ABC の交点を P とする。$\overrightarrow{OA}=\vec{a}$, $\overrightarrow{OB}=\vec{b}$, $\overrightarrow{OC}=\vec{c}$ とするとき，$\overrightarrow{OP}$ を $\vec{a}$, $\vec{b}$, $\vec{c}$ を用いて表せ。

指針 **線分の比と位置ベクトル**　P が直線 OR 上にあることと平面 ABC 上にあることから，$\overrightarrow{OP}$ を $\vec{a}$, $\vec{b}$, $\vec{c}$ を用いて 2 通りで表す。

解答 P は直線 OR 上にあるから，$\overrightarrow{OP}=k\overrightarrow{OR}$
となる実数 k がある。
よって

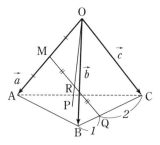

$$\overrightarrow{OP}=k\overrightarrow{OR}=k\left(\frac{\overrightarrow{OM}+\overrightarrow{OQ}}{2}\right)$$
$$=\frac{1}{2}k\overrightarrow{OM}+\frac{1}{2}k\overrightarrow{OQ}\quad\cdots\cdots①$$

ここで

$$\overrightarrow{OM}=\frac{1}{2}\overrightarrow{OA}=\frac{1}{2}\vec{a}$$
$$\overrightarrow{OQ}=\frac{2\overrightarrow{OB}+\overrightarrow{OC}}{1+2}=\frac{2}{3}\vec{b}+\frac{1}{3}\vec{c}$$

であるから，① に代入して

$$\overrightarrow{OP}=\frac{1}{2}k\left(\frac{1}{2}\vec{a}\right)+\frac{1}{2}k\left(\frac{2}{3}\vec{b}+\frac{1}{3}\vec{c}\right)=\frac{1}{4}k\vec{a}+\frac{1}{3}k\vec{b}+\frac{1}{6}k\vec{c}\quad\cdots\cdots②$$

また，P は平面 ABC 上にあるから

$$\overrightarrow{CP}=s\overrightarrow{CA}+t\overrightarrow{CB}$$

となる実数 s, t がある。
よって　　$\overrightarrow{OP}=\overrightarrow{OC}+\overrightarrow{CP}=\overrightarrow{OC}+s\overrightarrow{CA}+t\overrightarrow{CB}$
$$=\vec{c}+s(\vec{a}-\vec{c})+t(\vec{b}-\vec{c})=s\vec{a}+t\vec{b}+(1-s-t)\vec{c}\quad\cdots\cdots③$$

4点 O, A, B, C は同じ平面上にないから，$\overrightarrow{\mathrm{OP}}$ の $\vec{a}$, $\vec{b}$, $\vec{c}$ を用いた表し方はただ1通りである。

②，③から $\quad \dfrac{1}{4}k=s$, $\dfrac{1}{3}k=t$, $\dfrac{1}{6}k=1-s-t$

これを解いて $\quad k=\dfrac{4}{3}$

これを②に代入して $\quad \overrightarrow{\mathrm{OP}}=\dfrac{1}{3}\vec{a}+\dfrac{4}{9}\vec{b}+\dfrac{2}{9}\vec{c}$ 答

別解 $\quad \overrightarrow{\mathrm{OR}}=\dfrac{\overrightarrow{\mathrm{OM}}+\overrightarrow{\mathrm{OQ}}}{2}=\dfrac{1}{2}\left(\dfrac{1}{2}\overrightarrow{\mathrm{OA}}+\dfrac{2\overrightarrow{\mathrm{OB}}+\overrightarrow{\mathrm{OC}}}{3}\right)$

$\qquad\qquad =\dfrac{1}{4}\overrightarrow{\mathrm{OA}}+\dfrac{1}{3}\overrightarrow{\mathrm{OB}}+\dfrac{1}{6}\overrightarrow{\mathrm{OC}}=\dfrac{1}{4}\vec{a}+\dfrac{1}{3}\vec{b}+\dfrac{1}{6}\vec{c}$

P は直線 OR 上にあるから，$\overrightarrow{\mathrm{OP}}=k\overrightarrow{\mathrm{OR}}$ となる実数 k がある。

よって $\quad \overrightarrow{\mathrm{OP}}=k\overrightarrow{\mathrm{OR}}=\dfrac{1}{4}k\vec{a}+\dfrac{1}{3}k\vec{b}+\dfrac{1}{6}k\vec{c}$ ……①

P は平面 ABC 上にあるから $\quad \dfrac{1}{4}k+\dfrac{1}{3}k+\dfrac{1}{6}k=1$

これを解いて $\quad k=\dfrac{4}{3}$

したがって，①より $\quad \overrightarrow{\mathrm{OP}}=\dfrac{1}{3}\vec{a}+\dfrac{4}{9}\vec{b}+\dfrac{2}{9}\vec{c}$ 答

C 内積の利用

練習 15

教 p.65

正四面体 ABCD において，△BCD の重心を G とすると，AG⊥BC である。このことを，ベクトルを用いて証明せよ。

指針 **垂直の証明** $\overrightarrow{\mathrm{AB}}=\vec{b}$, $\overrightarrow{\mathrm{AC}}=\vec{c}$, $\overrightarrow{\mathrm{AD}}=\vec{d}$, $\overrightarrow{\mathrm{AG}}=\vec{g}$ とし，$\overrightarrow{\mathrm{AG}}\cdot\overrightarrow{\mathrm{BC}}=0$ を示す。
正四面体の各面が正三角形であることを利用する。

解答 $\overrightarrow{\mathrm{AB}}=\vec{b}$, $\overrightarrow{\mathrm{AC}}=\vec{c}$, $\overrightarrow{\mathrm{AD}}=\vec{d}$, $\overrightarrow{\mathrm{AG}}=\vec{g}$ とすると，
点 G は△BCD の重心であるから
$$\vec{g}=\dfrac{\vec{b}+\vec{c}+\vec{d}}{3}$$
よって
$$\overrightarrow{\mathrm{AG}}\cdot\overrightarrow{\mathrm{BC}}=\vec{g}\cdot(\vec{c}-\vec{b})$$
$$=\left(\dfrac{\vec{b}+\vec{c}+\vec{d}}{3}\right)\cdot(\vec{c}-\vec{b})$$
$$=\dfrac{\vec{b}\cdot\vec{c}-|\vec{b}|^2+|\vec{c}|^2-\vec{c}\cdot\vec{b}+\vec{d}\cdot\vec{c}-\vec{d}\cdot\vec{b}}{3}$$
$$=\dfrac{-|\vec{b}|^2+|\vec{c}|^2+\vec{d}\cdot\vec{c}-\vec{d}\cdot\vec{b}}{3} \quad ……①$$

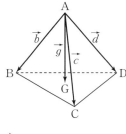

正四面体 ABCD においては，$\vec{d}$ と $\vec{c}$，$\vec{d}$ と $\vec{b}$ のなす角は，ともに 60° である
から

$$\vec{d}\cdot\vec{c}=|\vec{d}||\vec{c}|\cos 60°,\ \vec{d}\cdot\vec{b}=|\vec{d}||\vec{b}|\cos 60°$$

$|\vec{b}|=|\vec{c}|=|\vec{d}|$ であるから

$$\vec{d}\cdot\vec{c}=\vec{d}\cdot\vec{b} \quad\cdots\cdots ②$$

また $\qquad |\vec{b}|^2=|\vec{c}|^2 \quad\cdots\cdots ③$

①，②，③ から $\qquad \overrightarrow{AG}\cdot\overrightarrow{BC}=0$

$\overrightarrow{AG}\neq\vec{0}$，$\overrightarrow{BC}\neq\vec{0}$ であるから $\qquad \overrightarrow{AG}\perp\overrightarrow{BC}$

したがって $\qquad$ AG⊥BC 終

6 座標空間における図形

まとめ

1 2点間の距離と内分点・外分点の座標

座標空間の2点 $A(a_1,\ a_2,\ a_3)$，$B(b_1,\ b_2,\ b_3)$ について

[1] A，B 間の距離は

$$AB=\sqrt{(b_1-a_1)^2+(b_2-a_2)^2+(b_3-a_3)^2}$$

[2] 線分 AB を $m:n$ に内分する点の座標は

$$\left(\frac{na_1+mb_1}{m+n},\ \frac{na_2+mb_2}{m+n},\ \frac{na_3+mb_3}{m+n}\right)$$

線分 AB を $m:n$ に外分する点の座標は

$$\left(\frac{-na_1+mb_1}{m-n},\ \frac{-na_2+mb_2}{m-n},\ \frac{-na_3+mb_3}{m-n}\right)$$

2 平面の方程式

点 $C(0,\ 0,\ c)$ を通り，xy 平面に平行な平面を α とする。平面 α 上にあるどんな点 P の z 座標も c である。すなわち，平面 α は方程式 $z=c$ $\cdots\cdots$① を満たす点 $(x,\ y,\ z)$ の全体である。① を **平面 α の方程式** という。

3 座標平面に平行な平面の方程式

点 $A(a,\ 0,\ 0)$ を通り，yz 平面に平行な平面の方程式は

$$x=a$$

点 $B(0,\ b,\ 0)$ を通り，zx 平面に平行な平面の方程式は

$$y=b$$

点 $C(0,\ 0,\ c)$ を通り，xy 平面に平行な平面の方程式は

$$z=c$$

注意 平面 $x=a$ は x 軸に垂直，平面 $y=b$ は y 軸に垂直，平面 $z=c$ は z 軸に垂直である。

4 球面・球

空間において，定点 C からの距離が一定の値 r であるような点の全体を，C を中心とする半径 r の **球面**，または単に **球** という。

5 球面の方程式

点 $(a,\ b,\ c)$ を中心とする半径 r の球面の方程式は
$$(x-a)^2+(y-b)^2+(z-c)^2=r^2$$
とくに，原点を中心とする半径 r の球面の方程式は
$$x^2+y^2+z^2=r^2$$

A 2 点間の距離と内分点・外分点の座標

練習 16 教 p.67

2 点 A$(1,\ 3,\ -2)$，B$(4,\ -3,\ 1)$ について，次のものを求めよ。

(1) 2 点 A，B 間の距離
(2) 線分 AB の中点の座標
(3) 線分 AB を $2:1$ に内分する点の座標
(4) 線分 AB を $2:1$ に外分する点の座標

指針 **2 点間の距離と内分点・外分点** 前ページのまとめで示した公式にあてはめて求める。中点の座標は $1:1$ に内分する点の座標である。

解答 (1) $AB=\sqrt{(4-1)^2+\{(-3)-3\}^2+\{1-(-2)\}^2}$
$=\sqrt{54}=3\sqrt{6}$ 答

(2) $\left(\dfrac{1+4}{2},\ \dfrac{3+(-3)}{2},\ \dfrac{(-2)+1}{2}\right)$
すなわち $\left(\dfrac{5}{2},\ 0,\ -\dfrac{1}{2}\right)$ 答

(3) $\left(\dfrac{1\times1+2\times4}{2+1},\ \dfrac{1\times3+2\times(-3)}{2+1},\ \dfrac{1\times(-2)+2\times1}{2+1}\right)$
すなわち $(3,\ -1,\ 0)$ 答

(4) $\left(\dfrac{(-1)\times1+2\times4}{2-1},\ \dfrac{(-1)\times3+2\times(-3)}{2-1},\ \dfrac{(-1)\times(-2)+2\times1}{2-1}\right)$
すなわち $(7,\ -9,\ 4)$ 答

練習 17 教 p.67

3 点 A$(2,\ -1,\ 4)$，B$(1,\ 3,\ 0)$，C$(3,\ 1,\ 2)$ を頂点とする △ABC の重心の座標を，原点 O に関する位置ベクトルを利用して求めよ。

指針 **重心の座標** △ABC の重心を G とすると $\overrightarrow{OG}=\dfrac{\overrightarrow{OA}+\overrightarrow{OB}+\overrightarrow{OC}}{3}$

解答　△ABC の重心を G とすると

$$\overrightarrow{OG}=\frac{\overrightarrow{OA}+\overrightarrow{OB}+\overrightarrow{OC}}{3}$$

と表されるから，△ABC の重心の座標は

$$\left(\frac{2+1+3}{3},\ \frac{(-1)+3+1}{3},\ \frac{4+0+2}{3}\right)$$　すなわち　　(2, 1, 2) 答

B 座標平面に平行な平面の方程式

教 p.68

練習
18

点(1, 2, 3)を通り，次のような平面の方程式を求めよ。

(1)　xy 平面に平行　　(2)　yz 平面に平行　　(3)　y 軸に垂直

指針　**座標平面に平行な平面の方程式**

(1), (2) それぞれどの座標軸に垂直か考える。

解答　(1)　z 軸に垂直な平面で，平面上のどんな点の z 座標も 3 であるから

$z=3$ 答

(2)　x 軸に垂直な平面で，平面上のどんな点の x 座標も 1 であるから

$x=1$ 答

(3)　y 軸に垂直な平面で，平面上のどんな点の y 座標も 2 であるから

$y=2$ 答

C 球面の方程式

教 p.69

練習
19

次のような球面の方程式を求めよ。

(1)　点(1, 2, −3)を中心とする半径 4 の球面

(2)　原点を中心とする半径 3 の球面

(3)　点 A(0, 4, 1)を中心とし，点 B(2, 4, 5)を通る球面

指針　**球面の方程式**　まとめの球面の方程式にあてはめる。

(3)　半径を r とすると　　$r^2=\mathrm{AB}^2$

解答　(1)　　　　　　　$(x-1)^2+(y-2)^2+(z+3)^2=4^2$

すなわち　$(x-1)^2+(y-2)^2+(z+3)^2=16$ 答

(2)　　　　　　　$x^2+y^2+z^2=3^2$

すなわち　$x^2+y^2+z^2=9$ 答

(3)　この球面の半径を r とすると

$$r^2=\mathrm{AB}^2=(2-0)^2+(4-4)^2+(5-1)^2=20$$

よって，求める球面の方程式は

$$x^2+(y-4)^2+(z-1)^2=20$$ 答

別解 (3) 求める球面の方程式は，半径を r とすると
$$x^2+(y-4)^2+(z-1)^2=r^2$$
この球面が点 B(2, 4, 5) を通るから
$$2^2+(4-4)^2+(5-1)^2=r^2$$
ゆえに　　$r^2=20$
よって，求める球面の方程式は
$$x^2+(y-4)^2+(z-1)^2=20 \quad 答$$

**練習
20**

教 p.70

2 点 A(4, -2, 1)，B(0, 4, -5) を直径の両端とする球面の方程式を求めよ。

指針 **球面の方程式**　球面の中心は直径 AB の中点 C であり，半径は線分 CA または CB である。

解答 線分 AB の中点を C とすると，この球面の中心は点 C で，半径は線分 CA である。

C の座標は　　$\left(\dfrac{4+0}{2}, \dfrac{-2+4}{2}, \dfrac{1+(-5)}{2}\right)$

すなわち　　$(2, 1, -2)$

よって　　$CA=\sqrt{(4-2)^2+(-2-1)^2+\{1-(-2)\}^2}=\sqrt{22}$

したがって，求める球面の方程式は
$$(x-2)^2+(y-1)^2+\{z-(-2)\}^2=(\sqrt{22})^2$$
すなわち　　$(x-2)^2+(y-1)^2+(z+2)^2=22 \quad 答$

練習
21
教科書応用例題 5 の球面と yz 平面が交わる部分は円である。その円の中心の座標と半径を求めよ。

p.70

指針 **球面と yz 平面が交わる部分** yz 平面は方程式 $x=0$ で表される。
球面の方程式で $x=0$ とすると，y，z の 2 次方程式が得られる。この方程式は，球面が yz 平面と交わる部分，すなわち，yz 平面上の円を表す。

解答 球面の方程式で，$x=0$ とすると
$$(0-4)^2+(y+2)^2+(z-3)^2=5^2$$
すなわち　　$(y+2)^2+(z-3)^2=3^2$ 　　　　　　　←$5^2-4^2=9=3^2$
この方程式は，yz 平面上では円を表す。
よって，その円の **中心の座標は $(0,\ -2,\ 3)$，半径は 3** 答

注意 練習 21 の円は，次のような 2 つの方程式で表される。
$$(y+2)^2+(z-3)^2=3^2,\ x=0$$

第 2 章　　　　　**補充問題**

教 p.71

1 $\vec{p}=(-1,\ 5,\ 0)$ を，3 つのベクトル $\vec{a}=(1,\ -2,\ 3)$，$\vec{b}=(-2,\ 1,\ 0)$，$\vec{c}=(2,\ -3,\ 1)$ と適当な実数 s，t，u を用いて，$\vec{p}=s\vec{a}+t\vec{b}+u\vec{c}$ の形に表せ。

指針 **ベクトルの分解** $\vec{p}=s\vec{a}+t\vec{b}+u\vec{c}$ の関係を成分で表す。この関係式から，s，t，u の値を求める。

解答 $(-1,\ 5,\ 0)=s(1,\ -2,\ 3)+t(-2,\ 1,\ 0)+u(2,\ -3,\ 1)$
　　　　　　$=(s-2t+2u,\ -2s+t-3u,\ 3s+u)$
よって　　$s-2t+2u=-1$ ……①
　　　　　$-2s+t-3u=5$ ……②
　　　　　$3s+u=0$ 　　　……③
③ から　　$u=-3s$ 　　　……④
④ を ①，② に代入して，それぞれ整理すると
　　　　　$5s+2t=1$ ……⑤，$7s+t=5$ ……⑥
⑤，⑥ を解いて　　$s=1$，$t=-2$
$s=1$ を ④ に代入して　　$u=-3$
したがって　　$\vec{p}=\vec{a}-2\vec{b}-3\vec{c}$ 答

2 右の図のような平行六面体において, △ABC の重心を G, △PQR の重心を G′ とする。3 点 O, G, G′ は一直線上にあることを証明せよ。

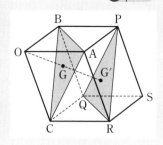

指針 **3 点が一直線上にあることの証明**　O に関する位置ベクトルを考え, $\overrightarrow{OA}=\vec{a}$, $\overrightarrow{OB}=\vec{b}$, $\overrightarrow{OC}=\vec{c}$ として, $\overrightarrow{OG}$, $\overrightarrow{OG'}$ をそれぞれ $\vec{a}$, $\vec{b}$, $\vec{c}$ で表し, $\overrightarrow{OG'}=k\overrightarrow{OG}$ となる実数 k があることを示す。

解答　$\overrightarrow{OA}=\vec{a}$, $\overrightarrow{OB}=\vec{b}$, $\overrightarrow{OC}=\vec{c}$ とする。
$\overrightarrow{OP}=\vec{a}+\vec{b}$, $\overrightarrow{OQ}=\vec{b}+\vec{c}$, $\overrightarrow{OR}=\vec{a}+\vec{c}$ であるから

$$\overrightarrow{OG'}=\frac{\overrightarrow{OP}+\overrightarrow{OQ}+\overrightarrow{OR}}{3}$$

$$=\frac{(\vec{a}+\vec{b})+(\vec{b}+\vec{c})+(\vec{a}+\vec{c})}{3}=\frac{2}{3}(\vec{a}+\vec{b}+\vec{c})$$

$\overrightarrow{OG}=\dfrac{1}{3}(\vec{a}+\vec{b}+\vec{c})$ であるから　　$\overrightarrow{OG'}=2\overrightarrow{OG}$

よって, 3 点 O, G, G′ は一直線上にある。　終

3 3 点 A(3, 2, 1), B(2, 0, −2), C(1, 1, 0) の定める平面 ABC 上に点 P(2, 3, z) があるとき, z の値を求めよ。

指針 **点 P が平面 ABC 上にある条件**　点 P が平面 ABC 上にある条件は, $\overrightarrow{CP}=s\overrightarrow{CA}+t\overrightarrow{CB}$ となる実数 s, t があることである。

解答　P が平面 ABC 上にあるとき
$$\overrightarrow{CP}=(1, 2, z), \quad \overrightarrow{CA}=(2, 1, 1), \quad \overrightarrow{CB}=(1, -1, -2)$$
に対して, $\overrightarrow{CP}=s\overrightarrow{CA}+t\overrightarrow{CB}$ となる実数 s, t があるから
$$(1, 2, z)=s(2, 1, 1)+t(1, -1, -2)$$
すなわち　　$(1, 2, z)=(2s+t, s-t, s-2t)$
よって　　　$1=2s+t$　　……①
$$2=s-t \quad ……②$$
$$z=s-2t \quad ……③$$
①, ② を解くと　　$s=1$, $t=-1$
③ に代入して　　$z=1-2\times(-1)=3$　答

第2章　章末問題 A

教 p.72

1. 座標空間に平行四辺形 ABCD があり，頂点の座標がそれぞれ
A(1, 2, 1)，B(5, 5, −1)，C(x, y, z)，D(−4, 2, 3)であるとする。
このとき，x, y, z の値を求めよ。

指針 **平行四辺形の頂点の決定**　四角形 ABCD が平行四辺形であるから
　　AD＝BC，AD∥BC　　すなわち　　$\overrightarrow{AD}=\overrightarrow{BC}$
これを満たす x, y, z の値を求める。

解答　$\overrightarrow{AD}=(-4-1,\ 2-2,\ 3-1)=(-5,\ 0,\ 2)$
　　　$\overrightarrow{BC}=(x-5,\ y-5,\ z-(-1))=(x-5,\ y-5,\ z+1)$
四角形 ABCD は平行四辺形であるから　　$\overrightarrow{AD}=\overrightarrow{BC}$
すなわち　　$x-5=-5$，　$y-5=0$，　$z+1=2$
よって　　$x=0,\ y=5,\ z=1$　答

教 p.72

2. $\vec{a}=(1,\ 3,\ -2)$，$\vec{b}=(1,\ -2,\ 0)$と実数 t に対して，$\vec{p}=\vec{a}+t\vec{b}$とする。
$\vec{b}\perp\vec{p}$ となるような t の値を求めよ。また，このときの $|\vec{p}|$ を求めよ。

指針 **ベクトルの垂直条件**　$\vec{p}$ の成分は t の1次式で表されるから，ベクトルの垂
直条件を用いて，t の値を求める。

解答　$\vec{p}=\vec{a}+t\vec{b}=(1,\ 3,\ -2)+t(1,\ -2,\ 0)=(1+t,\ 3-2t,\ -2)$
　　　$\vec{b}\perp\vec{p}$ より $\vec{b}\cdot\vec{p}=0$ であるから
　　　　　$1\times(1+t)+(-2)\times(3-2t)+0\times(-2)=0$
すなわち　　$1+t-6+4t=0$
よって　　$t=1$　答
このとき　　$\vec{p}=(1+1,\ 3-2\times1,\ -2)=(2,\ 1,\ -2)$
よって　　$|\vec{p}|=\sqrt{2^2+1^2+(-2)^2}=3$　答

教 p.72

3. 右の図の立方体 OABC-DEFG は，1辺の長さ
が2である。
(1) ベクトル $\overrightarrow{OB}$ と $\overrightarrow{CF}$ を成分表示せよ。
(2) 内積 $\overrightarrow{OB}\cdot\overrightarrow{CF}$ を求めよ。
(3) ベクトル $\overrightarrow{OB}$ と $\overrightarrow{CF}$ のなす角を求めよ。

指針 **ベクトルの内積**

(1) まず,点 B,C,F の座標をそれぞれ求める。

(2), (3) ベクトル $\vec{a}=(a_1,\ a_2,\ a_3)$,$\vec{b}=(b_1,\ b_2,\ b_3)$ の内積 $\vec{a}\cdot\vec{b}$ は

$$\vec{a}\cdot\vec{b}=a_1b_1+a_2b_2+a_3b_3$$

$\vec{a}$ と $\vec{b}$ のなす角を $\theta\,(0°\leqq\theta\leqq180°)$ とすると $\quad\cos\theta=\dfrac{\vec{a}\cdot\vec{b}}{|\vec{a}||\vec{b}|}$

解答 (1) 点 B,C,F の座標は,それぞれ

$$B(2,\ 2,\ 0),\quad C(0,\ 2,\ 0),\quad F(2,\ 2,\ 2)$$

よって $\quad\overrightarrow{OB}=(2,\ 2,\ 0)$

$\overrightarrow{CF}=(2-0,\ 2-2,\ 2-0)=(2,\ 0,\ 2)$ 答

(2) (1)から $\quad\overrightarrow{OB}\cdot\overrightarrow{CF}=2\times2+2\times0+0\times2=4$ 答

(3) $|\overrightarrow{OB}|=\sqrt{2^2+2^2+0^2}=2\sqrt{2}$,$\ |\overrightarrow{CF}|=\sqrt{2^2+0^2+2^2}=2\sqrt{2}$

$\overrightarrow{OB}$ と $\overrightarrow{CF}$ のなす角を θ とすると

$$\cos\theta=\frac{\overrightarrow{OB}\cdot\overrightarrow{CF}}{|\overrightarrow{OB}||\overrightarrow{CF}|}=\frac{4}{2\sqrt{2}\times2\sqrt{2}}=\frac{1}{2}$$

$0°\leqq\theta\leqq180°$ であるから $\quad\theta=60°$ 答

教 p.72

4 右の図のように,直方体 OADB−CQPR において,△ABC の重心を G,辺 OC の中点を M とするとき,点 G は線分 DM 上にあり,DM を 2:1 に内分することを証明せよ。

指針 **内分する点** 線分 DM を 2:1 に内分する点を G′ とし,この点 G′ が △ABC の重心 G と一致することを示す。または,$\overrightarrow{GD}=2\overrightarrow{MG}$ を導いて,点 G が DM 上の点で,GD:MG=2:1 を示してもよい。

解答 線分 DM を 2:1 に内分する点を G′ とすると

$$\overrightarrow{OG'}=\frac{\overrightarrow{OD}+2\overrightarrow{OM}}{2+1}=\frac{\overrightarrow{OD}+2\overrightarrow{OM}}{3}$$

点 G は △ABC の重心であるから

$$\overrightarrow{OG}=\frac{\overrightarrow{OA}+\overrightarrow{OB}+\overrightarrow{OC}}{3}=\frac{\overrightarrow{OD}+2\overrightarrow{OM}}{3}$$

$\leftarrow\overrightarrow{OA}+\overrightarrow{OB}=\overrightarrow{OD}$
$\quad\overrightarrow{OC}=2\overrightarrow{OM}$

よって $\quad\overrightarrow{OG'}=\overrightarrow{OG}$

したがって,2 点 G′,G は一致するから,点 G は線分 DM 上にあり,DM を 2:1 に内分する。 終

教 p.72

5. 2点 A(1, 2, 2)，B(2, 3, 4)に対して，A，B から等距離にある x 軸上の点を P とする。

(1) 点 P の座標を求めよ。

(2) △ABP の重心 G の座標を求めよ。

指針 等距離にある点の座標

(1) 点 P は x 軸上の点であるから，その座標を $(x, 0, 0)$ とすることができる。

解答 (1) 点 P は x 軸上の点であるから，その座標を $(x, 0, 0)$ とする。

AP＝BP であるから　　$AP^2＝BP^2$

ゆえに　　$(x-1)^2+(0-2)^2+(0-2)^2=(x-2)^2+(0-3)^2+(0-4)^2$

これを整理すると　　$2x=20$

よって　　$x=10$

したがって，点 P の座標は　　(10, 0, 0)　答

(2) O を原点とすると，$\overrightarrow{OA}=(1, 2, 2)$，$\overrightarrow{OB}=(2, 3, 4)$，$\overrightarrow{OP}=(10, 0, 0)$ であるから

$$\overrightarrow{OG}=\frac{\overrightarrow{OA}+\overrightarrow{OB}+\overrightarrow{OP}}{3}$$

$$=\left(\frac{1+2+10}{3}, \frac{2+3+0}{3}, \frac{2+4+0}{3}\right)$$

$$=\left(\frac{13}{3}, \frac{5}{3}, 2\right)$$

よって，△ABP の重心 G の座標は　　$\left(\frac{13}{3}, \frac{5}{3}, 2\right)$　答

第2章　章末問題B

教 p.73

6. 3点 O$(0, 0, 0)$，A$(-1, -2, 1)$，B$(2, 2, 0)$ を頂点とする△OAB について，次の問いに答えよ。

(1)　∠AOB の大きさを求めよ。　　(2)　△OAB の面積 S を求めよ。

指針　**ベクトルのなす角と三角形の面積**

(1)　∠AOB は $\overrightarrow{OA}$ と $\overrightarrow{OB}$ のなす角であるから

$$\cos\angle AOB = \frac{\overrightarrow{OA}\cdot\overrightarrow{OB}}{|\overrightarrow{OA}||\overrightarrow{OB}|}$$

(2)　△OAB の面積 S は　　$S = \dfrac{1}{2}OA \times OB \sin\angle AOB$

解答　(1)　$\overrightarrow{OA} = (-1, -2, 1)$，$\overrightarrow{OB} = (2, 2, 0)$ であるから

$$\overrightarrow{OA}\cdot\overrightarrow{OB} = (-1)\times 2 + (-2)\times 2 + 1\times 0 = -6$$
$$|\overrightarrow{OA}| = \sqrt{(-1)^2 + (-2)^2 + 1^2} = \sqrt{6}$$
$$|\overrightarrow{OB}| = \sqrt{2^2 + 2^2 + 0^2} = 2\sqrt{2}$$

よって　　$\cos\angle AOB = \dfrac{\overrightarrow{OA}\cdot\overrightarrow{OB}}{|\overrightarrow{OA}||\overrightarrow{OB}|}$

$$= \frac{-6}{\sqrt{6}\times 2\sqrt{2}} = -\frac{\sqrt{3}}{2}$$

$0° \leqq \angle AOB \leqq 180°$ であるから　　∠AOB = **150°**　答

(2)　OA$= |\overrightarrow{OA}| = \sqrt{6}$，OB$= |\overrightarrow{OB}| = 2\sqrt{2}$ であるから

$$S = \frac{1}{2}OA \times OB \sin 150°$$

$$= \frac{1}{2}\times\sqrt{6}\times 2\sqrt{2}\times\frac{1}{2}$$

$$= \sqrt{3}　答$$

教 p.73

7. 1辺の長さが2の立方体 ABCD-EFGH において，辺 BF 上に点 P をとり，辺 GH 上に点 Q をとる。

(1)　内積 $\overrightarrow{BP}\cdot\overrightarrow{HQ}$ を求めよ。

(2)　内積 $\overrightarrow{AP}\cdot\overrightarrow{AQ}$ を $|\overrightarrow{BP}|$，$|\overrightarrow{HQ}|$ を用いて表せ。

(3)　内積 $\overrightarrow{AP}\cdot\overrightarrow{AQ}$ の最大値を求めよ。

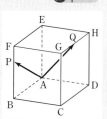

教科書 p.73

指針 ベクトルの垂直・平行・内積

(1) $\overrightarrow{BP}$, $\overrightarrow{HQ}$ を，B，H が点 A に一致するように，それぞれ平行移動してみる。

(2) $\overrightarrow{AP}=\overrightarrow{AB}+\overrightarrow{BP}$，$\overrightarrow{AQ}=\overrightarrow{AE}+\overrightarrow{EH}+\overrightarrow{HQ}$ として，$\overrightarrow{AP}$ と $\overrightarrow{AQ}$ の内積を考える。

(3) (2)をもとにして考える。

解答 (1) $\overrightarrow{BP}/\!/\overrightarrow{AE}$, $\overrightarrow{HQ}/\!/\overrightarrow{AB}$ より $\overrightarrow{BP}\perp\overrightarrow{HQ}$ であるから $\overrightarrow{BP}\cdot\overrightarrow{HQ}=0$ 答

(2) $\overrightarrow{AP}=\overrightarrow{AB}+\overrightarrow{BP}$
$\overrightarrow{AQ}=\overrightarrow{AH}+\overrightarrow{HQ}=\overrightarrow{AE}+\overrightarrow{EH}+\overrightarrow{HQ}$

ゆえに
$\overrightarrow{AP}\cdot\overrightarrow{AQ}=(\overrightarrow{AB}+\overrightarrow{BP})\cdot(\overrightarrow{AE}+\overrightarrow{EH}+\overrightarrow{HQ})$
$=\overrightarrow{AB}\cdot\overrightarrow{AE}+\overrightarrow{AB}\cdot\overrightarrow{EH}+\overrightarrow{AB}\cdot\overrightarrow{HQ}$
$\qquad+\overrightarrow{BP}\cdot\overrightarrow{AE}+\overrightarrow{BP}\cdot\overrightarrow{EH}+\overrightarrow{BP}\cdot\overrightarrow{HQ}$

ここで，$\overrightarrow{AB}\perp\overrightarrow{AE}$ から $\overrightarrow{AB}\cdot\overrightarrow{AE}=0$
$\overrightarrow{AB}\perp\overrightarrow{EH}$ から $\overrightarrow{AB}\cdot\overrightarrow{EH}=0$
$\overrightarrow{BP}\perp\overrightarrow{EH}$ から $\overrightarrow{BP}\cdot\overrightarrow{EH}=0$

また $\overrightarrow{BP}\cdot\overrightarrow{HQ}=0$

よって
$\overrightarrow{AP}\cdot\overrightarrow{AQ}=\overrightarrow{AB}\cdot\overrightarrow{HQ}+\overrightarrow{BP}\cdot\overrightarrow{AE}$
$=|\overrightarrow{AB}||\overrightarrow{HQ}|\cos0°+|\overrightarrow{BP}||\overrightarrow{AE}|\cos0°$
$=2|\overrightarrow{HQ}|+2|\overrightarrow{BP}|$ ← $|\overrightarrow{AB}|=|\overrightarrow{AE}|=2$, $\cos0°=1$

すなわち $\overrightarrow{AP}\cdot\overrightarrow{AQ}=2|\overrightarrow{BP}|+2|\overrightarrow{HQ}|$ 答

(3) (2)から $\overrightarrow{AP}\cdot\overrightarrow{AQ}=2|\overrightarrow{BP}|+2|\overrightarrow{HQ}|\leqq2\times2+2\times2=8$

よって，$\overrightarrow{AP}\cdot\overrightarrow{AQ}$ の最大値は 8 答

教 p.73

8. $\vec{e_1}$, $\vec{e_2}$, $\vec{e_3}$ を，それぞれ x 軸，y 軸，z 軸に関する基本ベクトルとし，ベクトル $\vec{a}=(-1,\ \sqrt{2},\ 1)$ と $\vec{e_1}$, $\vec{e_2}$, $\vec{e_3}$ のなす角を，それぞれ α, β, γ とする。

(1) $\cos\alpha$, $\cos\beta$, $\cos\gamma$ の値を求めよ。

(2) α, β, γ を求めよ。

指針 ベクトルのなす角

(1) まず，内積 $\vec{a}\cdot\vec{e_1}$, $\vec{a}\cdot\vec{e_2}$, $\vec{a}\cdot\vec{e_3}$ を求める。

(2) (1)で求めた $\cos\alpha$, $\cos\beta$, $\cos\gamma$ の値からそれぞれ α, β, γ を求める。

解答 (1) $\vec{e_1}=(1,\ 0,\ 0)$, $\vec{e_2}=(0,\ 1,\ 0)$, $\vec{e_3}=(0,\ 0,\ 1)$であるから

$$\vec{a}\cdot\vec{e_1}=(-1)\times1=-1$$
$$\vec{a}\cdot\vec{e_2}=\sqrt{2}\times1=\sqrt{2}$$
$$\vec{a}\cdot\vec{e_3}=1\times1=1$$

また $|\vec{e_1}|=|\vec{e_2}|=|\vec{e_3}|=1$

$$|\vec{a}|=\sqrt{(-1)^2+(\sqrt{2})^2+1^2}=2$$

よって

$$\cos\alpha=\frac{\vec{a}\cdot\vec{e_1}}{|\vec{a}||\vec{e_1}|}=-\frac{1}{2}$$
$$\cos\beta=\frac{\vec{a}\cdot\vec{e_2}}{|\vec{a}||\vec{e_2}|}=\frac{\sqrt{2}}{2}$$
$$\cos\gamma=\frac{\vec{a}\cdot\vec{e_3}}{|\vec{a}||\vec{e_3}|}=\frac{1}{2}\quad 答$$

(2) $0°\leqq\alpha\leqq180°$, $0°\leqq\beta\leqq180°$, $0°\leqq\gamma\leqq180°$であるから, (1)より

$$\alpha=120°,\ \beta=45°,\ \gamma=60°\quad 答$$

教 p.73

9. 3点O$(0,\ 0,\ 0)$, A$(1,\ 2,\ 1)$, B$(-1,\ 0,\ 1)$から等距離にある yz 平面上の点Pの座標を求めよ。

指針 **3点から等距離にある点の座標** 点P$(x,\ y,\ z)$として, 3点から等距離にあることと, yz平面上にあることから方程式を立てる。

解答 点Pは yz 平面上にあるから, Pの座標を$(0,\ y,\ z)$とする。

また, 点Pは3点O, A, Bから等距離にあるから

$$OP=AP,\quad OP=BP$$

すなわち $OP^2=AP^2$, $OP^2=BP^2$

ゆえに
$$0^2+y^2+z^2=(0-1)^2+(y-2)^2+(z-1)^2\quad\cdots\cdots①$$
$$0^2+y^2+z^2=(0+1)^2+(y-0)^2+(z-1)^2\quad\cdots\cdots②$$

②を展開して整理すると $2z=2$

よって $z=1$

①を展開して整理すると $4y+2z=6$ すなわち $2y+z=3$

$z=1$を代入すると $y=1$

したがって, 点Pの座標は $(0,\ 1,\ 1)$ 答

10. 球面 $(x-2)^2+(y+3)^2+(z-4)^2=5^2$ と平面 $z=3$ が交わる部分は円である。その円の中心の座標と半径を求めよ。

指針 **球面が平面と交わってできる図形** 球面の方程式に $z=3$ を代入すると，円の方程式になる。

解答 球面が平面 $z=3$ と交わるから $(x-2)^2+(y+3)^2+(3-4)^2=5^2$
よって $(x-2)^2+(y+3)^2=24, \quad z=3$ ←$z=3$ を忘れないこと。
すなわち $(x-2)^2+(y+3)^2=(2\sqrt{6})^2, \quad z=3$
したがって，球面 $(x-2)^2+(y+3)^2+(z-4)^2=5^2$ が平面 $z=3$ と交わってできる円の **中心の座標は** $(2, -3, 3)$，**半径は** $2\sqrt{6}$ である。 答

注意 球面と平面が交わってできる円は平面 $z=3$ 上にあるから，その中心の座標は $(2, -3, 3)$ である。$(2, -3)$ としないように注意する。

11. 四面体 OABC において，△ABC の重心を G，辺 OB の中点を M，辺 OC の中点を N とする。直線 OG と平面 AMN の交点を P とするとき，OG：OP を求めよ。

指針 **平面上の点の位置ベクトル** O に関する位置ベクトルを考え，$A(\vec{a})$，$B(\vec{b})$，$C(\vec{c})$ とする。P が平面 AMN 上にあることと，線分 OG 上にあることから，$\overrightarrow{OP}$ を $\vec{a}$，$\vec{b}$，$\vec{c}$ を用いて 2 通りに表す。

解答 O に関する位置ベクトルを考え，$A(\vec{a})$，$B(\vec{b})$，$C(\vec{c})$ とする。
P は平面 AMN 上にあるから，$\overrightarrow{AP}=s\overrightarrow{AM}+t\overrightarrow{AN}$ となる実数 s, t がある。
点 M，N は辺 OB，OC それぞれの中点であるから

$$\overrightarrow{OM}=\frac{1}{2}\vec{b}, \qquad \overrightarrow{ON}=\frac{1}{2}\vec{c}$$

よって $\overrightarrow{OP}=\overrightarrow{OA}+\overrightarrow{AP}=\overrightarrow{OA}+s\overrightarrow{AM}+t\overrightarrow{AN}$
$\qquad\qquad =\overrightarrow{OA}+s(\overrightarrow{OM}-\overrightarrow{OA})+t(\overrightarrow{ON}-\overrightarrow{OA})$
$\qquad\qquad =\vec{a}+s\left(\frac{1}{2}\vec{b}-\vec{a}\right)+t\left(\frac{1}{2}\vec{c}-\vec{a}\right)$
$\qquad\qquad =(1-s-t)\vec{a}+\frac{1}{2}s\vec{b}+\frac{1}{2}t\vec{c} \quad \cdots\cdots$ ①

G は △ABC の重心であるから

$$\overrightarrow{OG}=\frac{1}{3}(\vec{a}+\vec{b}+\vec{c})$$

P は線分 OG 上にあるから，OG：OP＝1：k とすると

$$\overrightarrow{OP}=k\overrightarrow{OG}=\frac{1}{3}k(\vec{a}+\vec{b}+\vec{c})$$

$$=\frac{1}{3}k\vec{a}+\frac{1}{3}k\vec{b}+\frac{1}{3}k\vec{c} \quad\cdots\cdots ②$$

4 点 O，A，B，C は同じ平面上にないから，$\overrightarrow{OP}$ の $\vec{a}$，$\vec{b}$，$\vec{c}$ を用いた表し方はただ 1 通りである。

①，② から　　　$1-s-t=\frac{1}{3}k$, 　$\frac{1}{2}s=\frac{1}{3}k$, 　$\frac{1}{2}t=\frac{1}{3}k$

$\frac{1}{2}s=\frac{1}{3}k$ から　　$s=\frac{2}{3}k$

$\frac{1}{2}t=\frac{1}{3}k$ から　　$t=\frac{2}{3}k$

$1-\frac{2}{3}k-\frac{2}{3}k=\frac{1}{3}k$ より $k=\frac{3}{5}$ であるから

$$OG：OP＝1：\frac{3}{5}＝5：3 \quad 答$$

第3章 | 複素数平面

1 複素数平面

まとめ

1 複素数平面(複素平面)

複素数 $a+bi$ に対して，座標平面上の点 (a, b) を対応させると，どんな複素数も座標平面上の点で表すことができる。このように，複素数を点で表す座標平面を **複素数平面** または **複素平面** という。複素数平面上の1つの点は，1つの複素数を表す。

複素数平面を考える場合，x 軸を **実軸**，y 軸を **虚軸** という。実軸上の点は実数を表し，虚軸上の原点 O 以外の点は純虚数を表す。

複素数平面上で複素数 z を表す点 P を **P(z)** と書く。また，この点を **点 z** ということがある。たとえば，点 0 とは原点 O のことである。

注意 以下，複素数 $a+bi$ や $c+di$ などでは，文字 a, b, c, d は実数を表すものとする。

2 共役複素数

複素数 z と共役な複素数を $\bar{z}$ で表す。$\bar{z}$ を z の **共役複素数** ともいう。

複素数 $z=a+bi$ に対しては
$$\bar{z}=a-bi, \quad -z=-a-bi$$

3 点の位置関係

点 z と点 $\bar{z}$ は実軸に関して対称である。

点 z と点 $-z$ は原点に関して対称である。

注意 $\bar{z}$ の共役複素数は z である。すなわち，$\bar{\bar{z}}=z$ である。

4 複素数が実数，純虚数を表す条件

複素数 z について，次のことが成り立つ。

[1] z が実数 $\iff \bar{z}=z$

[2] z が純虚数 $\iff \bar{z}=-z$ ただし，$z\neq0$

5 複素数の絶対値

原点 O と点 P(z) との距離を，複素数 z の **絶対値** といい，$|z|$ で表す。

複素数 $a+bi$ の絶対値は

$$|a+bi|=\sqrt{a^2+b^2}$$

補足 z が実数のとき，$|z|$ は実数の絶対値と一致する。

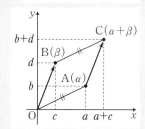

6 複素数の和の図示

2つの複素数 $\alpha=a+bi$，$\beta=c+di$ の和は

$$\alpha+\beta=(a+c)+(b+d)i$$

である。そこで，複素数平面上に3点 A(α)，B(β)，C($\alpha+\beta$) をとると，点 C($\alpha+\beta$) は，原点 O を点 B(β) に移す平行移動によって点 A(α) が移る点である。

注意 右上の図において，四角形 OACB は平行四辺形である。

7 複素数の差の図示

複素数平面上に3点 A(α)，B(β)，D($\alpha-\beta$) をとると，点 D($\alpha-\beta$) は，点 B(β) を原点 O に移す平行移動によって点 A(α) が移る点である。

注意 $\alpha-\beta=\alpha+(-\beta)$ であるから，$\alpha+\beta$ の場合と逆向きの平行移動を考えている。

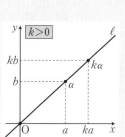

8 2点間の距離

2点 A(α)，B(β) 間の距離 AB は $\quad$ **AB = $|\beta-\alpha|$**

9 複素数の実数倍

実数 k と複素数 $\alpha=a+bi$ について，$k\alpha=ka+kbi$ である。よって，$\alpha\neq0$ のとき，点 $k\alpha$ は2点 0，α を通る直線 ℓ 上にある。

逆に，この直線 ℓ 上の点は，α の実数倍の複素数を表す。

補足 点 $(-k)\alpha$ は，点 $k\alpha$ と原点 O に関して対称である。

$\alpha\neq0$ のとき，次のことが成り立つ。

3点 0，α，β が一直線上にある $\iff$ $\beta=k\alpha$ となる実数 k がある

複素数 α を表す点を A，$k\alpha$ を表す点を B とすると，線分 OB の長さは線分 OA の長さの $|k|$ 倍である。すなわち，OB = $|k|$OA である。

補足 $|k\alpha|=|k||\alpha|$ が成り立つ。

3章 複素数平面

10 共役複素数の性質

複素数 α, β について，次のことが成り立つ。

[1] $\overline{\alpha+\beta}=\overline{\alpha}+\overline{\beta}$ [2] $\overline{\alpha-\beta}=\overline{\alpha}-\overline{\beta}$

[3] $\overline{\alpha\beta}=\overline{\alpha}\,\overline{\beta}$ [4] $\overline{\left(\dfrac{\alpha}{\beta}\right)}=\dfrac{\overline{\alpha}}{\overline{\beta}}$

注意 [3] が成り立つから，n を自然数とするとき，$\overline{\alpha^n}=(\overline{\alpha})^n$ が成り立つ。

11 複素数とその共役複素数の性質

複素数 z とその共役複素数 $\overline{z}$ について，次のことが成り立つ。

[1] $z+\overline{z}$ は実数である   [2] $z\overline{z}=|z|^2$

A 複素数平面

練習 1 教 p.77

次の点を右の図に示せ。

$\mathrm{P}(3-2i)$, $\mathrm{Q}(-2+2i)$,

$\mathrm{R}(4)$, $\mathrm{S}(-2i)$

指針 複素数と座標平面上の点 複素数 $a+bi$ に対して座標平面上の点 (a, b) を対応させると，実数 a は $a+0i$ から点 $(a, 0)$ で表され，純虚数 bi は $0+bi$ から点 $(0, b)$ で表される。

解答 複素数 $a+bi$ と座標平面上の点 (a, b) との対応は次のようになる。

$\mathrm{P}(3-2i)$ $(3, -2)$

$\mathrm{Q}(-2+2i)$ $(-2, 2)$

$\mathrm{R}(4)$ $(4, 0)$

$\mathrm{S}(-2i)$ $(0, -2)$

よって，図 のようになる。 答

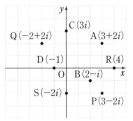

練習 2 教 p.77

次の複素数の共役複素数を求めよ。

(1) $-3+5i$ (2) $\dfrac{-1-\sqrt{3}\,i}{2}$ (3) 1 (4) $-i$

指針 共役複素数 複素数 $z=a+bi$ の共役複素数は $\overline{z}=a-bi$

解答 (1) $-3-5i$ 答   (2) $\dfrac{-1+\sqrt{3}\,i}{2}$ 答   (3) 1 答   (4) i 答

練習 3
$z=2+3i$ とする。点 $P(z)$ と，実軸に関して対称な点を Q，原点に関して対称な点を R，虚軸に関して対称な点を S とするとき，Q, R, S を表す複素数をそれぞれ求めよ。

指針 点の位置関係 複素数 z について，次のことが成り立つ。

点 z と点 $\bar{z}$ は実軸に関して対称である。

点 z と点 $-z$ は原点に関して対称である。

解答 Q を表す複素数は $\quad 2-3i$

R を表す複素数は $\quad -2-3i$

S を表す複素数は $\quad -2+3i$ 答

深める
複素数平面上で，点 z と点 $-\bar{z}$ の位置関係はどのようになるか，説明してみよう。

指針 複素数と共役複素数の位置関係 $z=a+bi$ に対して $-\bar{z}=-a+bi$ を表す点を複素数平面上に図示して調べる。

解答 $z=a+bi$ とすると，$-\bar{z}=-a+bi$ であるから，z と $-\bar{z}$ は **虚軸に関して対称**である。 答

練習 4
複素数 $z=a+bi$ について，次の問いに答えよ。

(1) a, b をそれぞれ z と $\bar{z}$ を用いて表せ。

(2) (1)の結果を利用して，下の **1**, **2** が成り立つことを確かめよ。

   1 z が実数 $\iff \bar{z}=z$

   2 z が純虚数 $\iff \bar{z}=-z$ ただし，$z \neq 0$

指針 実数，純虚数を表す条件

(1) $z=a+bi$, $\bar{z}=a-bi$ を a, b についての連立方程式とみて解く。

(2) z が実数 $\iff b=0$ z が純虚数 $\iff a=0, b \neq 0$

   これに(1)の結果をあてはめる。

解答 (1) $z=a+bi$, $\overline{z}=a-bi$ であるから $z+\overline{z}=2a$, $z-\overline{z}=2bi$

よって $a=\dfrac{1}{2}(z+\overline{z})$, $b=\dfrac{1}{2i}(z-\overline{z})$ 答

(2) **1 の証明**

$z=a+bi$ について，z が実数であるとすると $b=0$

ゆえに，(1)から $\dfrac{1}{2i}(z-\overline{z})=0$

よって，$z-\overline{z}=0$ から $z=\overline{z}$

逆に，$z=\overline{z}$ とすると，(1)から $b=\dfrac{1}{2i}(z-\overline{z})=0$

よって，z は実数である。

以上により，「z が実数 $\iff$ $\overline{z}=z$」が成り立つ。

2 の証明

$z=a+bi$ について，z が純虚数であるとすると $a=0$, $b\neq0$

ゆえに，(1)から $\dfrac{1}{2}(z+\overline{z})=0$ ただし，$z\neq0$

よって，$z+\overline{z}=0$ から $\overline{z}=-z$ ただし，$z\neq0$

逆に，$\overline{z}=-z$, $z\neq0$ とする。

このとき $z+\overline{z}=0$

ゆえに，(1)から $a=\dfrac{1}{2}(z+\overline{z})=0$

このとき，$z\neq0$ から $b\neq0$

よって，z は純虚数である。

以上により，「z が純虚数 $\iff$ $\overline{z}=-z$ ただし，$z\neq0$」が成り立つ。終

B 複素数の絶対値

教 p.78

深める $z=a+bi$ について，$z^2=|z|^2$ が成り立つための実数 a, b の条件を考えてみよう。

指針 **$z^2=|z|^2$ が成り立つ条件** $z^2=(a+bi)^2$ を計算して，$|z|^2=a^2+b^2$ と実部，虚部をそれぞれ比較する。なお，数学 II で学習したように次のことが成り立つ。

複素数 $z=a+bi$ と $z'=c+di$ について $z=z' \iff a=c$, $b=d$

解答 $z=a+bi$ について $z^2=(a+bi)^2=a^2-b^2+2abi$

$|z|^2=a^2+b^2$ であるから，$z^2=|z|^2$ が成り立つとき

$a^2-b^2=a^2+b^2$, $2ab=0$

これを満たす実数 a, b の条件は $b=0$ 終

参考 求めた条件から，$z^2=|z|^2$ が成り立つのは z が実数のときであることがわかる。

練習 5　次の複素数の絶対値を求めよ。

(1)　$3+4i$　　　(2)　$-2-5i$　　　(3)　-5　　　(4)　$3i$

指針　**複素数の絶対値**　複素数 $a+bi$ の絶対値は　$|a+bi|=\sqrt{a^2+b^2}$
これにあてはめる。

解答　(1)　$|3+4i|=\sqrt{3^2+4^2}=\sqrt{25}=5$　答

　　　(2)　$|-2-5i|=\sqrt{(-2)^2+(-5)^2}=\sqrt{29}$　答

　　　(3)　$|-5|=\sqrt{(-5)^2+0^2}=5$　答

　　　(4)　$|3i|=\sqrt{0^2+3^2}=3$　答

練習 6　複素数 z について，点 $S(-\overline{z})$ を教科書 79 ページの図に示し，$|-\overline{z}|=|z|$ であることを確かめよ。

指針　**複素数の絶対値の性質**　原点 O と
点 $P(z)$，$S(-\overline{z})$ の位置関係から確かめる。

解答　点 $P(z)$ と点 $S(-\overline{z})$ は虚軸に関して対称で
あるから

　　　　　　$OS=OP$

　　　よって　　$|-\overline{z}|=|z|$　終

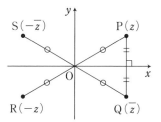

C 複素数の和，差の図示

練習 7　右の図の複素数平面上の点 α，β について，次の点を図に示せ。

(1)　$\alpha+\beta$

(2)　$\alpha-\beta$

(3)　$\beta-\alpha$

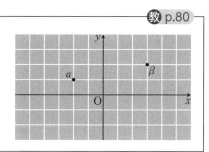

指針　**複素数の和，差の図示**

(1)　点 $\alpha+\beta$ は，原点 O を点 β に移す平行移動によって点 α が移る点である。

(2)　点 $\alpha-\beta$ は，点 β を原点 O に移す平行移動によって点 α が移る点である。

(3)　点 $\beta-\alpha$ は，点 α を原点 O に移す平行移動によって点 β が移る点である。
　　（点 $\alpha-\beta$ と原点に関して対称な点である，と考えてもよい。）

解答

練習 8　次の 2 点間の距離を求めよ。

(1)　$A(2+3i)$, $B(1+6i)$　　　　(2)　$C(3-4i)$, $D(1-2i)$

指針　**2 点間の距離**

(1)　$\alpha=2+3i$, $\beta=1+6i$ とすると
$$\beta-\alpha=(1+6i)-(2+3i)$$
$$=(1-2)+(6-3)i=-1+3i$$

$z=a+bi$ のとき $|z|=\sqrt{a^2+b^2}$ である。

解答　(1)　$AB=|(1+6i)-(2+3i)|=|-1+3i|=\sqrt{(-1)^2+3^2}=\sqrt{10}$　答

(2)　$CD=|(1-2i)-(3-4i)|=|-2+2i|=\sqrt{(-2)^2+2^2}=\sqrt{8}=2\sqrt{2}$　答

D 複素数の実数倍

練習 9　$\alpha=1+2i$, $\beta=3-yi$ とする。2 点 $A(\alpha)$, $B(\beta)$ と原点 O が一直線上にあるとき，実数 y の値を求めよ。

指針　**複素数の実数倍**　$\alpha \neq 0$ のとき，次のことが成り立つ。

3 点 0, α, β が一直線上にある　⟺　$\beta=k\alpha$ となる実数 k がある

解答　3 点 O, A, B が一直線上にあることから，$\beta=k\alpha$ となる実数 k がある。

$3-yi=k(1+2i)$ から　　$3-yi=k+2ki$

よって　　　　$3=k$, $-y=2k$

$k=3$ から　　　$y=-2k=-2\cdot3=-6$　答

E 共役複素数の性質

練習 10　複素数 α, β について，$\alpha+\beta+i=0$ のとき，$\overline{\alpha}+\overline{\beta}$ を求めよ。

指針 **共役複素数の性質** $\alpha+\beta+i=0$ から $\alpha+\beta=-i$
両辺の共役複素数を考えると $\overline{\alpha+\beta}=\overline{-i}$
ここで，$\overline{\alpha+\beta}=\overline{\alpha}+\overline{\beta}$ が成り立つことを利用する。また，$\overline{-i}=i$ である。

解答 $\alpha+\beta+i=0$ から $\alpha+\beta=-i$
両辺の共役複素数を考えると $\overline{\alpha+\beta}=\overline{-i}$ すなわち $\overline{\alpha}+\overline{\beta}=i$ 答

練習11 | 教 p.83

複素数 α について，次のことを証明せよ。

$|\alpha|=1$ のとき，$\alpha^2+\dfrac{1}{\alpha^2}$ は実数である。

指針 **複素数が実数である条件**

「$\alpha^2+\dfrac{1}{\alpha^2}$ が実数 $\Leftrightarrow$ $\overline{\alpha^2+\dfrac{1}{\alpha^2}}=\alpha^2+\dfrac{1}{\alpha^2}$」が成り立つことを利用して証明する。式変形においては，$z\overline{z}=|z|^2$ を利用する。

解答 $|\alpha|=1$ のとき，$|\alpha|^2=1$ であるから $\alpha\overline{\alpha}=1$ すなわち $\overline{\alpha}=\dfrac{1}{\alpha}$

ここで $\overline{\alpha^2+\dfrac{1}{\alpha^2}}=\overline{\alpha^2}+\overline{\left(\dfrac{1}{\alpha^2}\right)}=(\overline{\alpha})^2+\dfrac{1}{(\overline{\alpha})^2}=\dfrac{1}{\alpha^2}+\alpha^2$

よって，$\overline{\alpha^2+\dfrac{1}{\alpha^2}}=\alpha^2+\dfrac{1}{\alpha^2}$ であるから，$\alpha^2+\dfrac{1}{\alpha^2}$ は実数である。終

深める | 教 p.83

$\alpha=a+bi$ とおいて，教科書例題 2 で証明した次のことを証明してみよう。

$|\alpha|=1$ のとき，$\alpha+\dfrac{1}{\alpha}$ は実数である。

指針 **$|\alpha|^2=a^2+b^2$ の利用** $\alpha=a+bi$ について $|\alpha|^2=a^2+b^2$ であるから，$|\alpha|^2=1$ のとき $a^2+b^2=1$ である。

$\alpha+\dfrac{1}{\alpha}$ を変形して $a^2+b^2=1$ を利用することにより証明することができる。

解答 $|\alpha|=1$ のとき，$|\alpha|^2=1$ であるから，$\alpha=a+bi$ とおくと，$|\alpha|^2=1$ から
$a^2+b^2=1$

よって $\alpha+\dfrac{1}{\alpha}=a+bi+\dfrac{1}{a+bi}=a+bi+\dfrac{a-bi}{a^2+b^2}$
$=a+bi+a-bi=2a$

a は実数であるから，$\alpha+\dfrac{1}{\alpha}$ は実数である。終

2 複素数の極形式

1 極形式

複素数平面上で，0でない複素数 $z=a+bi$ を表す点をPとし，線分OPの長さを r とする。また，半直線OPを，実軸の正の部分を始線とした動径と考えて，動径OPの表す角を θ とすると

$$r=\sqrt{a^2+b^2},\ a=r\cos\theta,\ b=r\sin\theta$$

である。よって，0でない複素数 z は次の形にも表される。

$$z=r(\cos\theta+i\sin\theta)$$

ただし，$r>0$ で，θ は弧度法で表された一般角である。
これを複素数 z の **極形式** という。$r=|z|$ である。

2 偏角

極形式の角 θ を z の **偏角** といい，**arg z** で表す。偏角 θ は，$0\leqq\theta<2\pi$ の範囲や $-\pi<\theta\leqq\pi$ の範囲でただ1通りに定まる。z の偏角の1つを θ_0 とすると，一般には，$\arg z=\theta_0+2n\pi$（n は整数）である。

注意 arg は「偏角」を意味する英語 argument を略したものである。

3 $\bar{z}$ の極形式

複素数 z の偏角を θ とするとき，$\bar{z}$ の偏角の1つは，$\arg\bar{z}=-\theta$ である。また，$|z|=|\bar{z}|$ であるから，z と $\bar{z}$ の極形式について，次のことがいえる。
$z=r(\cos\theta+i\sin\theta)$ のとき

$$\bar{z}=r\{\cos(-\theta)+i\sin(-\theta)\}$$

4 極形式で表された複素数の積と商

$\alpha=r_1(\cos\theta_1+i\sin\theta_1)$，$\beta=r_2(\cos\theta_2+i\sin\theta_2)$ のとき

$$\alpha\beta=r_1r_2\{\cos(\theta_1+\theta_2)+i\sin(\theta_1+\theta_2)\}$$

$$\frac{\alpha}{\beta}=\frac{r_1}{r_2}\{\cos(\theta_1-\theta_2)+i\sin(\theta_1-\theta_2)\}$$

5 複素数の積と商の絶対値と偏角

[1] $|\alpha\beta|=|\alpha||\beta|$　　　　$\arg\alpha\beta=\arg\alpha+\arg\beta$

[2] $\left|\dfrac{\alpha}{\beta}\right|=\dfrac{|\alpha|}{|\beta|}$　　　　$\arg\dfrac{\alpha}{\beta}=\arg\alpha-\arg\beta$

注意 偏角についての等式では，2π の整数倍の違いは無視して考える。
　　　[1] より，複素数 z と自然数 n について，$|z^n|=|z|^n$ が成り立つ。

6 原点を中心とする回転

複素数 $\alpha=\cos\theta+i\sin\theta$ と複素数 z について

$$|\alpha z|=|\alpha||z|=|z|$$

$$\arg\alpha z=\arg\alpha+\arg z=\arg z+\theta$$

このことから，次のことがいえる。

$\alpha=\cos\theta+i\sin\theta$ と z に対して，点 αz は，点 z を原点を中心として θ だけ回転した点である。

注意 $\overline{\alpha}=\cos(-\theta)+i\sin(-\theta)$ であるから，点 $\overline{\alpha}z$ は，点 z を原点を中心として $-\theta$ だけ回転した点である。

A 極形式

教 p.85

練習 12

次の複素数を極形式で表せ。ただし，偏角 θ の範囲は，(1), (2) では $0\leqq\theta<2\pi$，(3), (4) では $-\pi<\theta\leqq\pi$ とする。

(1) $\sqrt{3}+i$　　(2) $2+2i$　　(3) $1-\sqrt{3}\,i$　　(4) $-i$

指針 **複素数の極形式**　複素数 $z=a+bi$ を複素数平面上に図示すると

$a=r\cos\theta$, $b=r\sin\theta$ から，絶対値 r について　　$r=\sqrt{a^2+b^2}$

偏角 θ について　　$\tan\theta=\dfrac{b}{a}$

解答 (1) $\sqrt{3}+i$ の絶対値を r とすると

$$r=\sqrt{(\sqrt{3})^2+1^2}=2,$$

$$\cos\theta=\frac{\sqrt{3}}{2},\ \sin\theta=\frac{1}{2}$$

$0\leqq\theta<2\pi$ では　　$\theta=\dfrac{\pi}{6}$

よって

$$\sqrt{3}+i=2\left(\cos\frac{\pi}{6}+i\sin\frac{\pi}{6}\right)\ \ 答$$

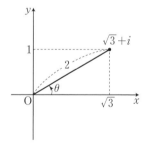

(2)　$2+2i$ の絶対値を r とすると

$$r=\sqrt{2^2+2^2}=2\sqrt{2},$$

$$\cos\theta=\frac{1}{\sqrt{2}},\ \sin\theta=\frac{1}{\sqrt{2}}$$

$0\leqq\theta<2\pi$ では　　$\theta=\dfrac{\pi}{4}$

よって

$$2+2i=2\sqrt{2}\left(\cos\frac{\pi}{4}+i\sin\frac{\pi}{4}\right)\ \boxed{答}$$

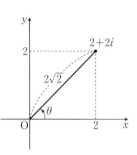

(3)　$1-\sqrt{3}\,i$ の絶対値を r とすると

$$r=\sqrt{1^2+(-\sqrt{3})^2}=2,$$

$$\cos\theta=\frac{1}{2},\ \sin\theta=-\frac{\sqrt{3}}{2}$$

$-\pi<\theta\leqq\pi$ では　　$\theta=-\dfrac{\pi}{3}$

よって

$$1-\sqrt{3}\,i$$

$$=2\left\{\cos\left(-\frac{\pi}{3}\right)+i\sin\left(-\frac{\pi}{3}\right)\right\}\ \boxed{答}$$

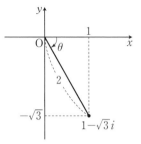

(4)　$-i$ の絶対値を r とすると

$$r=\sqrt{0^2+(-1)^2}=1,\ \cos\theta=0,\ \sin\theta=-1$$

$-\pi<\theta\leqq\pi$ では　　$\theta=-\dfrac{\pi}{2}$

よって

$$-i=\cos\left(-\frac{\pi}{2}\right)+i\sin\left(-\frac{\pi}{2}\right)\ \boxed{答}$$

教 p.85

練習 13　複素数 z の極形式を $z=r(\cos\theta+i\sin\theta)$ とする。このとき，$-z$ の極形式について，次のことを示せ。

$$-z=r\{\cos(\theta+\pi)+i\sin(\theta+\pi)\}$$

指針　**$-z$ の極形式**　z と $-z$ が原点に関して対称であるから，$-z$ の偏角の 1 つは z の偏角 θ を π だけ回転させたものである。

解答　点 $-z$ は点 z と原点に関して対称である。

　　　ゆえに，$-z$ の偏角の 1 つは　　$\theta+\pi$

　　　また　　　$|-z|=|z|$

　　　よって　　$-z=r\{\cos(\theta+\pi)+i\sin(\theta+\pi)\}$　終

参考　$r\{\cos(\theta+\pi)+i\sin(\theta+\pi)\}=-r(\cos\theta+i\sin\theta)=-z$

B 極形式で表された複素数の積と商

練習 14
次の複素数 α, β について, $\alpha\beta$, $\dfrac{\alpha}{\beta}$ をそれぞれ極形式で表せ。ただし, 偏角 θ の範囲は $0 \le \theta < 2\pi$ とする。

$$\alpha = 2\sqrt{2}\left(\cos\frac{\pi}{4} + i\sin\frac{\pi}{4}\right), \quad \beta = 2\left(\cos\frac{\pi}{6} + i\sin\frac{\pi}{6}\right)$$

指針 複素数の積と商の極形式

$\alpha = r_1(\cos\theta_1 + i\sin\theta_1)$, $\beta = r_2(\cos\theta_2 + i\sin\theta_2)$ のとき

$$\alpha\beta = r_1 r_2\{\cos(\theta_1 + \theta_2) + i\sin(\theta_1 + \theta_2)\}$$

$$\frac{\alpha}{\beta} = \frac{r_1}{r_2}\{\cos(\theta_1 - \theta_2) + i\sin(\theta_1 - \theta_2)\}$$

解答 $\alpha\beta = 2\sqrt{2}\cdot 2\left\{\cos\left(\dfrac{\pi}{4}+\dfrac{\pi}{6}\right) + i\sin\left(\dfrac{\pi}{4}+\dfrac{\pi}{6}\right)\right\}$

$\qquad = 4\sqrt{2}\left(\cos\dfrac{5}{12}\pi + i\sin\dfrac{5}{12}\pi\right)$

$\dfrac{\alpha}{\beta} = \dfrac{2\sqrt{2}}{2}\left\{\cos\left(\dfrac{\pi}{4}-\dfrac{\pi}{6}\right) + i\sin\left(\dfrac{\pi}{4}-\dfrac{\pi}{6}\right)\right\} = \sqrt{2}\left(\cos\dfrac{\pi}{12} + i\sin\dfrac{\pi}{12}\right)$ 答

練習 15
複素数 α, β について, $|\alpha| = 2$, $|\beta| = 3$ のとき, 次の値を求めよ。

(1) $|\alpha\beta|$ (2) $|\alpha^3|$ (3) $\left|\dfrac{\alpha}{\beta}\right|$ (4) $\left|\dfrac{\beta}{\alpha^2}\right|$

指針 複素数の積と商の絶対値 $|\alpha\beta| = |\alpha||\beta|$, $\left|\dfrac{\alpha}{\beta}\right| = \dfrac{|\alpha|}{|\beta|}$ である。

また, n を自然数とするとき $|z^n| = |z|^n$ が成り立つことを利用する。

解答 (1) $|\alpha\beta| = |\alpha||\beta| = 2\cdot 3 = 6$ 答

(2) $|\alpha^3| = |\alpha|^3 = 2^3 = 8$ 答

(3) $\left|\dfrac{\alpha}{\beta}\right| = \dfrac{|\alpha|}{|\beta|} = \dfrac{2}{3}$ 答

(4) $\left|\dfrac{\beta}{\alpha^2}\right| = \dfrac{|\beta|}{|\alpha|^2} = \dfrac{3}{2^2} = \dfrac{3}{4}$ 答

C 複素数の積と図形

練習 16
次の点は, 点 z をどのように移動した点であるか。

(1) $(1+\sqrt{3}\,i)z$ (2) $(-1+i)z$ (3) $2iz$

指針 **原点を中心とする回転と原点からの距離の実数倍**

z の係数を極形式で表し、その絶対値と偏角に着目する。

解答 (1) $1+\sqrt{3}\,i=2\left(\cos\dfrac{\pi}{3}+i\sin\dfrac{\pi}{3}\right)$

よって、点 $(1+\sqrt{3}\,i)z$ は、点 z を **原点を中心として $\dfrac{\pi}{3}$ だけ回転し、原点からの距離を 2 倍した点** である。 答

(2) $-1+i=\sqrt{2}\left(\cos\dfrac{3}{4}\pi+i\sin\dfrac{3}{4}\pi\right)$

よって、点 $(-1+i)z$ は、点 z を **原点を中心として $\dfrac{3}{4}\pi$ だけ回転し、原点からの距離を $\sqrt{2}$ 倍した点** である。 答

(3) $2i=2\left(\cos\dfrac{\pi}{2}+i\sin\dfrac{\pi}{2}\right)$

よって、点 $2iz$ は、点 z を **原点を中心として $\dfrac{\pi}{2}$ だけ回転し、原点からの距離を 2 倍した点** である。 答

練習 17 教 p.89

$z=4-2i$ とする。点 z を原点を中心として次の角だけ回転した点を表す複素数を求めよ。

(1) $\dfrac{\pi}{6}$ (2) $\dfrac{2}{3}\pi$ (3) $-\dfrac{\pi}{4}$

指針 **原点を中心として回転した点を表す複素数**

(1) $z=4-2i$ を原点を中心として $\dfrac{\pi}{6}$ だけ回転した点を表す複素数は

$$\left(\cos\dfrac{\pi}{6}+i\sin\dfrac{\pi}{6}\right)z=\left(\dfrac{\sqrt{3}}{2}+\dfrac{1}{2}i\right)(4-2i)$$

この右辺を計算したものが、求める複素数である。

(2), (3) も同様に考える。

解答 (1) $\left(\cos\dfrac{\pi}{6}+i\sin\dfrac{\pi}{6}\right)z=\left(\dfrac{\sqrt{3}}{2}+\dfrac{1}{2}i\right)(4-2i)$
$=(2\sqrt{3}+1)+(-\sqrt{3}+2)i$ 答

(2) $\left(\cos\dfrac{2}{3}\pi+i\sin\dfrac{2}{3}\pi\right)z=\left(-\dfrac{1}{2}+\dfrac{\sqrt{3}}{2}i\right)(4-2i)$
$=(-2+\sqrt{3})+(1+2\sqrt{3})i$ 答

(3) $\left\{\cos\left(-\dfrac{\pi}{4}\right)+i\sin\left(-\dfrac{\pi}{4}\right)\right\}z=\left(\dfrac{1}{\sqrt{2}}-\dfrac{1}{\sqrt{2}}i\right)(4-2i)$
$=\sqrt{2}-3\sqrt{2}\,i$ 答

3 ド・モアブルの定理

まとめ

1 ド・モアブルの定理
n が整数のとき

$$(\cos\theta + i\sin\theta)^n = \cos n\theta + i\sin n\theta$$

注意 0でない複素数 z と自然数 n に対して，$z^0 = 1$，$z^{-n} = \dfrac{1}{z^n}$ と定める。

2 α の n 乗根
複素数 α と正の整数 n に対して，方程式 $z^n = \alpha$ の解を，α の **n 乗根** という。
0でない複素数の n 乗根は n 個ある。

3 1の n 乗根
1の n 乗根は，次の式から得られる n 個の複素数である。

$$z_k = \cos\frac{2k\pi}{n} + i\sin\frac{2k\pi}{n} \quad (k = 0,\ 1,\ 2,\ \cdots\cdots,\ n-1)$$

補足 $n \geqq 3$ のとき，1の n 乗根を表す点は，単位円に内接する正 n 角形の各頂点である。とくに，頂点の1つは点1である。

A ド・モアブルの定理

教 p.91

練習 18 次の式を計算せよ
(1) $(1+\sqrt{3}\,i)^5$ 　　(2) $(1-i)^8$ 　　(3) $(1-\sqrt{3}\,i)^{-6}$

指針 **複素数 $(a+bi)^n$ の値** 複素数 $a+bi$ を極形式で表し，ド・モアブルの定理を利用する。n が整数のとき

$$\{r(\cos\theta + i\sin\theta)\}^n = r^n(\cos\theta + i\sin\theta)^n = r^n(\cos n\theta + i\sin n\theta)$$

解答 (1) $1+\sqrt{3}\,i = 2\left(\cos\dfrac{\pi}{3} + i\sin\dfrac{\pi}{3}\right)$ であるから

$$(1+\sqrt{3})^5 = 2^5\left(\cos\frac{\pi}{3} + i\sin\frac{\pi}{3}\right)^5 = 32\left(\cos\frac{5}{3}\pi + i\sin\frac{5}{3}\pi\right)$$

$$= 32\left(\frac{1}{2} - \frac{\sqrt{3}}{2}i\right) = 16 - 16\sqrt{3}\,i \quad \text{答}$$

(2) $1-i = \sqrt{2}\left\{\cos\left(-\dfrac{\pi}{4}\right) + i\sin\left(-\dfrac{\pi}{4}\right)\right\}$ であるから

$$(1-i)^8 = (\sqrt{2})^8\left\{\cos\left(-\frac{\pi}{4}\right) + i\sin\left(-\frac{\pi}{4}\right)\right\}^8$$

$$= 16\{\cos(-2\pi) + i\sin(-2\pi)\} = 16 \quad \text{答}$$

(3) $1-\sqrt{3}\,i=2\left\{\cos\left(-\dfrac{\pi}{3}\right)+i\sin\left(-\dfrac{\pi}{3}\right)\right\}$ であるから

$$(1-\sqrt{3}\,i)^{-6}=2^{-6}\left\{\cos\left(-\dfrac{\pi}{3}\right)+i\sin\left(-\dfrac{\pi}{3}\right)\right\}^{-6}$$
$$=\dfrac{1}{64}(\cos 2\pi+i\sin 2\pi)=\dfrac{1}{64} \quad 答$$

B 複素数の n 乗根

練習 19 1 の 8 乗根を求めよ。

指針 **1 の 8 乗根** 1 の 8 乗根は次の式から得られる 8 個の複素数である。

$$z_k=\cos\dfrac{2k\pi}{8}+i\sin\dfrac{2k\pi}{8} \quad (k=0,\ 1,\ 2,\ \cdots\cdots,\ 7)$$

解答 1 の 8 乗根は

$$z_k=\cos\dfrac{2k\pi}{8}+i\sin\dfrac{2k\pi}{8} \quad (k=0,\ 1,\ 2,\ \cdots\cdots,\ 7)$$

よって $z_0=1$

$z_1=\cos\dfrac{\pi}{4}+i\sin\dfrac{\pi}{4}=\dfrac{1}{\sqrt{2}}+\dfrac{1}{\sqrt{2}}i$

$z_2=\cos\dfrac{\pi}{2}+i\sin\dfrac{\pi}{2}=i$

$z_3=\cos\dfrac{3}{4}\pi+i\sin\dfrac{3}{4}\pi=-\dfrac{1}{\sqrt{2}}+\dfrac{1}{\sqrt{2}}i$

$z_4=\cos\pi+i\sin\pi=-1$

$z_5=\cos\dfrac{5}{4}\pi+i\sin\dfrac{5}{4}\pi=-\dfrac{1}{\sqrt{2}}-\dfrac{1}{\sqrt{2}}i$

$z_6=\cos\dfrac{3}{2}\pi+i\sin\dfrac{3}{2}\pi=-i$

$z_7=\cos\dfrac{7}{4}\pi+i\sin\dfrac{7}{4}\pi=\dfrac{1}{\sqrt{2}}-\dfrac{1}{\sqrt{2}}i$

答 $\pm1,\ \pm i,\ \dfrac{1}{\sqrt{2}}\pm\dfrac{1}{\sqrt{2}}i,\ -\dfrac{1}{\sqrt{2}}\pm\dfrac{1}{\sqrt{2}}i$

練習 20 次の方程式を解け。また，解を表す点を，それぞれ複素数平面上に図示せよ。

(1) $z^2=i$ (2) $z^4=-4$ (3) $z^2=1+\sqrt{3}\,i$

指針 **複素数 α の n 乗根** $z^n=\alpha$ において，複素数 z, α の極形式を
$z=r(\cos\theta+i\sin\theta)$, $\alpha=r_0(\cos\theta_0+i\sin\theta_0)$ とおくと
$r^n(\cos n\theta+i\sin n\theta)=r_0(\cos\theta_0+i\sin\theta_0)$
両辺の絶対値と偏角を比較して，r, θ を求める。
このとき，$r>0$, $n\theta=\theta_0+2k\pi$ (k は整数) に注意する。

解答 z の極形式を $z=r(\cos\theta+i\sin\theta)$ …… ① とする。

(1) $\qquad z^2=r^2(\cos2\theta+i\sin2\theta)$

また，i を極形式で表すと

$$i=\cos\frac{\pi}{2}+i\sin\frac{\pi}{2}$$

よって

$$r^2(\cos2\theta+i\sin2\theta)=\cos\frac{\pi}{2}+i\sin\frac{\pi}{2}$$

両辺の絶対値と偏角を比較すると

$$r^2=1, \quad 2\theta=\frac{\pi}{2}+2k\pi \quad (k \text{ は整数})$$

$r>0$ であるから $\qquad r=1$ …… ②

また $\qquad \theta=\dfrac{\pi}{4}+k\pi$

$0\le\theta<2\pi$ の範囲では，$k=0$, 1 であるから

$$\theta=\frac{\pi}{4}, \ \frac{5}{4}\pi \quad\cdots\cdots ③$$

②，③ を ① に代入して，求める解は

$$z=\frac{1}{\sqrt{2}}+\frac{1}{\sqrt{2}}i, \ -\frac{1}{\sqrt{2}}-\frac{1}{\sqrt{2}}i$$

この解を複素数平面上に図示すると，図 のようになる。 答

(2) $\qquad z^4=r^4(\cos 4\theta+i\sin 4\theta)$

また，-4 を極形式で表すと

$\qquad\qquad -4=4(\cos\pi+i\sin\pi)$

よって

$\qquad\qquad r^4(\cos 4\theta+i\sin 4\theta)=4(\cos\pi+i\sin\pi)$

両辺の絶対値と偏角を比較すると

$\qquad\qquad r^4=4, \quad 4\theta=\pi+2k\pi \quad (k は整数)$

$r>0$ であるから $\qquad r=\sqrt{2} \quad\cdots\cdots$ ②

また $\qquad \theta=\dfrac{\pi}{4}+\dfrac{k\pi}{2}$

$0\leqq\theta<2\pi$ の範囲では，$k=0, 1, 2, 3$ であるから

$\qquad \theta=\dfrac{\pi}{4}, \dfrac{3}{4}\pi, \dfrac{5}{4}\pi, \dfrac{7}{4}\pi \quad\cdots\cdots$ ③

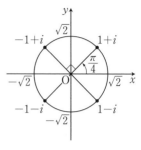

②，③ を ① に代入して，求める解は

$\qquad z=1+i, -1+i, -1-i, 1-i$

この解を複素数平面上に図示すると，図 のようになる。 答

(3) $\qquad z^2=r^2(\cos 2\theta+i\sin 2\theta)$

また，$1+\sqrt{3}\,i$ を極形式で表すと

$\qquad\qquad 1+\sqrt{3}\,i=2\left(\cos\dfrac{\pi}{3}+i\sin\dfrac{\pi}{3}\right)$

よって

$\qquad\qquad r^2(\cos 2\theta+i\sin 2\theta)=2\left(\cos\dfrac{\pi}{3}+i\sin\dfrac{\pi}{3}\right)$

両辺の絶対値と偏角を比較すると

$\qquad\qquad r^2=2, \quad 2\theta=\dfrac{\pi}{3}+2k\pi \quad (k は整数)$

$r>0$ であるから $\qquad r=\sqrt{2} \quad\cdots\cdots$ ②

また $\qquad \theta=\dfrac{\pi}{6}+k\pi$

$0\leqq\theta<2\pi$ の範囲では，$k=0, 1$ であるから

$\qquad \theta=\dfrac{\pi}{6}, \dfrac{7}{6}\pi \quad\cdots\cdots$ ③

②，③ を ① に代入して，求める解は

$\qquad z=\dfrac{\sqrt{6}}{2}+\dfrac{\sqrt{2}}{2}i, -\dfrac{\sqrt{6}}{2}-\dfrac{\sqrt{2}}{2}i$

この解を複素数平面上に図示すると，図 のようになる。 答

4 複素数と図形

まとめ

1 線分の内分点，外分点

2点 $A(\alpha)$，$B(\beta)$ を結ぶ線分 AB を $m:n$ に内分する点を $C(\gamma)$，$m:n$ に外分する点を $D(\delta)$ とすると

$$\text{内分点} \quad \gamma = \frac{n\alpha + m\beta}{m+n} \qquad \text{外分点} \quad \delta = \frac{-n\alpha + m\beta}{m-n}$$

とくに，線分 AB の中点を表す複素数は $\dfrac{\alpha+\beta}{2}$

2 円

点 $A(\alpha)$ を中心とする半径 r の円上の点を $P(z)$ とすると $AP = r$ であるから，方程式 $|z - \alpha| = r$ を満たす点 z 全体は，点 A を中心とする半径 r の円である。
とくに，原点を中心とする半径 r の円は，方程式 $|z| = r$ で表される。

3 方程式の表す図形 (垂直二等分線)

2点 $A(\alpha)$，$B(\beta)$ を結ぶ線分 AB の垂直二等分線上の点を $P(z)$ とすると，$AP = BP$ であるから，方程式

$$|z - \alpha| = |z - \beta|$$

を満たす点 z 全体は，線分 AB の垂直二等分線である。

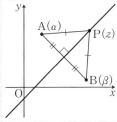

4 点 α を中心とする回転

2点 $A(\alpha)$，$B(\beta)$ について，点 B を点 A を中心として θ だけ回転した点を $C(\gamma)$ とする。このとき，γ を α，β で表すことを考えてみよう。
点 A を原点に移す平行移動によって，点 B，C がそれぞれ点 $B'(\beta')$，$C'(\gamma')$ に移るとすると

$$\beta' = \beta - \alpha, \quad \gamma' = \gamma - \alpha$$

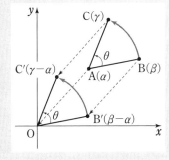

である。点 C' は，点 B' を原点を中心として θ だけ回転した点であるから，次のことが成り立つ。

点 β を点 α を中心として θ だけ回転した点を表す複素数を γ とすると

$$\gamma - \alpha = (\cos\theta + i\sin\theta)(\beta - \alpha)$$

5 半直線のなす角

異なる3点 A(α)，B(β)，C(γ) に対して，点 A を中心として半直線 AB を半直線 AC の位置まで回転させたときの角 θ を，半直線 AB から半直線 AC までの回転角という。ただし，θ は弧度法で表された一般角である。
点 A を原点に移す平行移動によって，点 B，C はそれぞれ点 B′($\beta-\alpha$)，C′($\gamma-\alpha$) に移る。θ は半直線 OB′ から半直線 OC′ までの回転角に等しいから，次が成り立つ。

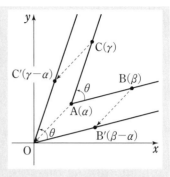

$$\theta = \arg(\gamma-\alpha) - \arg(\beta-\alpha) = \arg\frac{\gamma-\alpha}{\beta-\alpha}$$

6 共線条件，垂直条件

上の 5 において，3点 A，B，C が一直線上にある(このとき，3点は共線であるという)のは，θ が 0 または π のときであり，$\dfrac{\gamma-\alpha}{\beta-\alpha}$ は実数である。また，

2直線 AB，AC が垂直に交わるのは，θ が $\dfrac{\pi}{2}$ または $-\dfrac{\pi}{2}$ のときであり，

$\dfrac{\gamma-\alpha}{\beta-\alpha}$ は純虚数である。

異なる3点 A(α)，B(β)，C(γ) について，次のことが成り立つ。

3点 A，B，C が一直線上にある $\iff \dfrac{\gamma-\alpha}{\beta-\alpha}$ が実数

2直線 AB，AC が垂直に交わる $\iff \dfrac{\gamma-\alpha}{\beta-\alpha}$ が純虚数

A 線分の内分点，外分点

練習 21

A($1+5i$)，B($7-i$) とする。次の点を表す複素数を求めよ。

(1) 線分 AB を $1:2$ に内分する点 C

(2) 線分 AB の中点 M

(3) 線分 AB を $3:2$ に外分する点 D

指針 **線分の内分点，外分点** 2点 A(α)，B(β) を $m:n$ に内分，外分する点は

$$\text{内分点} \quad \frac{n\alpha+m\beta}{m+n} \qquad \text{外分点} \quad \frac{-n\alpha+m\beta}{m-n}$$

とくに，線分 AB の中点を表す複素数は $\dfrac{\alpha+\beta}{2}$

解答　点 C, M, D を表す複素数をそれぞれ γ, ω, δ とする。

(1)　$\gamma = \dfrac{2 \cdot (1+5i) + 1 \cdot (7-i)}{1+2} = \dfrac{9+9i}{3} = 3+3i$　答

(2)　$\omega = \dfrac{(1+5i)+(7-i)}{2} = \dfrac{8+4i}{2} = 4+2i$　答

(3)　$\delta = \dfrac{-2 \cdot (1+5i) + 3 \cdot (7-i)}{3-2} = 19-13i$　答

練習 22

3 点 A(α), B(β), C(γ) を頂点とする △ABC について，その重心を G(δ) とするとき，$\delta = \dfrac{\alpha + \beta + \gamma}{3}$ であることを示せ。

教 p.95

指針　**三角形の重心**　△ABC の重心 G は，中線 AM を 2:1 に内分する点であるから，$\delta = \dfrac{1 \cdot \alpha + 2w}{2+1}$ となる（w は M を表す複素数）。

解答　辺 BC の中点を M とすると，M を表す複素数は　$\dfrac{\beta + \gamma}{2}$

重心 G は中線 AM を 2:1 に内分するから

$$\delta = \dfrac{\alpha + 2\left(\dfrac{\beta + \gamma}{2}\right)}{2+1} = \dfrac{\alpha + \beta + \gamma}{3}$$　終

B　方程式の表す図形

練習 23

次の方程式を満たす点 z 全体は，どのような図形か。

(1)　$|z| = 2$　　　　(2)　$|z-i| = 1$　　　　(3)　$|z+1| = 4$

教 p.95

指針　**方程式の表す図形**

方程式 $|z-\alpha| = r$ $(r>0)$ を満たす点 z 全体は，点 α を中心とし，半径が r の円である。

解答　(1)　$|z-0| = 2$ であるから　　**原点を中心とする半径 2 の円**　答

(2)　**点 i を中心とする半径 1 の円**　答

(3)　方程式を変形すると　　$|z-(-1)| = 4$

よって　　**点 -1 を中心とする半径 4 の円**　答

教 p.96

練習
24
次の方程式を満たす点 z 全体は，どのような図形か。

(1) $|z-2|=|z-4i|$　　　　(2) $|z|=|z+1|$

指針　**方程式の表す図形**

(1) $|z-2|$ は，点 z と点 2 の距離を表し，$|z-4i|$ は，点 z と点 $4i$ の距離を表す。これらが等しいことから，点 z は 2 点 2 と $4i$ から等しい距離にある点である。すなわち，A(2)，B($4i$) とすると，点 z は線分 AB の垂直二等分線上にあることがわかる。

解答　(1) 2 点 A(2)，B($4i$) から等距離にある点 z 全体で，求める図形は

　　　　2 点 A(2)，B($4i$) を結ぶ線分 AB の垂直二等分線 答

　　　(2) 原点 O(0)，点 A(-1) から等距離にある点 z 全体で，求める図形は

　　　　原点 O と点 A(-1) を結ぶ線分 OA の垂直二等分線 答

教 p.97

練習
25
方程式 $2|z-3|=|z|$ を満たす点 z 全体は，どのような図形か。

指針　**方程式の表す図形（円）**　与えられた方程式の両辺を 2 乗し，絶対値の性質 $|z|^2=z\overline{z}$ を利用して，式を整理する。

解答　方程式の両辺を 2 乗すると

$$4|z-3|^2=|z|^2$$

よって　　　　　　$4(z-3)\overline{(z-3)}=z\overline{z}$

$$4(z-3)(\overline{z}-3)=z\overline{z}$$

左辺を展開して整理すると

$$z\overline{z}-4z-4\overline{z}+12=0$$

式を整理すると　　$(z-4)(\overline{z}-4)=4$

すなわち　　　　　$(z-4)\overline{(z-4)}=4$

よって　　　　　　$|z-4|^2=2^2$

したがって　　　　$|z-4|=2$

これは，**点 4 を中心とする半径 2 の円**である。　答

補足　本問の円は，図のようになる。原点 O と
点 A(3)，P(z) をとると，
$2|z-3|=|z|$ は　　$2AP=OP$
すなわち OP：AP$=2：1$ を表す。
このような円を **アポロニウスの円** という。

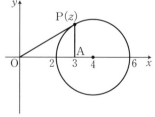

練習 26　$w=i(z+2)$ とする。点 z が原点 O を中心とする半径 1 の円上を動くとき，点 w はどのような図形を描くか。

指針　**条件を満たす点が描く図形**　条件は，「点 z が原点 O を中心とする半径 1 の円上を動くとき」であるから $|z|=1$ と表される。そこで，$w=i(z+2)$ を $z=\dfrac{w-2i}{i}$ と w の式で表し，$|z|=1$ に代入する。すると，w についての方程式が得られ，点 w の描く図形が求められる。

解答　条件から，点 z は等式 $|z|=1$ を満たす。

$w=i(z+2)$ より $z=\dfrac{w-2i}{i}$ であるから

$$|z|=\left|\frac{w-2i}{i}\right|=\frac{|w-2i|}{|i|}=|w-2i|$$

すなわち　　$|w-2i|=1$

よって，点 w は **点 $2i$ を中心とする半径 1 の円** を描く。　答

深める　練習 26 の点 z と点 w の関係を「回転」,「平行移動」という用語を用いて説明してみよう。

指針　**複素数と点の移動**　原点を点 2 に移す平行移動によって，点 z は点 $z+2$ に移る。また，点 $i(z+2)$ は，点 $z+2$ を原点を中心として $\dfrac{\pi}{2}$ だけ回転した点である。

解答　**点 w は，点 z を，原点を点 2 に移すように平行移動し，さらに原点を中心として $\dfrac{\pi}{2}$ だけ回転した点である。**　答

別解　$w=iz+2i$ であるから，**点 w は，点 z を原点を中心として $\dfrac{\pi}{2}$ だけ回転し，さらに原点を点 $2i$ に移すように平行移動した点である。**　答

C 点 α を中心とする回転

教 p.98

練習
27

$\alpha=1+i$, $\beta=5+3i$ とする。点 β を，点 α を中心として $\dfrac{\pi}{6}$ だけ回転した点を表す複素数 γ を求めよ。

指針 **原点以外の点を中心とする回転**　点$(\gamma-\alpha)$は点$(\beta-\alpha)$を原点を中心に $\dfrac{\pi}{6}$ だけ回転した点である。

解答 $\gamma-\alpha=\left(\cos\dfrac{\pi}{6}+i\sin\dfrac{\pi}{6}\right)(\beta-\alpha)$ であるから

$$\gamma=\left(\cos\dfrac{\pi}{6}+i\sin\dfrac{\pi}{6}\right)\{(5+3i)-(1+i)\}+(1+i)$$

$$=\left(\dfrac{\sqrt{3}}{2}+\dfrac{1}{2}i\right)(4+2i)+(1+i)=2\sqrt{3}+(\sqrt{3}+3)\,i\ \ 答$$

D 半直線のなす角

教 p.99

練習
28

3 点 O，A$(-1+2i)$，B$(1+3i)$について，半直線 OA から半直線 OB までの回転角 θ を求めよ。ただし，$-\pi<\theta\leqq\pi$ とする。

指針 **半直線のなす角**　原点 O，A(α)，B(β) に対して，半直線 OB まで回転角を θ とすると　　$\theta=\arg\beta-\arg\alpha=\arg\dfrac{\beta}{\alpha}$

解答 $\alpha=-1+2i$, $\beta=1+3i$ とすると

$$\dfrac{\beta}{\alpha}=\dfrac{1+3i}{-1+2i}=\dfrac{(1+3i)(-1-2i)}{(-1+2i)(-1-2i)}$$

$$=1-i$$

$$=\sqrt{2}\left\{\cos\left(-\dfrac{\pi}{4}\right)+i\sin\left(-\dfrac{\pi}{4}\right)\right\}$$

よって　　$\theta=\arg\dfrac{\beta}{\alpha}=-\dfrac{\pi}{4}$　答

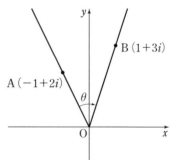

練習
29

3点 A(1)，B($-2+2i$)，C($2-5i$)に対して，半直線 AB から半直線 AC までの回転角 θ を求めよ。ただし，$-\pi < \theta \leqq \pi$ とする。

教 p.100

指針 **半直線のなす角** A(α)，B(β)，C(γ)のとき，複素数 $w = \dfrac{\gamma - \alpha}{\beta - \alpha}$ を考え，$\arg w$ を求める。

解答 $\alpha = 1$，$\beta = -2+2i$，$\gamma = 2-5i$ とする。

$$\frac{\gamma - \alpha}{\beta - \alpha} = \frac{1-5i}{-3+2i} = \frac{(1-5i)(-3-2i)}{(-3+2i)(-3-2i)}$$

$$= -1 + i$$

$$= \sqrt{2}\left(\cos\frac{3}{4}\pi + i\sin\frac{3}{4}\pi\right)$$

よって $\theta = \arg\dfrac{\gamma - \alpha}{\beta - \alpha} = \dfrac{3}{4}\pi$ 答

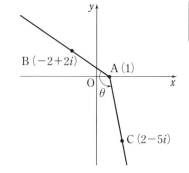

B($-2+2i$)

A(1)

O

θ

C($2-5i$)

研究 複素数平面上の3点の位置関係

練習
1

3点 A($-1+i$)，B($3-i$)，C($x+3i$)について，次の問いに答えよ。ただし，x は実数とする。

教 p.101

(1) 2直線 AB，AC が垂直に交わるように，x の値を定めよ。

(2) 3点 A，B，C が一直線上にあるように，x の値を定めよ。

指針 **垂直条件・共線条件** 3点 A(α)，B(β)，C(γ)とすると

(1) 2直線 AB，AC が垂直に交わる $\iff$ $\dfrac{\gamma - \alpha}{\beta - \alpha}$ が純虚数

(2) 3点 A，B，C が一直線上にある $\iff$ $\dfrac{\gamma - \alpha}{\beta - \alpha}$ が実数

解答 $\dfrac{(x+3i)-(-1+i)}{(3-i)-(-1+i)} = \dfrac{(x+1)+2i}{4-2i} = \dfrac{\{(x+1)+2i\}(4+2i)}{(4-2i)(4+2i)}$

$$= \frac{2x + (x+5)i}{10} \quad \cdots\cdots ①$$

(1) 2直線 AB，AC が垂直に交わるのは，① が純虚数のときであるから

$$2x = 0 \quad \text{かつ} \quad x+5 \neq 0$$

よって $x = 0$ 答

(2) 3点 A，B，C が一直線上にあるのは，① が実数のときであるから

$$x + 5 = 0$$

よって $x = -5$ 答

第3章 / 補充問題

教 p.102

1 $\alpha=5+\sqrt{3}\,i$ とする。複素数平面上の3点0，α，β を頂点とする三角形が，正三角形であるとき，β の値を求めよ。

指針 **正三角形をつくる点** 3点 O，A(α)，B(β) が正三角形をつくるとき，

OA=OB，$\angle$AOB$=\dfrac{\pi}{3}$ である。よって，点 β は，点 α を原点を中心とし

て $\dfrac{\pi}{3}$ または $-\dfrac{\pi}{3}$ だけ回転した点である。

解答 点 β は，点 α を原点を中心として $\dfrac{\pi}{3}$ または

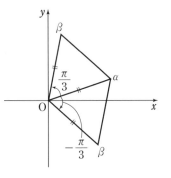

$-\dfrac{\pi}{3}$ だけ回転した点であるから

$$\beta=\left(\cos\frac{\pi}{3}+i\sin\frac{\pi}{3}\right)\alpha$$

$$=\left(\frac{1}{2}+\frac{\sqrt{3}}{2}i\right)(5+\sqrt{3}\,i)=1+3\sqrt{3}\,i$$

または

$$\beta=\left\{\cos\left(-\frac{\pi}{3}\right)+i\sin\left(-\frac{\pi}{3}\right)\right\}\alpha$$

$$=\left(\frac{1}{2}-\frac{\sqrt{3}}{2}i\right)(5+\sqrt{3}\,i)=4-2\sqrt{3}\,i$$

よって $\beta=1+3\sqrt{3}\,i$ または $\beta=4-2\sqrt{3}\,i$ 答

教 p.102

2 複素数平面上の異なる3点 $A(\alpha)$, $B(\beta)$, $C(\gamma)$ について, 等式
$$\gamma = (1+\sqrt{3}\,i)\beta - \sqrt{3}\,i\alpha$$
が成り立つとき, 次の問いに答えよ。

(1) 複素数 $\dfrac{\gamma-\alpha}{\beta-\alpha}$ の値を求めよ。

(2) △ABC の3つの角の大きさを求めよ。

指針 **複素数平面と図形** $\left|\dfrac{\gamma-\alpha}{\beta-\alpha}\right|$ および $\arg\dfrac{\gamma-\alpha}{\beta-\alpha}$ の値から, 三角形の形状を調べる。$\left|\dfrac{\gamma-\alpha}{\beta-\alpha}\right|$ から辺の大きさがわかり, $\arg\dfrac{\gamma-\alpha}{\beta-\alpha}$ から角の大きさがわかる。

解答 (1) 等式から $\gamma = (1+\sqrt{3}\,i)(\beta-\alpha)+\alpha$

すなわち $\gamma-\alpha = (1+\sqrt{3}\,i)(\beta-\alpha)$

よって $\dfrac{\gamma-\alpha}{\beta-\alpha} = 1+\sqrt{3}\,i$ 答

(2) (1) より
$$\frac{\gamma-\alpha}{\beta-\alpha} = 1+\sqrt{3}\,i = 2\left(\cos\frac{\pi}{3}+i\sin\frac{\pi}{3}\right)$$

$\left|\dfrac{\gamma-\alpha}{\beta-\alpha}\right|=2$ から $2|\beta-\alpha|=|\gamma-\alpha|$

2AB=AC であるから AB : AC = 1 : 2

また, $\arg\dfrac{\gamma-\alpha}{\beta-\alpha}=\dfrac{\pi}{3}$ から $\angle A=\dfrac{\pi}{3}$

よって, △ABC は図のような直角三角形で

$\angle A=\dfrac{\pi}{3}$, $\angle B=\dfrac{\pi}{2}$, $\angle C=\dfrac{\pi}{6}$ 答

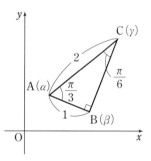

第3章　章末問題 A

教 p.103

1. $|z|=2$ かつ $|z+3|=3$ を満たす複素数 z について，次の値を求めよ。

(1) $z\overline{z}$ (2) $z+\overline{z}$

指針 **共役複素数の性質**

(2) $|z+3|^2=9$ から $(z+3)(\overline{z+3})=9$

展開し，(1)を利用して式を整理する。

解答 (1) $z\overline{z}=|z|^2=2^2=4$ 答

(2) $|z+3|=3$ の両辺を2乗すると $|z+3|^2=9$

よって $(z+3)(\overline{z+3})=9$ すなわち $(z+3)(\overline{z}+3)=9$

左辺を展開して整理すると $z\overline{z}+3z+3\overline{z}=0$

(1)より，$z\overline{z}=4$ であるから $4+3(z+\overline{z})=0$

したがって $z+\overline{z}=-\dfrac{4}{3}$ 答

教 p.103

2. 次の式を計算せよ。

(1) $\left(\dfrac{1+\sqrt{3}\,i}{1-i}\right)^6$ (2) $\left\{\left(\dfrac{\sqrt{3}+i}{2}\right)^8+\left(\dfrac{\sqrt{3}-i}{2}\right)^8\right\}^2$

指針 $(a+bi)^n$ **の値**

(1) まず，$1+\sqrt{3}\,i$ と $1-i$ を極形式で表し，極形式で表された複素数の商の公式を利用して，( )内を極形式で表す。

$$\frac{\cos\theta_1+i\sin\theta_1}{\cos\theta_2+i\sin\theta_2}=\cos(\theta_1-\theta_2)+i\sin(\theta_1-\theta_2)$$

そして，ド・モアブルの定理を利用して求める。

(2) $\dfrac{\sqrt{3}+i}{2}$，$\dfrac{\sqrt{3}-i}{2}$ を極形式で表し，ド・モアブルの定理を利用する。

解答 (1) $1+\sqrt{3}\,i=2\left(\dfrac{1}{2}+\dfrac{\sqrt{3}}{2}i\right)=2\left(\cos\dfrac{\pi}{3}+i\sin\dfrac{\pi}{3}\right)$

$1-i=\sqrt{2}\left(\dfrac{1}{\sqrt{2}}-\dfrac{1}{\sqrt{2}}i\right)=\sqrt{2}\left\{\cos\left(-\dfrac{\pi}{4}\right)+i\sin\left(-\dfrac{\pi}{4}\right)\right\}$

ゆえに $(1+\sqrt{3}\,i)^6=2^6(\cos 2\pi+i\sin 2\pi)=64$

$(1-i)^6=(\sqrt{2})^6\left\{\cos\left(-\dfrac{3}{2}\pi\right)+i\sin\left(-\dfrac{3}{2}\pi\right)\right\}=8i$

よって $\left(\dfrac{1+\sqrt{3}\,i}{1-i}\right)^6=\dfrac{(1+\sqrt{3}\,i)^6}{(1-i)^6}=\dfrac{64}{8i}=\dfrac{8}{i}=-8i$ 答

(2) $\dfrac{\sqrt{3}+i}{2}=\cos\dfrac{\pi}{6}+i\sin\dfrac{\pi}{6}$

$\dfrac{\sqrt{3}-i}{2}=\cos\left(-\dfrac{\pi}{6}\right)+i\sin\left(-\dfrac{\pi}{6}\right)$

ゆえに $\left(\dfrac{\sqrt{3}+i}{2}\right)^{8}+\left(\dfrac{\sqrt{3}-i}{2}\right)^{8}$

$=\left(\cos\dfrac{4}{3}\pi+i\sin\dfrac{4}{3}\pi\right)+\left\{\cos\left(-\dfrac{4}{3}\pi\right)+i\sin\left(-\dfrac{4}{3}\pi\right)\right\}$

$=2\cos\dfrac{4}{3}\pi=2\cdot\left(-\dfrac{1}{2}\right)=-1$

よって $\left\{\left(\dfrac{\sqrt{3}+i}{2}\right)^{8}+\left(\dfrac{\sqrt{3}-i}{2}\right)^{8}\right\}^{2}=(-1)^{2}=1$ 答

教 p.103

3. $\alpha=1+i$, $\beta=5+3i$ とする。複素数平面上で 3 点 A(α), B(β), C(γ) を頂点とする正三角形 ABC を作るとき，複素数 γ を求めよ。

指針 **正三角形の頂点を表す複素数** AB＝AC, $\angle$BAC＝$\dfrac{\pi}{3}$ であるから，点 C(γ) は，点 B(β) を点 A(α) を中心として $\dfrac{\pi}{3}$ または $-\dfrac{\pi}{3}$ だけ回転した点である。

よって $\gamma-\alpha=\left\{\cos\left(\pm\dfrac{\pi}{3}\right)+i\sin\left(\pm\dfrac{\pi}{3}\right)\right\}(\beta-\alpha)$ （複号同順）

解答 点 β を，点 α を中心として $\dfrac{\pi}{3}$ または $-\dfrac{\pi}{3}$ だ

け回転した点が点 γ である。

$\gamma-\alpha=\left(\cos\dfrac{\pi}{3}+i\sin\dfrac{\pi}{3}\right)(\beta-\alpha)$ のとき

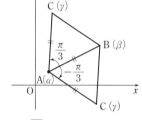

$\gamma=\left(\cos\dfrac{\pi}{3}+i\sin\dfrac{\pi}{3}\right)\{(5+3i)-(1+i)\}$

$+(1+i)$

$=\left(\dfrac{1}{2}+\dfrac{\sqrt{3}}{2}i\right)(4+2i)+(1+i)=(3-\sqrt{3})+(2+2\sqrt{3})i$

$\gamma-\alpha=\left\{\cos\left(-\dfrac{\pi}{3}\right)+i\sin\left(-\dfrac{\pi}{3}\right)\right\}(\beta-\alpha)$ のとき

$\gamma=\left\{\cos\left(-\dfrac{\pi}{3}\right)+i\sin\left(-\dfrac{\pi}{3}\right)\right\}\{(5+3i)-(1+i)\}+(1+i)$

$=\left(\dfrac{1}{2}-\dfrac{\sqrt{3}}{2}i\right)(4+2i)+(1+i)=(3+\sqrt{3})+(2-2\sqrt{3})i$

よって

$\gamma=(3-\sqrt{3})+(2+2\sqrt{3})i$ または $\gamma=(3+\sqrt{3})+(2-2\sqrt{3})i$ 答

第3章　章末問題B

教 p.103

4. 方程式 $z^5=1$ の解 z について，次の問いに答えよ。

   (1) $z^5-1=(z-1)(z^4+z^3+z^2+z+1)$ を用いて $z+\dfrac{1}{z}$ の値を求めよ。

   (2) $\cos\dfrac{4}{5}\pi$ の値を求めよ。

指針 **方程式 $z^n=1$ の解の性質**

(1) $z-1=0$ の場合と $z^4+z^3+z^2+z+1=0$ の場合に分けて考える。

$z^4+z^3+z^2+z+1=0$ のときは，$z=0$ は解でないから両辺を z^2 で割ると

$$z^2+z+1+\frac{1}{z}+\frac{1}{z^2}=0$$

これを $z+\dfrac{1}{z}$ の式に変形する。

(2) $z=\cos\dfrac{4}{5}\pi+i\sin\dfrac{4}{5}\pi$ とすると　　$\overline{z}=\cos\dfrac{4}{5}\pi-i\sin\dfrac{4}{5}\pi$

よって，$z+\dfrac{1}{z}=2\cos\dfrac{4}{5}\pi$ であり，(1) を利用できる。

解答 (1) $z^5=1$ より　　$z^5-1=0$

よって　　　　　　$(z-1)(z^4+z^3+z^2+z+1)=0$

したがって　　　$z-1=0$　または　$z^4+z^3+z^2+z+1=0$

[1] $z-1=0$ すなわち $z=1$ のとき　　$z+\dfrac{1}{z}=2$

[2] $z^4+z^3+z^2+z+1=0$　……① のとき

$z=0$ は解でないから，① の両辺を z^2 で割ると

$$z^2+z+1+\frac{1}{z}+\frac{1}{z^2}=0$$

すなわち　　$\left(z^2+\dfrac{1}{z^2}\right)+\left(z+\dfrac{1}{z}\right)+1=0$

$z^2+\dfrac{1}{z^2}=\left(z+\dfrac{1}{z}\right)^2-2$ であるから

$$\left(z+\frac{1}{z}\right)^2+\left(z+\frac{1}{z}\right)-1=0$$

これを解いて　　$z+\dfrac{1}{z}=\dfrac{-1\pm\sqrt{5}}{2}$

[1]，[2] より　　　$z+\dfrac{1}{z}=2,\ \dfrac{-1\pm\sqrt{5}}{2}$　答

(2)　$z=\cos\dfrac{4}{5}\pi+i\sin\dfrac{4}{5}\pi$ とすると

$$z^5=\left(\cos\dfrac{4}{5}\pi+i\sin\dfrac{4}{5}\pi\right)^5=\cos4\pi+i\sin4\pi=1$$

$|z|=1$ より，$|z|^2=1$ であるから　　$z\bar{z}=1$　　すなわち　　$\dfrac{1}{z}=\bar{z}$

よって　　　　　$z+\dfrac{1}{z}=z+\bar{z}=2\cos\dfrac{4}{5}\pi$

$\cos\dfrac{4}{5}\pi<0$ と (1) の結果より　　$2\cos\dfrac{4}{5}\pi=\dfrac{-1-\sqrt{5}}{2}$

したがって　　$\boldsymbol{\cos\dfrac{4}{5}\pi=\dfrac{-1-\sqrt{5}}{4}}$　答

教 p.103

5. 複素数平面上の 3 点 $A(1+i)$，$B(-2-3i)$，$C(5-2i)$ を頂点とする
　△ABC について，次のものを求めよ。

　　(1)　∠A の大きさ　　　　　　(2)　外接円の中心を表す複素数 δ

指針　**三角形の角の大きさ，外心**

　(1)　半直線 AB から半直線 AC までの回転角 θ を求める。

　(2)　(1) より $\angle A=\dfrac{\pi}{2}$ であるから，△ABC は直角三角形である。よって，外接

　　　円の中心は辺 BC の中点であり，それを表す複素数は $\dfrac{\beta+\gamma}{2}$ である。

解答　$\alpha=1+i$，$\beta=-2-3i$，$\gamma=5-2i$ とする。

　(1)　半直線 AB から半直線 AC までの
　　　回転角 θ を求める。

$$\dfrac{\gamma-\alpha}{\beta-\alpha}=\dfrac{4-3i}{-3-4i}$$
$$=-\dfrac{(4-3i)(3-4i)}{(3+4i)(3-4i)}=i$$

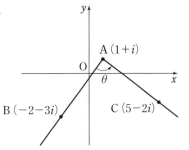

　　　θ の範囲を $-\pi<\theta\leqq\pi$ として考え

　　　ると　　　$\theta=\arg\dfrac{\gamma-\alpha}{\beta-\alpha}=\dfrac{\pi}{2}$

　　　よって　　$\boldsymbol{\angle A=\dfrac{\pi}{2}}$　答

　(2)　$\angle A=\dfrac{\pi}{2}$ より，△ABC の外接円の中心は，辺 BC の中点である。

　　　よって，求める複素数 δ は

$$\delta=\dfrac{\beta+\gamma}{2}=\dfrac{(-2-3i)+(5-2i)}{2}=\dfrac{3}{2}-\dfrac{5}{2}i$$　答

教 p.103

6. 0 でない 2 つの複素数 α，β が等式 $4\alpha^2-2\alpha\beta+\beta^2=0$ を満たす。

(1) $\dfrac{\beta}{\alpha}$ を極形式で表せ。ただし，偏角 θ の範囲は $-\pi<\theta\leqq\pi$ とする。

(2) 複素数平面上の 3 点 0，α，β を頂点とする三角形の 3 つの角の大きさを求めよ。

指針 **等式を満たす複素数，三角形の角の大きさ**

(1) α は 0 でない複素数であるから，等式 $4\alpha^2-2\alpha\beta+\beta^2=0$ の両辺を α^2 で割り，$\left(\dfrac{\beta}{\alpha}\right)^2-2\left(\dfrac{\beta}{\alpha}\right)+4=0$ と変形して，まず，$\dfrac{\beta}{\alpha}$ を求める。

(2) O(0)，A(α)，B(β) とすると，(1) から $\angle$AOB の大きさがわかる。また，$\left|\dfrac{\beta}{\alpha}\right|=2$ から，$|\beta|=2|\alpha|$ すなわち OB$=2$OA となり，$\triangle$OAB の形状がわかる。このことから 3 つの角を求める。

解答 (1) 等式の両辺を $\alpha^2(\neq 0)$ で割ると

$$4-\dfrac{2\beta}{\alpha}+\dfrac{\beta^2}{\alpha^2}=0 \qquad \text{すなわち} \qquad \left(\dfrac{\beta}{\alpha}\right)^2-2\left(\dfrac{\beta}{\alpha}\right)+4=0$$

よって　　$\dfrac{\beta}{\alpha}=1\pm\sqrt{1-4}=1\pm\sqrt{3}\,i=2\left(\dfrac{1}{2}\pm\dfrac{\sqrt{3}}{2}i\right)$

偏角 θ について $-\pi<\theta\leqq\pi$ であるから

$$\dfrac{\beta}{\alpha}=2\left(\cos\dfrac{\pi}{3}+i\sin\dfrac{\pi}{3}\right),\ 2\left\{\cos\left(-\dfrac{\pi}{3}\right)+i\sin\left(-\dfrac{\pi}{3}\right)\right\} \quad \boxed{\text{答}}$$

(2) (1) より　　$\dfrac{\beta-0}{\alpha-0}=2\left(\cos\dfrac{\pi}{3}+i\sin\dfrac{\pi}{3}\right),$

$$\dfrac{\beta-0}{\alpha-0}=2\left\{\cos\left(-\dfrac{\pi}{3}\right)+i\sin\left(-\dfrac{\pi}{3}\right)\right\}$$

であるから，O(0)，A(α)，B(β) とすると

$$\angle\text{AOB}=\dfrac{\pi}{3}$$

また　　$\left|\dfrac{\beta-0}{\alpha-0}\right|=\left|\dfrac{\beta}{\alpha}\right|=2$

ゆえに　　OB$=2$OA

よって，$\triangle$OAB は，$\angle\text{A}=\dfrac{\pi}{2}$ の直角三角形である

から，求める 3 つの角の大きさは

$$\dfrac{\pi}{3},\ \dfrac{\pi}{2},\ \dfrac{\pi}{6} \quad \boxed{\text{答}}$$

第4章 | 式と曲線

第1節 2次曲線

1 放物線

1 放物線

平面上で，定点Fからの距離と，Fを通らない定直線ℓからの距離が等しい点の軌跡を **放物線** といい，この点Fを放物線の **焦点**，直線ℓを放物線の **準線** という。

2 放物線の方程式（標準形）

次の① は放物線を表す。

$$y^2=4px \ (p\neq0) \quad \cdots\cdots ①$$

この方程式を放物線の **標準形** という。また，放物線の焦点を通り，準線に垂直な直線を，放物線の **軸** といい，軸と放物線の交点を，放物線の **頂点** という。放物線は，その軸に関して対称である。

3 放物線の標準形 $y^2=4px \ (p\neq0)$ の特徴

[1] 焦点は点$(p, 0)$，準線は直線 $x=-p$

[2] 軸はx軸，頂点は原点O

[3] 曲線はx軸に関して対称

4 放物線の方程式（y軸が軸となる場合）

点$F(0, p)$を焦点とし，直線$y=-p$を準線とする放物線の方程式は

$$x^2=4py \quad (p\neq0)$$

この放物線はy軸が軸になる。なお，放物線$y=ax^2$は，$x^2=4\cdot\dfrac{1}{4a}y$と表されるから，その焦点は点$\left(0, \dfrac{1}{4a}\right)$，準線は直線$y=-\dfrac{1}{4a}$である。

A 放物線の方程式

練習 1 次の放物線の概形をかけ。また，その焦点と準線を求めよ。

(1) $y^2=4x$ (2) $y^2=-12x$ (3) $y^2=-x$

指針 **放物線の方程式（標準形）**　与えられた方程式は $y^2=4px$ の形である。p の値を求めると，焦点 $(p,\ 0)$ と準線 $x=-p$ がわかる。

解答 (1) $y^2=4x$ から　$y^2=4\cdot1\cdot x$

概形は図 のようになる。

焦点は　　点 $(1,\ 0)$

準線は　　直線 $x=-1$ 答

(2) $y^2=-12x$ から　$y^2=4\cdot(-3)x$

概形は図 のようになる。

焦点は　　点 $(-3,\ 0)$

準線は　　直線 $x=3$ 答

(3) $y^2=-x$ から　$y^2=4\cdot\left(-\dfrac{1}{4}\right)\cdot x$

概形は図 のようになる。

焦点は　　点 $\left(-\dfrac{1}{4},\ 0\right)$

準線は　　直線 $x=\dfrac{1}{4}$ 答

(1) 　(2) 　(3)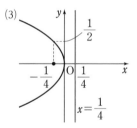

練習 2 焦点が点 $(3,0)$ で準線が直線 $x=-3$ である放物線の方程式を求めよ。

指針 **放物線の方程式**　焦点 $(p,\ 0)$ と準線 $x=-p$ が与えられているから，放物線の標準形 $y^2=4px$ にあてはめて求める。

解答 　　　　　$y^2=4\cdot3x$

すなわち　$y^2=12x$ 答

B y 軸が軸となる放物線

練習
3
次の放物線の概形をかけ。また，その焦点と準線を求めよ。

(1) $x^2=4y$ (2) $y=-2x^2$

指針 **放物線の方程式（y 軸が軸となる場合）** $x^2=4py$ の形の方程式で表される曲線は，y 軸を軸とする放物線であり，焦点は点 $(0,\ p)$，準線は直線 $y=-p$ である。与えられた式を $x^2=4py$ としたときの p の値を求めると，焦点，準線がわかり，その概形をかくことができる。

(2)は，$y=-2x^2 \longrightarrow -2x^2=y \longrightarrow x^2=-\dfrac{1}{2}y$ として考える。

解答 (1) $x^2=4y$ から $\qquad x^2=4\cdot1\cdot y$

概形は図 のようになる。

焦点は $\qquad$ 点 $(0,\ 1)$

準線は $\qquad$ 直線 $y=-1$ 答

(2) $y=-2x^2$ から $\qquad x^2=4\cdot\left(-\dfrac{1}{8}\right)y$

概形は図 のようになる。

焦点は $\qquad$ 点 $\left(0,\ -\dfrac{1}{8}\right)$

準線は $\qquad$ 直線 $y=\dfrac{1}{8}$ 答

(1)

(2)
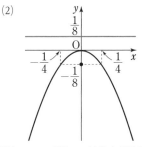

注意 放物線 $y^2=4px$ と放物線 $x^2=4py$ は，直線 $y=x$ に関して対称な関係にある。

2 楕円

1 楕円

平面上で，2定点 F，F′ からの距離の和が一定である点の軌跡を **楕円** といい，この2点 F，F′ を楕円の **焦点** という。

2 楕円の方程式（標準形）

次の ① は楕円の方程式である。

$$\frac{x^2}{a^2}+\frac{y^2}{b^2}=1 \ (a>b>0) \quad \cdots\cdots ①$$

この方程式を楕円の **標準形** という。

① は2定点 F$(c, 0)$，F′$(-c, 0)$ からの距離の和が $2a$ の楕円の方程式である。ただし，$c=\sqrt{a^2-b^2}$ である。

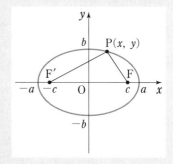

3 楕円の長軸，短軸，中心，頂点

2点 F，F′ を焦点とする楕円において，直線 FF′ と楕円の交点を A，A′，線分 AA′ の垂直二等分線と楕円の交点を B，B′ とするとき，線分 AA′ を **長軸**，線分 BB′ を **短軸** という。焦点は長軸上にある。また，長軸と短軸の交点を **中心**，4点 A，A′，B，B′ を楕円の **頂点** という。楕円は，長軸，短軸，中心に関して対称である。

楕円 $\frac{x^2}{a^2}+\frac{y^2}{b^2}=1$ について，頂点は4点

$(a, 0)$，$(-a, 0)$，$(0, b)$，$(0, -b)$ で，中心は原点 O である。

4 楕円の標準形 $\frac{x^2}{a^2}+\frac{y^2}{b^2}=1 \ (a>b>0)$ の特徴

[1] 焦点は2点 $(\sqrt{a^2-b^2}, 0)$，$(-\sqrt{a^2-b^2}, 0)$

[2] 楕円上の点から2つの焦点までの距離の和は $2a$

[3] 長軸の長さは $2a$，短軸の長さは $2b$

[4] 曲線は x 軸，y 軸，原点 O に関して対称

5 楕円の方程式（焦点が y 軸上にある場合）

方程式 $\dfrac{x^2}{a^2}+\dfrac{y^2}{b^2}=1$ は，$b>a>0$ のとき，焦点

が y 軸上にある楕円を表す。2 つの焦点 F，F′
の座標は

$\quad$ F$(0,\ \sqrt{b^2-a^2}\,)$，F′$(0,\ -\sqrt{b^2-a^2}\,)$

この楕円上の点から 2 つの焦点までの距離の
和は $2b$ である。また，長軸は y 軸上，短軸は
x 軸上にあり，長軸の長さは $2b$，短軸の長さ
は $2a$ である。

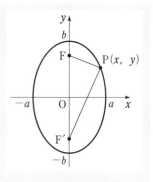

6 円と楕円

楕円 $\dfrac{x^2}{a^2}+\dfrac{y^2}{b^2}=1$ は，円 $x^2+y^2=a^2$ を，x 軸を

もとにして y 軸方向に $\dfrac{b}{a}$ 倍して得られる曲線

である。

補足 円は楕円の特別な場合であると考えることが
できる。

7 軌跡と楕円

長さが一定の線分 AB の端点 A が x 軸上，B が y
軸上を動くとき，線分 AB を $m:n$ に内分する点
P の軌跡は楕円になる。

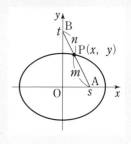

4章

式と曲線

A 楕円の方程式

教 p.109

練習
4

次の楕円の概形をかけ。また，その焦点，長軸の長さ，短軸の長さ
を求めよ。

(1)　$\dfrac{x^2}{5^2}+\dfrac{y^2}{3^2}=1$　　　(2)　$\dfrac{x^2}{9}+y^2=1$　　　(3)　$x^2+4y^2=8$

指針 **楕円の標準形**　方程式 $\dfrac{x^2}{a^2}+\dfrac{y^2}{b^2}=1\ (a>b>0)$ において，焦点は 2 点

$(\sqrt{a^2-b^2},\ 0)$，$(-\sqrt{a^2-b^2},\ 0)$ で，長軸の長さは $2a$，短軸の長さは $2b$ と表
される。

解答 (1) $\dfrac{x^2}{5^2}+\dfrac{y^2}{3^2}=1$ から

概形は図のようになる。

焦点は，$\sqrt{5^2-3^2}=4$ より

2点 $(4,\ 0)$，$(-4,\ 0)$

長軸の長さは　$2\cdot5=10$

短軸の長さは　$2\cdot3=6$　答

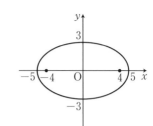

(2) $\dfrac{x^2}{9}+y^2=1$ から　$\dfrac{x^2}{3^2}+\dfrac{y^2}{1^2}=1$

概形は図のようになる。

焦点は，$\sqrt{3^2-1^2}=2\sqrt{2}$ より

2点 $(2\sqrt{2},\ 0)$，$(-2\sqrt{2},\ 0)$

長軸の長さは　$2\cdot3=6$

短軸の長さは　$2\cdot1=2$　答

(3) $x^2+4y^2=8$ から　$\dfrac{x^2}{8}+\dfrac{y^2}{2}=1$

すなわち　$\dfrac{x^2}{(2\sqrt{2})^2}+\dfrac{y^2}{(\sqrt{2})^2}=1$

概形は図のようになる。

焦点は，$\sqrt{(2\sqrt{2})^2-(\sqrt{2})^2}=\sqrt{6}$ より

2点 $(\sqrt{6},\ 0)$，$(-\sqrt{6},\ 0)$

長軸の長さは　$2\cdot2\sqrt{2}=4\sqrt{2}$

短軸の長さは　$2\cdot\sqrt{2}=2\sqrt{2}$　答

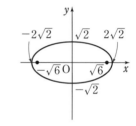

教 p.110

練習 5

次の楕円の方程式を求めよ。

(1) 2点$(2,\ 0)$，$(-2,\ 0)$を焦点とし，焦点からの距離の和が6

(2) 2点$(\sqrt{3},\ 0)$，$(-\sqrt{3},\ 0)$を焦点とし，焦点からの距離の和が4

指針 **楕円の方程式（焦点が x 軸上）**　焦点が x 軸上の2点$(c,\ 0)$，$(-c,\ 0)$で，焦点からの距離の和が $2a$ である楕円の方程式は

$$\dfrac{x^2}{a^2}+\dfrac{y^2}{b^2}=1 \quad (b=\sqrt{a^2-c^2},\ a>b>0)$$

と表される。$c=2$，$2a=6$ であることから，a^2，b^2 の値を求める。

解答 (1) 求める方程式は $\dfrac{x^2}{a^2}+\dfrac{y^2}{b^2}=1\ (a>b>0)$ とおける。

焦点からの距離の和について，$2a=6$ であるから　　$a=3$

よって　　$a^2=9$

焦点の座標について，$\sqrt{a^2-b^2}=2$ であるから

$$b^2=a^2-2^2=9-4=5$$

したがって，求める楕円の方程式は　　$\dfrac{x^2}{9}+\dfrac{y^2}{5}=1$　答

(2)　求める方程式を $\dfrac{x^2}{a^2}+\dfrac{y^2}{b^2}=1\ (a>b>0)$ とおける。

焦点からの距離の和について，$2a=4$ であるから　　$a=2$

よって　　$a^2=4$

焦点の座標について，$\sqrt{a^2-b^2}=\sqrt{3}$ であるから

$$b^2=a^2-(\sqrt{3})^2=4-3=1$$

したがって，求める楕円の方程式は　　$\dfrac{x^2}{4}+y^2=1$　答

B 焦点が y 軸上にある楕円

練習 **6**　次の楕円の概形をかけ。また，その焦点，長軸の長さ，短軸の長さ
を求めよ。

(1)　$\dfrac{x^2}{2^2}+\dfrac{y^2}{3^2}=1$　　　　　　(2)　$x^2+\dfrac{y^2}{9}=1$

指針　**楕円の方程式（焦点が y 軸上）**　楕円 $\dfrac{x^2}{a^2}+\dfrac{y^2}{b^2}=1$ は，$b>a>0$ のとき焦点は y 軸上にあり，その座標は $(0,\ \sqrt{b^2-a^2})$，$(0,\ -\sqrt{b^2-a^2})$ である。頂点の座標は $(a,\ 0)$，$(-a,\ 0)$，$(0,\ b)$，$(0,\ -b)$ で，$b>a$ より，長軸は y 軸上，短軸は x 軸上で，y 軸方向に細長い形をしている。与えられた方程式が $b>a$ の形であることをまず確認しておく。

解答　(1)　$\dfrac{x^2}{2^2}+\dfrac{y^2}{3^2}=1$ から

概形は図 のようになる。

$2<3$ より焦点は y 軸上にある。

焦点は，$\sqrt{3^2-2^2}=\sqrt{5}$ より

　　2 点 $(0,\ \sqrt{5})$，$(0,\ -\sqrt{5})$

長軸の長さは　　$2\cdot3=6$

短軸の長さは　　$2\cdot2=4$　答

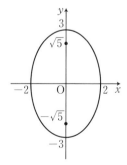

(2) $x^2+\dfrac{y^2}{9}=1$ より $\dfrac{x^2}{1^2}+\dfrac{y^2}{3^2}=1$

概形は図のようになる。

$1<3$ より焦点は y 軸上にある。

焦点は，$\sqrt{3^2-1^2}=\sqrt{8}=2\sqrt{2}$ より

2 点 $(0,\ 2\sqrt{2})$，$(0,\ -2\sqrt{2})$

長軸の長さは $2\cdot3=6$

短軸の長さは $2\cdot1=2$ 答

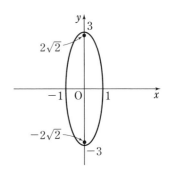

C 円と楕円

教 p.111

練習7 円 $x^2+y^2=3^2$ を，x 軸をもとにして次のように縮小または拡大して得られる楕円の方程式を求めよ。

(1) y 軸方向に $\dfrac{2}{3}$ 倍　　(2) y 軸方向に $\dfrac{4}{3}$ 倍

指針 **円と楕円** 円 $x^2+y^2=a^2$ を，x 軸をもとにして y 軸方向に $\dfrac{b}{a}$ 倍したとき，円上の点 Q$(s,\ t)$ が移る点を P$(x,\ y)$ とすると $x=s,\ y=\dfrac{b}{a}t$

よって $s=x,\ t=\dfrac{a}{b}y$

ここで，点 Q が円上にあることから，$s^2+t^2=a^2$ に代入して，x と y が満たす方程式を求める。

解答 (1) 円上の点 Q$(s,\ t)$ が移る点を P$(x,\ y)$ とすると

$$s^2+t^2=3^2 \quad \cdots\cdots ①,\quad x=s,\ y=\dfrac{2}{3}t \quad \cdots\cdots ②$$

② から $s=x,\ t=\dfrac{3}{2}y$

これらを ① に代入すると

$$x^2+\left(\dfrac{3}{2}y\right)^2=3^2 \quad すなわち \quad \dfrac{x^2}{3^2}+\dfrac{y^2}{2^2}=1$$

よって，求める楕円の方程式は $\dfrac{x^2}{9}+\dfrac{y^2}{4}=1$ 答

(2) 円上の点 Q(s, t) が移る点を P(x, y) とすると

$$s^2 + t^2 = 3^2 \quad \cdots\cdots ①, \quad x = s, \quad y = \frac{4}{3}t \quad \cdots\cdots ②$$

② から $s = x, \quad t = \frac{3}{4}y$

これらを ① に代入すると

$$x^2 + \left(\frac{3}{4}y\right)^2 = 3^2 \quad \text{すなわち} \quad \frac{x^2}{3^2} + \frac{y^2}{4^2} = 1$$

よって，求める楕円の方程式は $\dfrac{x^2}{9} + \dfrac{y^2}{16} = 1$ 答

注意 円 $x^2 + y^2 = a^2$ を，x 軸をもとにして y 軸方向に $\dfrac{b}{a}$ 倍すると楕円

$\dfrac{x^2}{a^2} + \dfrac{y^2}{b^2} = 1$ になることから楕円の方程式を求めてもよい。

(1) $a = 3, \ b = 2 \rightarrow \dfrac{x^2}{9} + \dfrac{y^2}{4} = 1$　　(2) $a = 3, \ b = 4 \rightarrow \dfrac{x^2}{9} + \dfrac{y^2}{16} = 1$

D 軌跡と楕円

練習8 教 p.112

座標平面上において，長さが 7 の線分 AB の端点 A は x 軸上に，端点 B は y 軸上を動くとき，線分 AB を 3：4 に内分する点 P の軌跡を求めよ。

指針 **軌跡と楕円** A$(s, 0)$, B$(0, t)$, P(x, y) として，長さに関する条件より s, t の満たす式を求める。一方，内分の関係により s, t を x, y で表し，代入することで s, t を消去して x, y の等式を求める。

解答 点 A は x 軸上，点 B は y 軸上を動くから，A$(s, 0)$, B$(0, t)$ とする。

AB$= 7$ から $s^2 + t^2 = 7^2 \quad \cdots\cdots ①$

点 P(x, y) とすると，P は線分 AB を 3：4 に内分するから

$$x = \frac{4}{7}s, \quad y = \frac{3}{7}t \quad \text{すなわち} \quad s = \frac{7}{4}x, \quad t = \frac{7}{3}y$$

これらを ① に代入すると $\left(\dfrac{7}{4}x\right)^2 + \left(\dfrac{7}{3}y\right)^2 = 7^2$

両辺を 7^2 で割ると $\dfrac{x^2}{16} + \dfrac{y^2}{9} = 1$

ゆえに，点 P は楕円 $\dfrac{x^2}{16} + \dfrac{y^2}{9} = 1$ 上にある。

逆に，この楕円上のすべての点 P(x, y) は，条件を満たす。

よって，求める軌跡は **楕円** $\dfrac{x^2}{16} + \dfrac{y^2}{9} = 1$ 答

3 双曲線

1 双曲線

平面上で，2定点 F，F′ からの距離の差が 0 でなく一定である点の軌跡を
双曲線 といい，この2点 F，F′ を双曲線の **焦点** という。

2 双曲線の方程式（標準形）

次の方程式は双曲線を表す。

$$\frac{x^2}{a^2} - \frac{y^2}{b^2} = 1 \quad (a > 0,\ b > 0)$$

この方程式を双曲線の **標準形** という。

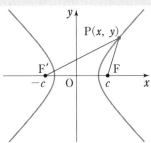

3 双曲線の頂点，中心

双曲線の焦点 F，F′ を通る直線 FF′ と双
曲線の交点を双曲線の **頂点**，線分 FF′ の
中点を双曲線の **中心** という。

4 双曲線の標準形 $\dfrac{x^2}{a^2} - \dfrac{y^2}{b^2} = 1\,(a>0,\ b>0)$ の特徴

[1] 焦点は2点 $(\sqrt{a^2+b^2},\ 0)$，$(-\sqrt{a^2+b^2},\ 0)$

[2] 双曲線上の点から2つの焦点までの距離の差は $2a$

[3] 漸近線は2直線 $y = \dfrac{b}{a}x$，$y = -\dfrac{b}{a}x$

[4] 曲線は x 軸，y 軸，原点 O に関して対称

補足 2本の漸近線の方程式は $\dfrac{x}{a} + \dfrac{y}{b} = 0$，$\dfrac{x}{a} - \dfrac{y}{b} = 0$ と表すことができる。

5 直角双曲線

双曲線 $\dfrac{x^2}{a^2} - \dfrac{y^2}{a^2} = 1$ の漸近線は2直線 $y = x$，$y = -x$

であり，これらは直角に交わる。このように，直
角に交わる漸近線をもつ双曲線を **直角双曲線** と
いう。

6 双曲線の方程式（焦点が y 軸上にある場合）

$$\frac{x^2}{a^2} - \frac{y^2}{b^2} = -1 \quad (a > 0,\ b > 0)$$

7 双曲線 $\dfrac{x^2}{a^2}-\dfrac{y^2}{b^2}=-1\,(a>0,\ b>0)$ の特徴

[1] 焦点は 2 点 $(0,\ \sqrt{a^2+b^2})$, $(0,\ -\sqrt{a^2+b^2})$

[2] 頂点は 2 点 $(0,\ b)$, $(0,\ -b)$

[3] 漸近線は 2 直線 $y=\dfrac{b}{a}x$, $y=-\dfrac{b}{a}x$

[4] 双曲線上の点から 2 つの焦点までの
　　距離の差は $2b$

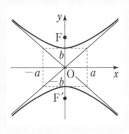

8 2次曲線

これまでに学んだ放物線，楕円，双曲線と円は，次のような $x,\ y$ の 2 次方程式で表される。これらの曲線をまとめて 2 次曲線 という。

放物線　$y^2=4px$, $x^2=4py$　　　　楕円　$\dfrac{x^2}{a^2}+\dfrac{y^2}{b^2}=1$

双曲線　$\dfrac{x^2}{a^2}-\dfrac{y^2}{b^2}=1$, $\dfrac{x^2}{a^2}-\dfrac{y^2}{b^2}=-1$　　　円　$x^2+y^2=a^2$

A 双曲線の方程式

教 p.115

練習
9

次の双曲線の概形をかけ。また，その焦点，頂点，漸近線を求めよ。

(1) $\dfrac{x^2}{5^2}-\dfrac{y^2}{4^2}=1$　　　　(2) $x^2-\dfrac{y^2}{4}=1$　　　　(3) $x^2-9y^2=9$

指針 **双曲線の方程式（標準形）** 　与えられた方程式が $\dfrac{x^2}{a^2}-\dfrac{y^2}{b^2}=1$ の形に変形できる

とき，焦点が x 軸上にある双曲線を表し

焦点は　　　2 点 $(\sqrt{a^2+b^2},\ 0)$, $(-\sqrt{a^2+b^2},\ 0)$

頂点は　　　2 点 $(a,\ 0)$, $(-a,\ 0)$

漸近線は　　2 直線 $y=\dfrac{b}{a}x$, $y=-\dfrac{b}{a}x$

解答 (1) $\dfrac{x^2}{5^2}-\dfrac{y^2}{4^2}=1$ から

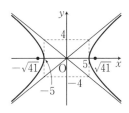

概形は図 のようになる。

焦点は，$\sqrt{5^2+4^2}=\sqrt{41}$ より

　　2 点 $(\sqrt{41},\ 0)$, $(-\sqrt{41},\ 0)$

頂点は　　2 点 $(5,\ 0)$, $(-5,\ 0)$

漸近線は

　　2 直線 $y=\dfrac{4}{5}x$, $y=-\dfrac{4}{5}x$　答

(2) $x^2-\dfrac{y^2}{4}=1$ より　$x^2-\dfrac{y^2}{2^2}=1$

概形は図のようになる。

焦点は，$\sqrt{1^2+2^2}=\sqrt{5}$ より

　　2 点 $(\sqrt{5},\ 0)$, $(-\sqrt{5},\ 0)$

頂点は　　2 点 $(1,\ 0)$, $(-1,\ 0)$

漸近線は

　　2 直線 $y=2x$, $y=-2x$　答

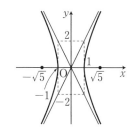

(3) $x^2-9y^2=9$ より　　$\dfrac{x^2}{3^2}-\dfrac{y^2}{1^2}=1$

概形は図のようになる。

焦点は，$\sqrt{3^2+1^2}=\sqrt{10}$ より

　　2 点 $(\sqrt{10},\ 0)$, $(-\sqrt{10},\ 0)$

頂点は　　2 点 $(3,\ 0)$, $(-3,\ 0)$

漸近線は

　　2 直線 $y=\dfrac{1}{3}x$, $y=-\dfrac{1}{3}x$　答

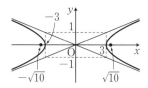

練習 10

教 p.116

2 点 $(5,\ 0)$, $(-5,\ 0)$ を焦点とし，焦点からの距離の差が 8 である双曲線の方程式を求めよ。

指針 **双曲線の方程式（焦点が x 軸上）**　まず，焦点は $\mathrm{F}(c,\ 0)$, $\mathrm{F}'(-c,\ 0)$ の形をしていて，直線 FF' が x 軸と一致することを確かめる。

双曲線の方程式を $\dfrac{x^2}{a^2}-\dfrac{y^2}{b^2}=1$ $(a>0,\ b>0)$ とおけて

　　焦点からの距離の差について　　$2a=8$

　　焦点について　　$\sqrt{a^2+b^2}=5$

これから a^2, b^2 の値を求めることができる。

解答　焦点 $\mathrm{F}(5,\ 0)$, $\mathrm{F}'(-5,\ 0)$ は x 軸上にあるから，直線 FF' は x 軸と一致する。

ゆえに，双曲線の方程式は $\dfrac{x^2}{a^2}-\dfrac{y^2}{b^2}=1$ $(a>0,\ b>0)$ とおける。

焦点からの距離の差について，$2a=8$ であるから　　$a=4$

よって　　$a^2=16$

焦点の座標について，$\sqrt{a^2+b^2}=5$ であるから

　　　　$b^2=5^2-a^2=25-16=9$

よって，求める双曲線の方程式は　　$\dfrac{x^2}{16}-\dfrac{y^2}{9}=1$　答

教 p.116

練習
11　2点(2, 0)，(−2, 0)を焦点とする直角双曲線の方程式を求めよ。

指針　**直角双曲線**　焦点が x 軸上にある直角双曲線であるから，求める方程式は $\dfrac{x^2}{a^2}-\dfrac{y^2}{a^2}=1\ (a>0)$ とおける。焦点の座標について $\sqrt{a^2+a^2}=2$ であるから，a^2 の値が求められる。

解答　焦点が x 軸上にあり，原点 O に関して対称であるから，求める直角双曲線の

方程式は $\dfrac{x^2}{a^2}-\dfrac{y^2}{a^2}=1\ (a>0)$ とおける。

焦点の座標について，$\sqrt{a^2+a^2}=2$ であるから　　$a^2=2$

よって，求める直角双曲線の方程式は　　$\dfrac{x^2}{2}-\dfrac{y^2}{2}=1$　答

4章

式と曲線

B 焦点が y 軸上にある双曲線

教 p.117

練習
12　次の双曲線の概形をかけ。また，その焦点，頂点，漸近線を求めよ。

(1) $\dfrac{x^2}{3^2}-\dfrac{y^2}{2^2}=-1$　　　　(2) $\dfrac{x^2}{16}-\dfrac{y^2}{25}=-1$

指針　**焦点が y 軸上にある双曲線の方程式**　$\dfrac{x^2}{a^2}-\dfrac{y^2}{b^2}=-1$ の形に変形できるとき，

方程式は焦点が y 軸上にある双曲線を表し

焦点は　　　2点 $(0, \sqrt{a^2+b^2}),\ (0, -\sqrt{a^2+b^2})$

頂点は　　　2点 $(0, b),\ (0, -b)$

漸近線は　　2直線 $y=\dfrac{b}{a}x,\ y=-\dfrac{b}{a}x$

解答　(1) $\dfrac{x^2}{3^2}-\dfrac{y^2}{2^2}=-1$ から

概形は図 のようになる。

焦点は，$\sqrt{3^2+2^2}=\sqrt{13}$ より

　　2点 $(0, \sqrt{13}),\ (0, -\sqrt{13})$

頂点は　　2点 $(0, 2),\ (0, -2)$

漸近線は　　2直線 $y=\dfrac{2}{3}x,\ y=-\dfrac{2}{3}x$　答

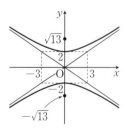

(2) $\dfrac{x^2}{16}-\dfrac{y^2}{25}=-1$ より $\dfrac{x^2}{4^2}-\dfrac{y^2}{5^2}=-1$

概形は図 のようになる。

焦点は，$\sqrt{4^2+5^2}=\sqrt{41}$ より

2 点 $(0,\ \sqrt{41})$，$(0,\ -\sqrt{41})$

頂点は 2 点 $(0,\ 5)$，$(0,\ -5)$

漸近線は 2 直線 $y=\dfrac{5}{4}x$，$y=-\dfrac{5}{4}x$ 答

4 2次曲線の平行移動

まとめ

1 曲線の方程式

変数 x, y を含む式を $F(x,\ y)$ のように書くことがある。放物線，楕円，双曲線，円などは，x, y の方程式 $F(x,\ y)=0$ の形で表される。

x, y の方程式 $F(x,\ y)=0$ を満たす点 $(x,\ y)$ 全体が曲線を表すとき，この曲線を 方程式 $F(x,\ y)=0$ の表す曲線，または 曲線 $F(x,\ y)=0$ という。また，方程式 $F(x,\ y)=0$ をこの 曲線の方程式 という。

2 曲線 $F(x,\ y)=0$ の平行移動

曲線 $F(x,\ y)=0$ を，x 軸方向に p，y 軸方向に q だけ平行移動すると，移動後の曲線の方程式は $F(x-p,\ y-q)=0$

3 2次方程式の表す図形

2 次方程式 $ax^2+by^2+cx+dy+e=0$ が与えられたとき，その方程式を変形することによって，その方程式の表す図形がどのようなものであるかを調べることができる。

A 曲線の平行移動

教 p.119

練習13 楕円 $\dfrac{x^2}{4}+y^2=1$ を，x 軸方向に 3，y 軸方向に -2 だけ平行移動するとき，移動後の楕円の方程式と焦点の座標を求めよ。

指針 **楕円の平行移動** x 軸方向に p, y 軸方向に q だけ平行移動したあとの方程式は, x を $x-p$, y を $y-q$ におき換えるとよい。また, 移動によって, 点 (a, b) は点 $(a+p, b+q)$ に移るから, もとの焦点を点 $(c, 0)$ とすると, 移動後の焦点は点 $(c+p, q)$ となる。

解答 $\dfrac{x^2}{4}+y^2=1$ を変形すると

$$\dfrac{x^2}{2^2}+\dfrac{y^2}{1^2}=1$$

$\sqrt{2^2-1^2}=\sqrt{3}$ から, もとの楕円の焦点は
2 点 $(\sqrt{3}, 0)$, $(-\sqrt{3}, 0)$
移動後の楕円の方程式は

$$\dfrac{(x-3)^2}{4}+\{y-(-2)\}^2=1$$

すなわち $\dfrac{(x-3)^2}{4}+(y+2)^2=1$

焦点の座標は $(\sqrt{3}+3, -2)$, $(-\sqrt{3}+3, -2)$ 答

練習 14

教 p.119

放物線 $y^2=4x$ を, x 軸方向に -1, y 軸方向に 2 だけ平行移動するとき, 移動後の放物線の方程式と焦点の座標を求めよ。

指針 **放物線の平行移動** 放物線の場合についても, 練習 13 と同じように, 方程式は x を $x-p$, y を $y-q$ におき換えるとよい。

解答 放物線 $y^2=4x$ を $y^2=4\cdot1\cdot x$ と変形すると, 焦点の座標は $(1, 0)$
移動後の放物線の方程式は

$$(y-2)^2=4\{x-(-1)\}$$

すなわち $(y-2)^2=4(x+1)$

焦点の座標は $(1+(-1), 2)$ すなわち $(0, 2)$ 答

B $ax^2+by^2+cx+dy+e=0$ の表す図形

練習 15

教 p.120

次の方程式はどのような図形を表すか。

(1) $x^2+4y^2+6x-8y+9=0$

(2) $y^2+8y-16x=0$

(3) $4x^2-9y^2-16x-36y-56=0$

指針 **2次方程式の表す曲線** $ax^2+by^2+cx+dy+e=0$ の形の方程式が表す曲線を調べるには，その方程式を，放物線，楕円，双曲線などを表す方程式に変形できないかどうかを考えるとよい。

解答 (1) $x^2+4y^2+6x-8y+9=0$ を変形すると
$$(x^2+6x+9)-9+4(y^2-2y+1)-4+9=0$$
すなわち $(x+3)^2+4(y-1)^2=4$

両辺を 4 で割ると $\dfrac{(x+3)^2}{4}+(y-1)^2=1$

よって，**楕円** $\dfrac{x^2}{4}+y^2=1$ を x 軸方向に -3，y 軸方向に 1 だけ平行移動した **楕円** を表す。 答

(2) $y^2+8y-16x=0$ を変形すると
$$(y^2+8y+16)-16-16x=0$$
すなわち $(y+4)^2=16(x+1)$

よって，**放物線** $y^2=16x$ を x 軸方向に -1，y 軸方向に -4 だけ平行移動した放物線 を表す。 答

(3) $4x^2-9y^2-16x-36y-56=0$ を変形すると
$$4(x^2-4x+4)-16-9(y^2+4y+4)+36-56=0$$
すなわち $4(x-2)^2-9(y+2)^2=36$

両辺を 36 で割ると $\dfrac{(x-2)^2}{9}-\dfrac{(y+2)^2}{4}=1$

よって，**双曲線** $\dfrac{x^2}{9}-\dfrac{y^2}{4}=1$ を x 軸方向に 2，y 軸方向に -2 だけ平行移動した **双曲線** を表す。 答

教 p.120

深める

教科書例題3の双曲線上の3点 A$(1,\ 2)$，B$\left(\sqrt{5}-1,\ \dfrac{3}{2}\right)$，C$(2\sqrt{5}-1,\ 4)$ について，2つの焦点からの距離の差が等しいことを確かめよう。

指針 **双曲線の焦点からの距離の差** それぞれの焦点との距離を求め，差をとる。

解答 双曲線 $\dfrac{(x+1)^2}{4}-(y-2)^2=1$ の 2 つの焦点を F$(\sqrt{5}-1,\ 2)$，F$'(-\sqrt{5}-1,\ 2)$ とすると
$$\text{AF}=\sqrt{(\sqrt{5}-1-1)^2+(2-2)^2}=\sqrt{(\sqrt{5}-2)^2}$$
$$=|\sqrt{5}-2|=\sqrt{5}-2$$
$$\text{AF}'=\sqrt{(-\sqrt{5}-1-1)^2+(2-2)^2}=\sqrt{(-\sqrt{5}-2)^2}$$
$$=|-\sqrt{5}-2|=\sqrt{5}+2$$

よって　　$|AF-AF'|=|(\sqrt{5}-2)-(\sqrt{5}+2)|=4$

$BF=\sqrt{\{\sqrt{5}-1-(\sqrt{5}-1)\}^2+\left(2-\dfrac{3}{2}\right)^2}=\sqrt{\dfrac{1}{4}}=\dfrac{1}{2}$

$BF'=\sqrt{\{-\sqrt{5}-1-(\sqrt{5}-1)\}^2+\left(2-\dfrac{3}{2}\right)^2}=\sqrt{\dfrac{81}{4}}=\dfrac{9}{2}$

よって　　$|BF-BF'|=\left|\dfrac{1}{2}-\dfrac{9}{2}\right|=4$

$CF=\sqrt{\{\sqrt{5}-1-(2\sqrt{5}-1)\}^2+(2-4)^2}=\sqrt{5+4}=3$

$CF'=\sqrt{\{-\sqrt{5}-1-(2\sqrt{5}-1)\}^2+(2-4)^2}=\sqrt{45+4}=7$

よって　　$|CF-CF'|=|3-7|=4$

したがって，3 点 A，B，C について，2 つの焦点からの距離の差は等しい。

終

4章 式と曲線

⑤ 2 次曲線と直線

まとめ

1　2 次曲線と直線の共有点の個数

2 次曲線と直線の共有点の個数は，2 次曲線の方程式と直線の方程式から 1 文字を消去して得られる 2 次方程式の実数解の個数と一致する。その 2 次方程式が重解をもつとき，2 次曲線と直線は **接する** といい，その直線を 2 次曲線の **接線**，共有点を **接点** という。

2　2 次曲線の接線の方程式

2 次曲線の（y 軸に平行でない）接線の方程式は，次の手順で求めるとよい。

[1]　接線の方程式を $y=mx+n$ などとおく。

[2]　この接線の式を 2 次曲線の式に代入して得られる x の 2 次方程式の判別式 D について，$D=0$ となることから，m，n の値を求める。

注意 y 軸に平行な接線の場合については，別に検討すること。

A 2 次曲線と直線の共有点

教 p.121

練習 **16**　k は定数とする。双曲線 $x^2-2y^2=4$ と直線 $y=x+k$ の共有点の個数を調べよ。

指針　**2 次曲線と直線の共有点の個数**　双曲線と直線の方程式から y を消去して得られる 2 次方程式の実数解の個数を調べる。

解答 $x^2-2y^2=4$ ……① , $y=x+k$ ……② とする。

② を ① に代入すると $x^2-2(x+k)^2=4$

整理すると $x^2+4kx+2k^2+4=0$ ……③

x の 2 次方程式 ③ の判別式を D とすると

$$\frac{D}{4}=(2k)^2-1\cdot(2k^2+4)=2(k^2-2)$$

ゆえに，判別式 D の符号は

$k<-\sqrt{2}$，$\sqrt{2}<k$ のとき $D>0$

$k=\pm\sqrt{2}$ のとき $D=0$

$-\sqrt{2}<k<\sqrt{2}$ のとき $D<0$

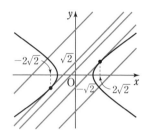

双曲線 ① と直線 ② の共有点の個数は，

2 次方程式 ③ の実数解の個数と一致する。

よって，求める共有点の個数は

$k<-\sqrt{2}$，$\sqrt{2}<k$ のとき **2 個**

$k=\pm\sqrt{2}$ のとき **1 個**

$-\sqrt{2}<k<\sqrt{2}$ のとき **0 個** 答

B 2 次曲線に引いた接線の方程式

教 p.122

練習 17 点 $C(-3,\ 0)$ から楕円 $2x^2+y^2=6$ に接線を引くとき，その接線の方程式を求めよ。また，そのときの接点の座標を求めよ。

指針 **2 次曲線の接線の方程式** 接線の方程式を $y=m(x+3)$ とおき，放物線の方程式に代入して得られる 2 次方程式が重解をもつことから，m の値を求める。

解答 点 C を通る接線は，x 軸に垂直ではないから，その方程式は

$$y=m(x+3) \quad ……①$$

とおける。

この接線は y 軸にも垂直ではないから，$m\neq0$ である。

これを楕円の式 $2x^2+y^2=6$ に代入して $2x^2+m^2(x+3)^2=6$

整理すると $(m^2+2)x^2+6m^2x+9m^2-6=0$

この x の 2 次方程式の判別式を D とすると

$$\frac{D}{4}=(3m^2)^2-(m^2+2)(9m^2-6)=-12(m^2-1)$$

$D=0$ とすると $m=\pm1$

$m=1$ のとき，① から接線の方程式は $y=x+3$ ……②

このとき，接点の x 座標は -1 であるから，② より $\leftarrow x=-\dfrac{6m^2}{2(m^2+2)}$

接点の座標は $(-1,\ 2)$

$m=-1$ のとき，① から接線の方程式は $\quad y=-x-3 \quad \cdots\cdots$ ③

このとき，接点の x 座標は -1 であるから，③ より $\qquad \leftarrow x=-\dfrac{6m^2}{2(m^2+2)}$

接点の座標は $\quad (-1,\ -2)$

答 接線 $y=x+3$, 接点 $(-1,\ 2)$

接線 $y=-x-3$, 接点 $(-1,\ -2)$

研究 2次曲線の接線の方程式

2次曲線の接線の方程式

2次曲線上の点 $(x_1,\ y_1)$ における接線の方程式は次のようになる。

放物線 $y^2=4px$ の接線の方程式は $\qquad y_1y=2p(x+x_1)$

楕円 $\dfrac{x^2}{a^2}+\dfrac{y^2}{b^2}=1$ の接線の方程式は $\qquad \dfrac{x_1x}{a^2}+\dfrac{y_1y}{b^2}=1$

双曲線 $\dfrac{x^2}{a^2}-\dfrac{y^2}{b^2}=1$ の接線の方程式は $\qquad \dfrac{x_1x}{a^2}-\dfrac{y_1y}{b^2}=1$

練習 1　次の曲線上の点 P における接線の方程式を求めよ。

(1)　放物線 $y^2=4x$, $\mathrm{P}(1,\ 2)$ 　　(2)　楕円 $\dfrac{x^2}{12}+\dfrac{y^2}{4}=1$, $\mathrm{P}(3,\ 1)$

指針 **2次曲線の接線の方程式**　曲線上の点 $(x_1,\ y_1)$ における接線の方程式は，次のようになる。

(1)　放物線 $y^2=4px$ の接線の方程式は $\qquad y_1y=2p(x+x_1)$

(2)　楕円 $\dfrac{x^2}{a^2}+\dfrac{y^2}{b^2}=1$ の接線の方程式は $\qquad \dfrac{x_1x}{a^2}+\dfrac{y_1y}{b^2}=1$

解答 (1)　求める接線の方程式は

$$2y=2(x+1)$$

すなわち $\quad y=x+1$ 答

(2)　求める接線の方程式は

$$\frac{3x}{12}+\frac{1\cdot y}{4}=1$$

すなわち $\quad y=-x+4$ 答

第4章 第1節　補充問題

1 次の2次曲線の方程式を求めよ。

(1) 焦点が点$(2, 0)$で，準線がy軸である放物線

(2) 2点$(-3, 1)$，$(3, 1)$からの距離の和が10である楕円

(3) 2点$(5, -2)$，$(-5, -2)$からの距離の差が8である双曲線

指針 **2次曲線の方程式** (1)は準線がy軸，(2)は2焦点A，Bを通る直線がx軸に平行であるから，それぞれ標準形の表す放物線，楕円を平行移動して得られる曲線である。(3)は双曲線の標準形である。

解答 (1) 焦点が点$(1, 0)$で，準線が$x=-1$である放物線の方程式は$y^2=4x$である。この放物線を，x軸方向に1だけ平行移動すると，焦点は点$(2, 0)$，準線は$x=0$（y軸）に移動するから，求める放物線である。

よって，求める方程式は　　$y^2=4(x-1)$　答

(2) 点$A(-3, 1)$，$B(3, 1)$は，それぞれ点$(-3, 0)$，$(3, 0)$をy軸方向に1だけ平行移動した点である。

ここで，2点$(-3, 0)$，$(3, 0)$を焦点とし，焦点からの距離の和が10である楕円の方程式を$\dfrac{x^2}{a^2}+\dfrac{y^2}{b^2}=1$ $(a>b>0)$とする。

焦点からの距離の和について，$2a=10$であるから　　$a=5$

よって　　$a^2=25$

焦点の座標について，$\sqrt{a^2-b^2}=3$であるから　　$b^2=a^2-3^2=25-9=16$

ゆえに，求める楕円は，楕円$\dfrac{x^2}{25}+\dfrac{y^2}{16}=1$を$y$軸方向に1だけ平行移動したものであるから，求める方程式は　　$\dfrac{x^2}{25}+\dfrac{(y-1)^2}{16}=1$　答

(3) 求める双曲線は焦点が直線$y=-2$上にあるから，焦点がx軸上にある双曲線$\dfrac{x^2}{a^2}-\dfrac{y^2}{b^2}=1$ $(a>0, b>0)$をy軸方向に-2だけ平行移動した双曲線である。

よって，求める双曲線の方程式は$\dfrac{x^2}{a^2}-\dfrac{(y+2)^2}{b^2}=1$とおける。

焦点からの距離の差について，$2a=8$であるから　　$a=4$

よって　　$a^2=16$

焦点の座標について，$\sqrt{a^2+b^2}=5$であるから　　$b^2=5^2-a^2=25-16=9$

よって，求める双曲線の方程式は　　$\dfrac{x^2}{16}-\dfrac{(y+2)^2}{9}=1$　答

教 p.125

2 双曲線 $x^2-y^2=1$ と直線 $y=2x+k$ が共有点をもつとき，定数 k の値の範囲を求めよ。

指針 **双曲線と直線が共有点をもつ条件** 双曲線の方程式と直線の方程式を連立させて y を消去し，x の2次方程式の判別式を用いて考える。

解答 $x^2-y^2=1$ …… ①，$y=2x+k$ …… ② とする。

② を ① に代入すると $x^2-(2x+k)^2=1$

整理すると $3x^2+4kx+k^2+1=0$ …… ③

x の2次方程式 ③ の判別式を D とすると

$$\frac{D}{4}=(2k)^2-3(k^2+1)=k^2-3$$

双曲線 ① と直線 ② が共有点をもつのは $D\geqq0$ のときである。

よって，$k^2-3\geqq0$ より $k\leqq-\sqrt{3}, \sqrt{3}\leqq k$ 答

教 p.125

3 双曲線 $x^2-y^2=1$ と直線 $y=2x-3$ の2つの交点を P，Q とするとき，線分 PQ の中点 M の座標を求めよ。

指針 **双曲線と直線の交点を結んだ線分の中点** 交点の座標を求めることもできるが，交点の x 座標を x_1，x_2 とすると中点の x 座標が $\frac{x_1+x_2}{2}$ となることを用いたいため，x_1+x_2 を求めればよい。

解答 $x^2-y^2=1$ …… ①，$y=2x-3$ …… ② とする。

② を ① に代入すると $x^2-(2x-3)^2=1$

整理すると $3x^2-12x+10=0$ …… ③

点 P，Q の x 座標をそれぞれ x_1，x_2 とすると，x_1，x_2 は2次方程式 ③ の異なる2つの実数解である。

M は線分 PQ の中点であるから，その座標を (x, y) とすると

$$x=\frac{x_1+x_2}{2}$$

③ において，解と係数の関係により $x_1+x_2=-\frac{-12}{3}=4$

よって $x=\frac{4}{2}=2$

② に代入して $y=2\cdot2-3=1$

したがって，M の座標は (2, 1) 答

第2節 媒介変数表示と極座標

6 曲線の媒介変数表示

まとめ

1 媒介変数表示

曲線 C 上の点 $P(x, y)$ の座標が，変数 t によって $x=f(t)$, $y=g(t)$ …… ①
の形に表されるとき，これを曲線 C の **媒介変数表示** といい，変数 t を
媒介変数 または **パラメータ** という。① から t を消去して x, y の方程式
$F(x, y)=0$ が得られるとき，これは曲線 C を表す方程式である。

注意 媒介変数による曲線 C の表示方法は1通りではない。

2 円の媒介変数表示

円 $x^2+y^2=a^2$, $a>0$ は，次のように媒介変数表示される。

$$x=a\cos\theta, \ y=a\sin\theta$$

注意 ここで，θ は弧度法で表すものとする。

3 楕円の媒介変数表示

楕円 $\dfrac{x^2}{a^2}+\dfrac{y^2}{b^2}=1$ は，たとえば次のように媒介変数表示される。

$$x=a\cos\theta, \ y=b\sin\theta$$

4 角 θ で媒介変数表示される曲線

曲線が $\sin\theta$, $\cos\theta$, $\tan\theta$ などを含む式で媒介変数表示されるとき，θ を消
去して x, y の方程式を求めるには，三角関数の公式を利用する場合が多い。

5 双曲線の媒介変数表示

双曲線 $\dfrac{x^2}{a^2}-\dfrac{y^2}{b^2}=1$ は，たとえば次のように媒介変数表示される。

$$x=\frac{a}{\cos\theta}, \ y=b\tan\theta$$

6 媒介変数表示される曲線の平行移動

媒介変数表示 $x=f(t)+p$, $y=g(t)+q$ で表される曲線は，
媒介変数表示 $x=f(t)$, $y=g(t)$ で表される曲線を，
x 軸方向に p, y 軸方向に q だけ平行移動したものである。

7 サイクロイド

円が定直線上をすべることなく回転していくとき，円上の定点 P が描く曲線
を **サイクロイド** という。
サイクロイドの媒介変数表示は，次のようになる。

$$x=a(\theta-\sin\theta), \ y=a(1-\cos\theta)$$

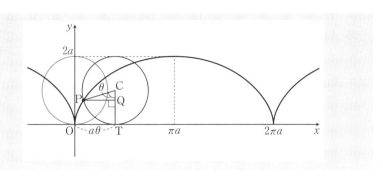

A 媒介変数表示

練習 18　次のように媒介変数表示される曲線について，t を消去して x, y の方程式を求め，曲線の概形をかけ。

(1)　$x=t+1$, $y=t^2+4t$　　　　(2)　$x=2t$, $y=2t-t^2$

指針　**曲線の媒介変数表示**　与えられた 2 つの式から t を消去して得られる x, y の方程式が，曲線の方程式になる。

解答　(1)　$x=t+1$ から　　$t=x-1$

これを $y=t^2+4t$ に代入すると
$$y=(x-1)^2+4(x-1)$$
よって　　$y=x^2+2x-3$

$y=(x+1)^2-4$ と変形できるから，曲線の **概形は図** のようになる。　答

(2)　$x=2t$ から　　$t=\dfrac{x}{2}$

これを $y=2t-t^2$ に代入すると
$$y=2\cdot\frac{x}{2}-\left(\frac{x}{2}\right)^2$$
よって　　$y=-\dfrac{x^2}{4}+x$

$y=-\dfrac{1}{4}(x-2)^2+1$ と変形できるから，曲線の **概形は図** のようになる。　答

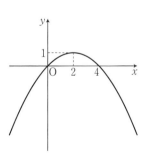

教 p.127

練習 19 放物線 $y=-x^2+4tx+2t$ の頂点は，t の値が変化するとき，どのような曲線を描くか。

指針 **放物線の頂点が描く図形と媒介変数表示** 与えられた放物線の頂点の座標を t の式で表し，t を消去すると，頂点が描く曲線の方程式になる。

解答 放物線の方程式 $y=-x^2+4tx+2t$ を変形すると

$$y=-(x-2t)^2+4t^2+2t$$

ゆえに，放物線の頂点を P(x, y) とすると $x=2t, y=4t^2+2t$

この 2 つの式から t を消去すると

$$y=4\left(\frac{x}{2}\right)^2+2\cdot\frac{x}{2} \quad \text{すなわち} \quad y=x^2+x$$

よって，頂点 P が描く曲線は **放物線 $y=x^2+x$** 答

B 一般角 θ を用いた媒介変数表示

教 p.128

練習 20 角 θ を媒介変数として，次の円を表せ。

(1) $x^2+y^2=2^2$ (2) $x^2+y^2=3$

指針 **角 θ を用いた円の媒介変数表示** 円 $x^2+y^2=a^2$ の媒介変数表示は，$x=a\cos\theta$，$y=a\sin\theta$ である。

解答 (1) $x^2+y^2=2^2$ から $x=2\cos\theta, y=2\sin\theta$ 答

(2) $x^2+y^2=(\sqrt{3})^2$ から $x=\sqrt{3}\cos\theta, y=\sqrt{3}\sin\theta$ 答

教 p.129

練習 21 角 θ を媒介変数として，次の楕円を表せ。

(1) $\dfrac{x^2}{3^2}+\dfrac{y^2}{2^2}=1$ (2) $\dfrac{x^2}{16}+\dfrac{y^2}{25}=1$

指針 **角 θ を用いた楕円の媒介変数表示** 楕円 $\dfrac{x^2}{a^2}+\dfrac{y^2}{b^2}=1$ の媒介変数表示は，$x=a\cos\theta$，$y=b\sin\theta$ である。

解答 (1) $\dfrac{x^2}{3^2}+\dfrac{y^2}{2^2}=1$ から $x=3\cos\theta, y=2\sin\theta$ 答

(2) $\dfrac{x^2}{4^2}+\dfrac{y^2}{5^2}=1$ から $x=4\cos\theta, y=5\sin\theta$ 答

練習
22
θ が変化するとき，点 $\mathrm{P}\left(\dfrac{3}{\cos\theta},\ 2\tan\theta\right)$ は双曲線 $\dfrac{x^2}{3^2}-\dfrac{y^2}{2^2}=1$ 上を

動くことを示せ。

指針 **双曲線と媒介変数表示** 点 P の座標を双曲線の方程式に代入して，方程式が
成り立つことを示せばよい。

解答 $x=\dfrac{3}{\cos\theta}$，$y=2\tan\theta$ とすると

$$\dfrac{x^2}{3^2}-\dfrac{y^2}{2^2}=\dfrac{1}{3^2}\cdot\left(\dfrac{3}{\cos\theta}\right)^2-\dfrac{(2\tan\theta)^2}{2^2}=\dfrac{1}{\cos^2\theta}-\tan^2\theta=\dfrac{1-\sin^2\theta}{\cos^2\theta}=\dfrac{\cos^2\theta}{\cos^2\theta}=1$$

よって，$x=\dfrac{3}{\cos\theta}$，$y=2\tan\theta$ は $\dfrac{x^2}{3^2}-\dfrac{y^2}{2^2}=1$ を満たすから，

点 $\mathrm{P}\left(\dfrac{3}{\cos\theta},\ 2\tan\theta\right)$ は双曲線 $\dfrac{x^2}{3^2}-\dfrac{y^2}{2^2}=1$ 上を動く。 終

練習
23
双曲線 $\dfrac{x^2}{5^2}-\dfrac{y^2}{4^2}=1$ を媒介変数 θ を用いて表せ。

指針 **角 θ を用いた双曲線の媒介変数表示** 双曲線 $\dfrac{x^2}{a^2}-\dfrac{y^2}{b^2}=1$ の媒介変数表示は，

$x=\dfrac{a}{\cos\theta}$，$y=b\tan\theta$ である。

解答 $\dfrac{x^2}{5^2}-\dfrac{y^2}{4^2}=1$ から $a=5$，$b=4$

よって，媒介変数 θ を用いて表すと $x=\dfrac{5}{\cos\theta}$，$y=4\tan\theta$ 答

C 媒介変数表示される曲線の平行移動

練習
24
次の媒介変数表示は，どのような曲線を表すか。
(1) $x=3\cos\theta+2$，$y=3\sin\theta-1$
(2) $x=3\cos\theta+1$，$y=2\sin\theta+3$

指針 **媒介変数表示される曲線の平行移動** $\sin\theta$，$\cos\theta$ を x，y で表し，
$\sin^2\theta+\cos^2\theta=1$ に代入する。なお，$x=f(t)+p$，$y=g(t)+q$ で表される曲線
は，$x=f(t)$，$y=g(t)$ で表される曲線を x 軸方向に p，y 軸方向に q だけ平行
移動した曲線である。よって，$x=f(t)$，$y=g(t)$ がどのような曲線を表すかを
調べ，その曲線を平行移動することにより求めることもできる。

解答 (1) $\sin\theta=\dfrac{y+1}{3}$, $\cos\theta=\dfrac{x-2}{3}$

これらを $\sin^2\theta+\cos^2\theta=1$ に代入すると

$$\left(\frac{y+1}{3}\right)^2+\left(\frac{x-2}{3}\right)^2=1$$

よって $(x-2)^2+(y+1)^2=3^2$

これは，**点 $(2,\ -1)$ を中心とする半径 3 の円** を表す。 答

(2) $\sin\theta=\dfrac{y-3}{2}$, $\cos\theta=\dfrac{x-1}{3}$

これらを $\sin^2\theta+\cos^2\theta=1$ に代入すると

$$\left(\frac{y-3}{2}\right)^2+\left(\frac{x-1}{3}\right)^2=1$$

よって，**楕円 $\dfrac{(x-1)^2}{9}+\dfrac{(y-3)^2}{4}=1$** を表す。 答

別解 (1) 求める曲線は，曲線 $x=3\cos\theta$, $y=3\sin\theta$ …… ① を，x 軸方向に 2，y 軸方向に -1 だけ平行移動した曲線である。

ここで，曲線 ① は円 $x^2+y^2=3^2$ を表す。

よって，求める曲線は 円 $(x-2)^2+(y+1)^2=3^2$

すなわち，**点 $(2,\ -1)$ を中心とする半径 3 の円** を表す。 答

(2) 求める曲線は，曲線 $x=3\cos\theta$, $y=2\sin\theta$ …… ① を，x 軸方向に 1，y 軸方向に 3 だけ平行移動した曲線である。

ここで，曲線 ① は楕円 $\dfrac{x^2}{3^2}+\dfrac{y^2}{2^2}=1$ を表す。

よって，**楕円 $\dfrac{(x-1)^2}{9}+\dfrac{(y-3)^2}{4}=1$** を表す。 答

D サイクロイド

練習25 （教 p.131）

サイクロイド $x=2(\theta-\sin\theta)$, $y=2(1-\cos\theta)$ において，θ が次の値をとったときの点の座標を求めよ。

(1) $\theta=\dfrac{\pi}{3}$ 　　(2) $\theta=\pi$ 　　(3) $\theta=\dfrac{3}{2}\pi$ 　　(4) $\theta=2\pi$

指針 **サイクロイドの媒介変数表示** θ の値を $x=2(\theta-\sin\theta)$, $y=2(1-\cos\theta)$ に代入して x, y の値を求める。

解答 (1) $x=2\left(\dfrac{\pi}{3}-\sin\dfrac{\pi}{3}\right)=2\left(\dfrac{\pi}{3}-\dfrac{\sqrt{3}}{2}\right)=\dfrac{2}{3}\pi-\sqrt{3}$

$y=2\left(1-\cos\dfrac{\pi}{3}\right)=2\left(1-\dfrac{1}{2}\right)=1$

よって $\left(\dfrac{2}{3}\pi-\sqrt{3},\ 1\right)$ 答

(2) $x=2(\pi-\sin\pi)=2(\pi-0)=2\pi$, $y=2(1-\cos\pi)=2\{1-(-1)\}=4$

よって (2π, 4) 答

(3) $x=2\left(\dfrac{3}{2}\pi-\sin\dfrac{3}{2}\pi\right)=2\left\{\dfrac{3}{2}\pi-(-1)\right\}=3\pi+2$

$y=2\left(1-\cos\dfrac{3}{2}\pi\right)=2(1-0)=2$

よって (3π+2, 2) 答

(4) $x=2(2\pi-\sin2\pi)=2(2\pi-0)=4\pi$, $y=2(1-\cos2\pi)=2(1-1)=0$

よって (4π, 0) 答

7 極座標と極方程式

まとめ

1 極座標

平面上に点 O と半直線 OX を定めると，この平面上の点 P の位置は，OP の長さ r と OX から OP へ測った角 θ の大きさで決まる。ただし，θ は弧度法で表された一般角である。このとき，2 つの数の組 (r, θ) を，点 P の**極座標** という。極座標が (r, θ) である点 P を P(r, θ) と書くことがある。また，点 O を**極**，半直線 OX を **始線**，θ を **偏角** という。極 O と異なる点 P の偏角 θ は，$0\leqq\theta<2\pi$ の範囲でただ 1 通りに定まる。なお，θ の範囲を制限しないこともある。

注意 極 O の極座標は $(0, \theta)$ とし，θ は任意の値と考える。

2 極座標と直交座標

極座標に対して，これまで用いてきた x 座標と y 座標の組 (x, y) で表した座標を **直交座標** という。

点 P の直交座標を (x, y)，極座標を (r, θ) とすると，次が成り立つ。

[1] $x=r\cos\theta$, $y=r\sin\theta$

[2] $r=\sqrt{x^2+y^2}$　　$r\neq0$ のとき

$\cos\theta=\dfrac{x}{r}$, $\sin\theta=\dfrac{y}{r}$

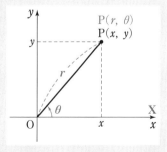

3 極方程式

平面上の曲線が，極座標 $(r,\ \theta)$ の方程式 $F(r,\ \theta)=0$ や $r=f(\theta)$ で表されるとき，その方程式をこの曲線の **極方程式** という。

4 極座標を用いた円の表し方

原点 O を中心とする半径 a の円の極方程式は $\quad r=a$

注意 「θ は任意の値」は省略している。

5 極座標を用いた始線に垂直な直線の表し方

直線 $x=a$ の極方程式は $\quad r\cos\theta=a\quad$ すなわち $\quad r=\dfrac{a}{\cos\theta}$

注意 極座標 $(r,\ \theta)$ において，r が負の値をとる場合も考える。$r<0$ のとき，$(r,\ \theta)$ は極座標が $(|r|,\ \theta+\pi)$ である点を表すものとする。

6 極 O を通り，始線 OX と θ_0 の角をなす直線

この直線の極方程式は $\quad \theta=\theta_0$

注意 「r は任意の値」は省略している。

7 中心の極座標が $(a,\ 0)$ である半径 a の円

この円の極方程式は $\quad r=2a\cos\theta$

8 極 O と異なる極座標 $(a,\ \alpha)$ の定点 A を通り，OA に垂直な直線

$$r\cos(\theta-\alpha)=a$$

9 直交座標の方程式と極方程式

直交座標において $x,\ y$ の方程式で表された曲線を，極方程式で表すには，$x=r\cos\theta,\ y=r\sin\theta$ を与えられた $x,\ y$ の方程式に代入して，$r,\ \theta$ の方程式を求めるとよい。

10 極方程式と直交座標の方程式

$r,\ \theta$ の極方程式で表された曲線を，直交座標における $x,\ y$ の方程式で表すには

$$r^2=x^2+y^2,\quad \cos\theta=\frac{x}{r},\quad \sin\theta=\frac{y}{r}\quad (r\neq0\text{ のとき})$$

などの関係を用いて，$r,\ \theta$ を含む部分を $x,\ y$ でおき換えるとよい。

注意 与えられた極方程式の形によっては，$r,\ \theta$ を消去して $x,\ y$ だけの方程式に変えることがうまくできない場合がある。

11 2次曲線を表す極方程式

極方程式 $r=\dfrac{1}{a+b\cos\theta}$ の表す 2 次曲線は，$a,\ b$ の値によって，楕円，放物線，双曲線に分類される。

解説 $r=\dfrac{1}{a+b\cos\theta}$

$\longrightarrow ar+br\cos\theta=1 \longrightarrow ar=1-br\cos\theta \longrightarrow ar=1-bx$

$\longrightarrow a^2r^2=(1-bx)^2 \longrightarrow a^2(x^2+y^2)=(1-bx)^2$

と変形すると，$x,\ y$ の 2 次方程式になることがわかる。

ここで，$a^2(x^2+y^2)=(1-bx)^2$ より
$$(a^2-b^2)x^2+2bx+a^2y^2=1$$
よって，$a^2-b^2>0$ のときは楕円，$a^2-b^2=0$ のときは放物線，$a^2-b^2<0$ のときは双曲線を表す。

A 極座標と直交座標

練習 26 極座標で表された次の点の位置を教科書 132 ページの図に記せ。

(1) $E\left(3, \dfrac{5}{6}\pi\right)$ (2) $F\left(1, \dfrac{4}{3}\pi\right)$ (3) $G(2, \pi)$ (4) $H\left(5, -\dfrac{3}{4}\pi\right)$

指針 **極座標で表された点** 極座標 (r, θ) から，その点が存在する円の半径と偏角を読み取る。

解答

練習 27 極座標が次のような点の直交座標を求めよ。

(1) $\left(2, \dfrac{\pi}{6}\right)$　　　(2) $\left(\sqrt{2}, \dfrac{\pi}{4}\right)$　　　(3) $(3, \pi)$

指針 **極座標から直交座標を求める** 極座標 (r, θ) と直交座標 (x, y) の間には，$x=r\cos\theta$，$y=r\sin\theta$ の関係がある。この関係を用いて，与えられた r，θ の値から，x，y の値を求める。

解答 求める直交座標を (x, y) とする。

(1) $x=2\cos\dfrac{\pi}{6}=2\cdot\dfrac{\sqrt{3}}{2}=\sqrt{3}$

$y=2\sin\dfrac{\pi}{6}=2\cdot\dfrac{1}{2}=1$

よって，直交座標は

$(\sqrt{3}, 1)$ 答

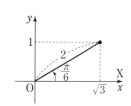

4章 式と曲線

(2) $x=\sqrt{2}\cos\dfrac{\pi}{4}=\sqrt{2}\cdot\dfrac{1}{\sqrt{2}}=1$

$y=\sqrt{2}\sin\dfrac{\pi}{4}=\sqrt{2}\cdot\dfrac{1}{\sqrt{2}}=1$

よって，直交座標は

(1, 1) 答

(3) $x=3\cos\pi=3\cdot(-1)=-3$

$y=3\sin\pi=3\cdot0=0$

よって，直交座標は

(−3, 0) 答

教 p.134

練習 28

直交座標が次のような点の極座標を求めよ。ただし，偏角 θ の範囲は $0\leqq\theta<2\pi$ とする。

(1) $(2,\ 2)$ (2) $(-1,\ \sqrt{3})$ (3) $(-\sqrt{3},\ -1)$

指針 **直交座標から極座標を求める** 極座標 $(r,\ \theta)$ と直交座標 $(x,\ y)$ の関係

$r=\sqrt{x^2+y^2}$，$\cos\theta=\dfrac{x}{r}$，$\sin\theta=\dfrac{y}{r}$ から，x，y の値が与えられたときの

r，θ の値を求める。$0\leqq\theta<2\pi$ より，θ の値は定まる。

解答 与えられた直交座標を $(x,\ y)$，求める極座標を $(r,\ \theta)$ とする。

(1) $r=\sqrt{x^2+y^2}=\sqrt{2^2+2^2}=2\sqrt{2}$

$\cos\theta=\dfrac{x}{r}=\dfrac{2}{2\sqrt{2}}=\dfrac{1}{\sqrt{2}}$

$\sin\theta=\dfrac{y}{r}=\dfrac{2}{2\sqrt{2}}=\dfrac{1}{\sqrt{2}}$

$0\leqq\theta<2\pi$ では $\theta=\dfrac{\pi}{4}$

よって，極座標は $\left(2\sqrt{2},\ \dfrac{\pi}{4}\right)$ 答

(2) $r=\sqrt{x^2+y^2}=\sqrt{(-1)^2+(\sqrt{3})^2}=2$

$\cos\theta=\dfrac{x}{r}=\dfrac{-1}{2}=-\dfrac{1}{2}$

$\sin\theta=\dfrac{y}{r}=\dfrac{\sqrt{3}}{2}$

$0\leqq\theta<2\pi$ では $\theta=\dfrac{2}{3}\pi$

よって，極座標は $\left(2,\ \dfrac{2}{3}\pi\right)$ 答

(3) $r=\sqrt{x^2+y^2}=\sqrt{(-\sqrt{3})^2+(-1)^2}=2$

$\cos\theta=\dfrac{x}{r}=-\dfrac{\sqrt{3}}{2}$

$\sin\theta=\dfrac{y}{r}=-\dfrac{1}{2}$

$0\leqq\theta<2\pi$ では $\theta=\dfrac{7}{6}\pi$

よって，極座標は $\left(2,\ \dfrac{7}{6}\pi\right)$ 答

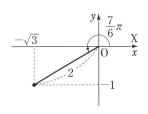

B 極方程式

練習 29 教 p.135

極座標が $\left(1,\ \dfrac{\pi}{2}\right)$ である点 A を通り，始線に平行な直線を，極方程式で表せ。

指針 **極座標を用いた直線の表し方** 直線上の点 $P(r,\ \theta)$ に対して，r と θ の間の関係式を，図形的に調べる。

解答 この直線上の点 P の極座標を $(r,\ \theta)$ とすると，

$OP\sin\theta=1$ から

$r\sin\theta=1$

よって，この直線の極方程式は

$r=\dfrac{1}{\sin\theta}$ 答

練習 30 教 p.135

次の極方程式で表される曲線を図示せよ。

(1) $\theta=\dfrac{\pi}{6}$ (2) $r=2\cos\theta$

指針 **極方程式で表される曲線** 曲線上の点 P の極座標を $(r,\ \theta)$ として，与えられた極方程式を満たす点 P はどのような曲線になるかを，図形的に考える。

解答 曲線上の点 P の極座標を $(r,\ \theta)$ とする。

(1) $\theta=\dfrac{\pi}{6}$ のとき，$\angle POX=\dfrac{\pi}{6}$ で一定である。

よって，極 O を通り，始線 OX とのなす角が $\dfrac{\pi}{6}$ である直線を表し，図 のようになる。 答

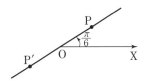

(2) 始線 OX 上に極座標が $(2, 0)$ の点 B を
とると，$r=2\cos\theta$ のとき，△OPB にお
いて，OP=OBcosθ であるから

$$\angle\text{OPB}=\frac{\pi}{2}$$

よって，点 P は OB を直径とする円を描
く。

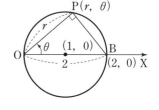

すなわち，求める曲線は，極座標が $(1, 0)$ の点を中心とする半径 1 の円で，
図のようになる。　答

注意 (1) $r>0$ のときは図の半直線 OP の部分を動き，$r\leqq0$ のときは半直線 OP′
の部分を動くから，合わせると図の直線全体になる。

C 直交座標の x, y の方程式と極方程式

教 p.136

練習 31　次の楕円を極方程式で表せ。
$$x^2+2y^2=4$$

指針 **直交座標の方程式を極方程式で表す**　$x=r\cos\theta$, $y=r\sin\theta$ の関係を用いて，
与えられた x, y の方程式を r, θ の方程式で表す。この場合，与えられた
x, y の方程式がどんな形をしていても，r, θ の方程式に変形できることに注
意する。

解答　楕円上の点 P(x, y) の極座標を (r, θ) とすると　　$x=r\cos\theta$, $y=r\sin\theta$
これらを $x^2+2y^2=4$ に代入すると　　$r^2\cos^2\theta+2r^2\sin^2\theta=4$
すなわち，$r^2(\cos^2\theta+2\sin^2\theta)=4$ から
$$r^2(1+\sin^2\theta)=4 \quad 答$$

教 p.137

練習 32　次の極方程式の表す曲線を，直交座標の x, y の方程式で表せ。

(1) $r=\dfrac{1}{\sin\theta+\cos\theta}$ 　　　　(2) $r=2\sin\theta$

指針 **極方程式を直交座標の方程式で表す**　与えられた r, θ の極方程式に対して，
$r^2=x^2+y^2$, $\cos\theta=\dfrac{x}{r}$, $\sin\theta=\dfrac{y}{r}$ などの関係を用いて，x, y の方程式を導く。

解答 この曲線上の点 P$(r,\ \theta)$の直交座標を$(x,\ y)$とすると

$$r\cos\theta=x,\qquad r\sin\theta=y,\qquad r^2=x^2+y^2\quad\cdots\cdots\text{①}$$

(1) 極方程式 $r=\dfrac{1}{\sin\theta+\cos\theta}$ の両辺に $\sin\theta+\cos\theta(\neq0)$ を掛けると

$$r(\sin\theta+\cos\theta)=1$$

ゆえに $\qquad r\sin\theta+r\cos\theta=1$

これに ① を代入して，$r,\ \theta$ を消去すると $\quad y+x=1$

よって $\qquad x+y=1$ 答

(2) 極方程式 $r=2\sin\theta$ の両辺に r を掛けると

$$r^2=2r\sin\theta$$

これに ① を代入して，$r,\ \theta$ を消去すると

$$x^2+y^2=2y$$

よって $\qquad x^2+y^2-2y=0$ 答

注意 (1)の $x+y=1$ は直線を表す。

(2)の $x^2+y^2-2y=0$ は，点$(0,\ 1)$を中心とする半径 1 の円を表す。

D 2次曲線の極方程式

練習 33 次の極方程式の表す曲線を，直交座標の $x,\ y$ の方程式で表せ。

$$r=\dfrac{1}{1+2\cos\theta}$$

指針 **極方程式を直交座標の方程式で表す** 与えられた極方程式に対して，$r^2=x^2+y^2,\ r\cos\theta=x,\ r\sin\theta=y$ などの関係を用いて，$x,\ y$ の方程式を導く。

解答 $r=\dfrac{1}{1+2\cos\theta}$ の分母を払うと

$$r+2r\cos\theta=1 \qquad \leftarrow r\neq0\text{である}$$
ことに注意。

$r\cos\theta=x$ を代入して $\qquad r=1-2x$

両辺を 2 乗すると $\qquad r^2=1-4x+4x^2$

$r^2=x^2+y^2$ を代入して $\qquad x^2+y^2=1-4x+4x^2$

整理して $\qquad 3x^2-y^2-4x+1=0$ 答

注意 $3x^2-y^2-4x+1=0$ を変形すると，$9\left(x-\dfrac{2}{3}\right)^2-3y^2=1$ となり，双曲線を表すことがわかる。

8 コンピュータの利用

まとめ

1 リサージュ曲線
有理数 a, b に対して，媒介変数表示 $x=\sin at$，$y=\sin bt$ で表される曲線を，
リサージュ曲線 という。

2 アルキメデスの渦巻線
$a>0$ のとき，極方程式 $r=a\theta$ $(\theta\geqq0)$ で表される曲線を，**アルキメデスの渦巻
線** という。

A 媒介変数表示される曲線の描画

教 p.139

練習
34

次のように媒介変数表示される曲線をコンピュータで描いてみよ
う。

(1) $x=2\cos t$，$y=2\sin t$ (2) $x=3\cos t$，$y=2\sin t$

(3) $x=\cos t$，$y=\sin^2 t$ (4) $x=\sin 2t$，$y=\sin^2 t$

(5) $x=\sin t-\cos t$，$y=\sin t+\cos t$ (6) $x=t-\sin t$，$y=1-\cos t$

指針 **三角関数を含む媒介変数表示の曲線** コンピュータに媒介変数表示される曲
線の方程式を入力する。

解答 それぞれ $0\leqq t\leqq2\pi$ で描くと次のようになる。

(1)   (2)

(3)
(4)

(5)
(6)

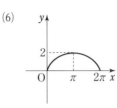

注意 (6)はサイクロイドである。

B 極方程式で表される曲線の描画

教 p.140

練習35 次のような極方程式で表される曲線をコンピュータで描いてみよう。ただし，$\theta \geqq 0$ とする。

(1) $r=\theta$　　　(2) $r=\sin 4\theta$　　　(3) $r=2(1+\cos\theta)$

指針 **極方程式で表される曲線**　コンピュータに極方程式で表される曲線の方程式を入力する。極座標による入力ができない場合は，媒介変数表示に直してから入力するとよい。極方程式 $r=f(\theta)$ は，$x=f(\theta)\cos\theta$，$y=f(\theta)\sin\theta$ と媒介変数表示される。

解答 (1)　　　　(2)　　　　(3)
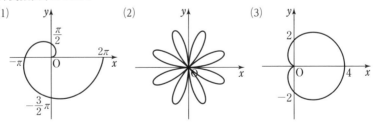

注意 (1)はアルキメデスの渦巻線，(2)は正葉曲線，(3)はカージオイドである。

第4章 第2節　　　補充問題

4 次のように媒介変数表示される曲線について，θ を消去して x，y の方程式を求めよ。

(1) $x=2\cos\theta-1$，$y=3\sin\theta-2$

(2) $x=\dfrac{1}{\cos\theta}+2$，$y=2\tan\theta+1$

指針 **媒介変数表示と *x*，*y* の方程式**　$\sin\theta$ と $\cos\theta$ の間の関係式や $\cos\theta$ と $\tan\theta$ の間の関係式に着目して，x と y だけの関係式を導く。

解答 (1) $x=2\cos\theta-1$，$y=3\sin\theta-2$ から

$$\cos\theta=\frac{x+1}{2}，\qquad \sin\theta=\frac{y+2}{3}$$

これらを $\sin^2\theta+\cos^2\theta=1$ に代入すると

$$\left(\frac{y+2}{3}\right)^2+\left(\frac{x+1}{2}\right)^2=1$$

すなわち　$\dfrac{(x+1)^2}{4}+\dfrac{(y+2)^2}{9}=1$　答

(2) $x=\dfrac{1}{\cos\theta}+2$，$y=2\tan\theta+1$ から

$$\frac{1}{\cos\theta}=x-2，\qquad \tan\theta=\frac{y-1}{2}$$

これらを $1+\tan^2\theta=\dfrac{1}{\cos^2\theta}$ に代入すると

$$1+\left(\frac{y-1}{2}\right)^2=(x-2)^2$$

すなわち　$(x-2)^2-\dfrac{(y-1)^2}{4}=1$　答

5 極を O とし，点 A の極座標を $\left(3，\dfrac{\pi}{4}\right)$ とする。点 A を通り，直線 OA に垂直な直線の極方程式は，$r\cos\left(\theta-\dfrac{\pi}{4}\right)=3$ であることを示せ。

指針 **垂直な直線の極方程式**　極 O と直線 ℓ の位置関係を図示し，直角三角形を見つける。

解答　求める直線を ℓ とする。

直線 ℓ 上に点 P をとると

$$\text{OPcos}\angle\text{AOP}=\text{OA}\quad\cdots\cdots\text{①}$$

ここで，点 P の極座標を $(r,\ \theta)$ とすると

$$\text{OP}=r,\ \text{OA}=3,$$

$$\cos\angle\text{AOP}=\cos\left(\theta-\frac{\pi}{4}\right)$$

したがって，直線 ℓ の極方程式は，① から

$$r\cos\left(\theta-\frac{\pi}{4}\right)=3$$

である。　終

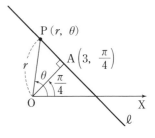

4 章

式と曲線

教 p.141

6　次の極方程式の表す曲線を，直交座標の $x,\ y$ の方程式で表せ。

(1)　$r=2(\cos\theta-2\sin\theta)$　　　　(2)　$r^2\sin\theta\cos\theta=1$

指針　**極方程式を直交座標の方程式で表す**　極座標 $(r,\ \theta)$ と直交座標の点 $(x,\ y)$ の間の関係

$$r\cos\theta=x,\ r\sin\theta=y,\ r^2=x^2+y^2$$

を用いて，極方程式の $r,\ \theta$ を $x,\ y$ で表す。

解答　$r^2=x^2+y^2\quad\cdots\cdots\text{①}$ とする。

(1)　$r=2(\cos\theta-2\sin\theta)$ の両辺に r を掛けて

$$r^2=2r\cos\theta-4r\sin\theta$$

① を代入して　　$x^2+y^2=2x-4y$

よって　　　　　　$x^2+y^2-2x+4y=0$　答

(2)　$r^2\sin\theta\cos\theta=1$ から

$$(r\sin\theta)(r\cos\theta)=1$$

① を代入して　　$yx=1$

すなわち　　　　　$xy=1$　答

注意　(1) は円を表し，(2) は双曲線を表す。

第4章　章末問題 A

教 p.142

1. 次の方程式の表す2次曲線の概形をかけ。また，その焦点の座標を求めよ。

(1)　$y^2+8x=0$　　　(2)　$4x^2+16y^2=1$　　　(3)　$8x^2-4y^2=32$

指針 **2次曲線の概形**　2次曲線の方程式を標準形に変形し，概形をかく。

(1)　$y^2=4px$ は放物線で，焦点は点$(p,\ 0)$，準線は直線 $x=-p$

(2)　$\dfrac{x^2}{a^2}+\dfrac{y^2}{b^2}=1$ は楕円で，頂点は4点$(\pm a,\ 0)$，$(0,\ \pm b)$，焦点は

2点$(\sqrt{a^2-b^2},\ 0)$，$(-\sqrt{a^2-b^2},\ 0)$　$(a>b>0)$

(3)　$\dfrac{x^2}{a^2}-\dfrac{y^2}{b^2}=1$ は双曲線で，漸近線は2直線 $y=\pm\dfrac{b}{a}x$，焦点は

2点$(\sqrt{a^2+b^2},\ 0)$，$(-\sqrt{a^2+b^2},\ 0)$　$(a>0,\ b>0)$

解答 (1)　$y^2+8x=0$ から
$$y^2=4\cdot(-2)x$$
よって，方程式は放物線を表し，
概形は図 のようになる。
また，焦点の座標は　　$(-2,\ 0)$　答

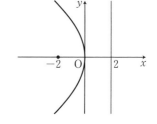

(2)　$4x^2+16y^2=1$ から
$$\frac{x^2}{\left(\dfrac{1}{2}\right)^2}+\frac{y^2}{\left(\dfrac{1}{4}\right)^2}=1$$
ゆえに，方程式は楕円を表し，
概形は図 のようになる。
また　$\sqrt{\left(\dfrac{1}{2}\right)^2-\left(\dfrac{1}{4}\right)^2}=\dfrac{\sqrt{3}}{4}$
よって，焦点の座標は
$$\left(\frac{\sqrt{3}}{4},\ 0\right),\ \left(-\frac{\sqrt{3}}{4},\ 0\right)\quad答$$

(3) $8x^2-4y^2=32$ から $\dfrac{x^2}{2^2}-\dfrac{y^2}{(2\sqrt{2})^2}=1$

ゆえに，方程式は双曲線を表し，

概形は図 のようになる。

また $\sqrt{2^2+(2\sqrt{2})^2}=2\sqrt{3}$

よって，焦点の座標は

   $(2\sqrt{3},\ 0),\ (-2\sqrt{3},\ 0)$ 答

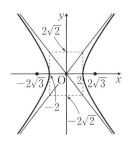

教 p.142

2. 次の 2 次曲線の方程式を求めよ。

(1) 頂点が原点で，焦点が x 軸上にあり，点$(-1,\ 2)$を通る放物線

(2) 長軸が x 軸上，短軸が y 軸上にあり，長軸の長さが 4 で点$(\sqrt{2},\ 1)$を通る楕円

(3) 頂点の座標が$(1,\ 0)$，$(-1,\ 0)$で，2 直線 $y=2x$, $y=-2x$ を漸近線とする双曲線

指針 **条件を満たす 2 次曲線** まず，それぞれの条件のうちのいくつかに着目して，曲線の方程式を a, b, p などの定数を用いて表し，次に，残りの条件を用いてこれらの定数を求める。

解答 (1) 頂点が原点で，焦点が x 軸上にあることから，求める放物線の方程式は

   $y^2=4px$ とおける。

   ここで，点$(-1,\ 2)$を通ることから $2^2=4p(-1)$

   よって，$p=-1$ であるから，求める方程式は $y^2=-4x$ 答

(2) 長軸が x 軸上，短軸が y 軸上にあることから，原点 O が中心で，この楕円の方程式は $\dfrac{x^2}{a^2}+\dfrac{y^2}{b^2}=1$ $(a>b>0)$ とおける。

   このとき，長軸の長さが 4 であるから $2a=4$ すなわち $a=2$

   さらに，点$(\sqrt{2},\ 1)$を通ることから $\dfrac{(\sqrt{2})^2}{2^2}+\dfrac{1^2}{b^2}=1$

   ゆえに $b^2=2$

   よって，求める方程式は $\dfrac{x^2}{4}+\dfrac{y^2}{2}=1$ 答

(3) 頂点$(1,\ 0)$，$(-1,\ 0)$は x 軸上にあり，それらを結ぶ線分の中点は原点であるから，この双曲線の方程式は $\dfrac{x^2}{a^2}-\dfrac{y^2}{b^2}=1$ $(a>0,\ b>0)$ とおける。

   ここで，頂点の座標から $a=1$ ……①

4 章

式と曲線

また，漸近線は $y=\pm\dfrac{b}{a}x$ で与えられるから　　$\dfrac{b}{a}=2$　……②

② から　　$b=2a$

これに ① を代入して　　$b=2$

よって，求める方程式は　　$x^2-\dfrac{y^2}{4}=1$　答

3. 次の方程式は放物線，楕円，双曲線のいずれを表すか。また，その焦点の座標を求めよ。

   (1) $x^2-2x+4y^2-3=0$

   (2) $y^2-4y-4x=0$

   (3) $9x^2-4y^2-18x-8y-31=0$

指針 **方程式が表す2次曲線**　与えられた方程式を変形して，どのような2次曲線を表すかを調べる。

　　放物線　　$(y-q)^2=4a(x-p)$,　　$(x-p)^2=4a(y-q)$

　　楕円　　　$\dfrac{(x-p)^2}{a^2}+\dfrac{(y-q)^2}{b^2}=1$

　　双曲線　　$\dfrac{(x-p)^2}{a^2}-\dfrac{(y-q)^2}{b^2}=1$,　　$\dfrac{(x-p)^2}{a^2}-\dfrac{(y-q)^2}{b^2}=-1$

　　焦点の座標は，標準形で表された曲線の平行移動を考えることにより求める。

解答 (1) $x^2-2x+4y^2-3=0$ を変形すると

　　　　$(x-1)^2+4y^2=4$　　すなわち　　$\dfrac{(x-1)^2}{4}+y^2=1$

　　これは，楕円 $\dfrac{x^2}{4}+y^2=1$　……① を x 軸方向に 1 だけ　　$\leftarrow\dfrac{x^2}{2^2}+\dfrac{y^2}{1^2}=1$

　　平行移動したものである。

　　① の焦点の座標は，$\sqrt{2^2-1^2}=\sqrt{3}$ から　　$(\sqrt{3},\ 0)$, $(-\sqrt{3},\ 0)$

　　よって，方程式は **楕円** を表す。

　　また，焦点の座標は　　$(\sqrt{3}+1,\ 0)$, $(-\sqrt{3}+1,\ 0)$　答

(2) $y^2-4y-4x=0$ を変形すると

　　　　$(y-2)^2=4x+4$　　すなわち　　$(y-2)^2=4(x+1)$

　　これは，放物線 $y^2=4x$　……① を x 軸方向に-1，y 軸方向に 2 だけ平行移動したものである。

　　① の焦点の座標は$(1,\ 0)$である。

　　よって，方程式は **放物線** を表す。

　　また，焦点の座標は　　$(1-1,\ 0+2)$　　すなわち　　$(0,\ 2)$　答

(3) $9x^2-4y^2-18x-8y-31=0$ を変形すると

$$9(x-1)^2-4(y+1)^2=36 \quad \text{すなわち} \quad \frac{(x-1)^2}{4}-\frac{(y+1)^2}{9}=1$$

これは，双曲線 $\dfrac{x^2}{2^2}-\dfrac{y^2}{3^2}=1$ ……① を x 軸方向に 1，y 軸方向に -1 だけ平行移動したものである。

① の焦点の座標は，$\sqrt{2^2+3^2}=\sqrt{13}$ から $\quad (\sqrt{13},\ 0),\ (-\sqrt{13},\ 0)$

よって，方程式は **双曲線** を表す。

また，焦点の座標は $\quad (\sqrt{13}+1,\ -1),\ (-\sqrt{13}+1,\ -1)$ ☐答

4. 次のように媒介変数表示される図形はどのような曲線か。$x,\ y$ の方程式を求めて示せ。

(1) $x=2t^2+4,\ y=t+3$ (2) $x=2\sqrt{t},\ y=\sqrt{t}-2t$

指針 **媒介変数表示される曲線** 与えられた 2 つの式から t を消去して，$x,\ y$ の方程式を求め，この $x,\ y$ の方程式を変形して，どのような曲線であるかを調べる。(2)では $\sqrt{t}\geqq 0$ であることに注意する。

解答 (1) $x=2t^2+4$ ……①，$y=t+3$ ……② とする。

② から $\quad t=y-3$

これを ① に代入すると $\quad x=2(y-3)^2+4$

すなわち $\quad (y-3)^2=\dfrac{1}{2}(x-4)$

よって，求める図形は

$$\text{放物線}\ (y-3)^2=\dfrac{1}{2}(x-4)\ \text{☐答}$$

(2) $x=2\sqrt{t}$ ……①，$y=\sqrt{t}-2t$ ……② とする。

$\sqrt{t}\geqq 0$ から $\quad x\geqq 0$ ……③

① から $\quad \sqrt{t}=\dfrac{x}{2}$

これを ② に代入すると $\quad y=\dfrac{x}{2}-2\left(\dfrac{x}{2}\right)^2$ すなわち $\quad y=-\dfrac{x^2}{2}+\dfrac{x}{2}$

よって，求める図形は

$$\text{放物線}\ y=-\dfrac{x^2}{2}+\dfrac{x}{2}\ \text{の}\ x\geqq 0\ \text{の部分}\ \text{☐答}$$

5. 点 A, B の極座標を, それぞれ $\left(3, \dfrac{\pi}{6}\right)$, $\left(4, \dfrac{\pi}{3}\right)$ とする。極 O と

点 A, B を頂点とする $\triangle$OAB の面積 S を求めよ。

指針 **極座標上の三角形の面積** 三角形の面積の公式 $S=\dfrac{1}{2}ab\sin\theta$ にあてはめる。

解答 $\quad S=\dfrac{1}{2}\text{OA}\cdot\text{OB}\sin\angle\text{BOA}$

$\qquad =\dfrac{1}{2}\cdot 3\cdot 4\sin\left(\dfrac{\pi}{3}-\dfrac{\pi}{6}\right)$

$\qquad =6\sin\dfrac{\pi}{6}$

$\qquad =6\cdot\dfrac{1}{2}=3$ 答

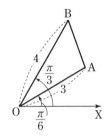

6. 始線 OX 上の点 A(2, 0) を通り, 始線に垂直な直線を ℓ とする。極 O を焦点, ℓ を準線とする放物線の極方程式を求めよ。

指針 **放物線と極方程式** 放物線の焦点と準線がもつ性質から, 放物線上の点 P から準線 ℓ に下ろした垂線を PH とすると, 常に OP=PH が成り立つ。このことを用いて極方程式を求める。

解答 放物線上の点 P の極座標を (r, θ) とし, P から
準線 ℓ に下ろした垂線を PH とする。
このとき, 常に OP=PH が成り立つ。
ここで, OP=r, PH=$2-r\cos\theta$ であるから
$\qquad r=2-r\cos\theta$
よって, 求める放物線の極方程式は

$\qquad r=\dfrac{2}{1+\cos\theta}$ 答

第4章　章末問題B

教 p.143

7. 直線 $x=-1$ に接し，点 A$(1,\ 0)$ を通る円の中心を P$(x,\ y)$ とする。点 P の軌跡はどのような曲線になるか。

指針 **軌跡と放物線**　条件から $x,\ y$ について成り立つ関係式を求め，それが表す図形がどのような曲線になるかを調べる。

解答　P から直線 $x=-1$ に下ろした垂線を PH とすると
$$\mathrm{PA}=\mathrm{PH}$$
すなわち　　　　$\mathrm{PA}^2=\mathrm{PH}^2$
ゆえに　　　　$(x-1)^2+y^2=\{x-(-1)\}^2$
整理すると　　$y^2=4x$　……①
よって，点 P は放物線 ① 上にある。
逆に，放物線 ① 上のすべての点 P$(x,\ y)$ は，
条件を満たす。
したがって，点 P の軌跡は　　**放物線 $y^2=4x$**　答

注意 円と直線 $x=-1$ の接点を H とすると，点 P と直線 $x=-1$ の距離は PH であり，2 点 A，H は円上にあるから　　$\mathrm{PA}=\mathrm{PH}$
よって，点 P は，定点 A と，A を通らない定直線 $x=-1$ から等距離にあるから，その軌跡は放物線になる。

教 p.143

8. 双曲線 $\dfrac{x^2}{6}-\dfrac{y^2}{3}=1$ の 1 つの焦点 $(3,\ 0)$ を F とする。この双曲線上の任意の点 P$(x,\ y)$ から直線 $x=2$ に下ろした垂線を PH とするとき，$\dfrac{\mathrm{PF}}{\mathrm{PH}}$ の値は一定であることを示せ。また，その値を求めよ。

指針 **双曲線の性質**　PF^2，PH^2 をそれぞれ x の式で表し，$\dfrac{\mathrm{PF}^2}{\mathrm{PH}^2}$ の値を求める。

解答　P$(x,\ y)$，H$(2,\ y)$ であるから　　$\mathrm{PH}^2=(x-2)^2$
また，F$(3,\ 0)$ であるから　　$\mathrm{PF}^2=(x-3)^2+y^2$
ここで，点 P は双曲線上の点であるから　　$\dfrac{x^2}{6}-\dfrac{y^2}{3}=1$
すなわち　　$y^2=\dfrac{1}{2}x^2-3$
ゆえに　　$\mathrm{PF}^2=(x-3)^2+\left(\dfrac{1}{2}x^2-3\right)=\dfrac{3}{2}(x^2-4x+4)=\dfrac{3}{2}(x-2)^2$

よって $\dfrac{\mathrm{PF}^2}{\mathrm{PH}^2}=\dfrac{\frac{3}{2}(x-2)^2}{(x-2)^2}=\dfrac{3}{2}$

PF≧0，PH≧0 であるから $\dfrac{\mathrm{PF}}{\mathrm{PH}}=\sqrt{\dfrac{3}{2}}=\dfrac{\sqrt{6}}{2}$

したがって，$\dfrac{\mathrm{PF}}{\mathrm{PH}}$ の値は一定である。　終

また，その値は $\dfrac{\mathrm{PF}}{\mathrm{PH}}=\dfrac{\sqrt{6}}{2}$　答

教 p.143

9. 2次曲線 $4x^2+y^2+8x-4y-8=0$ を，x 軸方向に1，y 軸方向に -3 だけ平行移動した2次曲線の方程式を求め，どのような曲線であるかを調べよ。また，移動後の2次曲線の焦点の座標を求めよ。

指針 **2次曲線の平行移動**　まず，与えられた2次曲線を変形して，どのような2次曲線であるかを調べる。さらに，x 軸方向に p，y 軸方向に q だけ平行移動した曲線の式は，x を $x-p$ に，y を $y-q$ におき換えることにより求められることを利用する。

解答　曲線の方程式を変形すると　$4(x^2+2x)+(y^2-4y)-8=0$

すなわち，$4(x+1)^2+(y-2)^2=16$ から　$\dfrac{(x+1)^2}{4}+\dfrac{(y-2)^2}{16}=1$

この楕円を，x 軸方向に1，y 軸方向に -3 だけ平行移動すると，移動後の楕円の方程式は　$\dfrac{\{(x-1)+1\}^2}{4}+\dfrac{\{(y+3)-2\}^2}{16}=1$

すなわち，求める曲線は　**楕円** $\dfrac{x^2}{4}+\dfrac{(y+1)^2}{16}=1$

この楕円を ① とすると，① は，楕円 $\dfrac{x^2}{4}+\dfrac{y^2}{16}=1$ を y 軸方向に -1 だけ平行移動したものである。

楕円 $\dfrac{x^2}{4}+\dfrac{y^2}{16}=1$ の焦点の座標は，$\sqrt{16-4}=\sqrt{12}=2\sqrt{3}$ から

$(0,\ 2\sqrt{3}),\ (0,\ -2\sqrt{3})$

よって，楕円 ① の焦点の座標は　$(0,\ 2\sqrt{3}-1),\ (0,\ -2\sqrt{3}-1)$　答

教 p.143

10. 楕円 $4x^2+y^2=4$ と直線 $y=-x+k$ が，異なる2点 Q，R で交わるように k の値が変化するとき，線分 QR の中点 P の軌跡を求めよ。

指針 **楕円と直線の交点を結んだ線分の中点の軌跡** 楕円と直線の交点の x 座標は，2つの方程式から y を消去して得られる2次方程式の解として得られる。よって，交わる(交点をもつ)条件は，この2次方程式が異なる2つの実数解をもつことである。また，交点の中点の座標は，解と係数の関係を利用して調べるとよい。

解答 $4x^2+y^2=4$ ……①，$y=-x+k$ ……② とする。

② を ① に代入して y を消去すると $4x^2+(-x+k)^2=4$

整理すると $5x^2-2kx+k^2-4=0$ ……③

楕円①と直線②が異なる2点で交わるとき，2次方程式③は異なる2つの実数解をもつ。

ゆえに，2次方程式③の判別式を D とすると，$D>0$ が成り立つ。

$\dfrac{D}{4}=(-k)^2-5(k^2-4)=-4(k^2-5)$ から $k^2-5<0$

これを解くと $-\sqrt{5}<k<\sqrt{5}$ ……④

$\mathrm{Q}(x_1,\ y_1)$，$\mathrm{R}(x_2,\ y_2)$ とすると，x_1，x_2 は2次方程式③の解であり，解と係数の関係により $x_1+x_2=\dfrac{2k}{5}$

よって，線分 QR の中点 P の座標を $(x,\ y)$ とすると，P は直線②上にあるから

$$x=\frac{x_1+x_2}{2}=\frac{k}{5}, \qquad y=-x+k=\frac{4k}{5}$$

$x=\dfrac{k}{5}$ より，$k=5x$ であるから $y=\dfrac{4k}{5}=\dfrac{4\cdot5x}{5}=4x$

また，④ から，$x=\dfrac{k}{5}$ のとりうる値の範囲は $-\dfrac{\sqrt{5}}{5}<x<\dfrac{\sqrt{5}}{5}$

したがって，求める中点 P の軌跡は

直線 $y=4x$ の $-\dfrac{\sqrt{5}}{5}<x<\dfrac{\sqrt{5}}{5}$ の部分 答

教 p.143

11. 曲線 C の媒介変数表示 $x=\dfrac{1-t^2}{1+t^2}$，$y=\dfrac{2t}{1+t^2}$ について，次の問いに答えよ。

(1) $t=\tan\dfrac{\theta}{2}$ としたとき，x と y を θ を用いて表せ。

(2) 曲線 C はどのような曲線か。

指針 **曲線の媒介変数表示**

(1) 2倍角の公式を利用して変形する。

(2) (1)の結果から，C が円をもとにした曲線であることがわかる。さらに，$t=\tan\dfrac{\theta}{2}$ より，$-\pi<\theta<\pi$ の範囲で t を満たす θ がただ1つ存在する。

4章

式と曲線

解答 (1)
$$x = \frac{1 - \tan^2 \frac{\theta}{2}}{1 + \tan^2 \frac{\theta}{2}} = \frac{\cos^2 \frac{\theta}{2} - \sin^2 \frac{\theta}{2}}{\cos^2 \frac{\theta}{2} + \sin^2 \frac{\theta}{2}}$$

$$= \cos^2 \frac{\theta}{2} - \sin^2 \frac{\theta}{2} = \boldsymbol{\cos \theta} \quad \text{答}$$

$$y = \frac{2 \tan \frac{\theta}{2}}{1 + \tan^2 \frac{\theta}{2}} = \frac{2 \sin \frac{\theta}{2} \cos \frac{\theta}{2}}{\cos^2 \frac{\theta}{2} + \sin^2 \frac{\theta}{2}}$$

$$= 2 \sin \frac{\theta}{2} \cos \frac{\theta}{2} = \boldsymbol{\sin \theta} \quad \text{答}$$

(2) ある実数 t に対して, $-\pi < \alpha < \pi$ の範囲で $t = \tan \dfrac{\alpha}{2}$ を満たす α がただ 1 つ存在する。

したがって, (1)より, 曲線 C は $-\pi < \theta < \pi$ の範囲で θ を動かしたときに点 $(\cos \theta, \sin \theta)$ が描く曲線である。

$\theta = \pm\pi$ のとき, 点 $(\cos \theta, \sin \theta)$ は点 $(-1, 0)$ を表すから, 曲線 C は

円 $x^2 + y^2 = 1$ ただし, 点 $(-1, 0)$ を除く 答

教 p.143

12. 点 C の極座標を (r_1, θ_1) とする。点 C を中心とする半径 a の円の極方程式は, 次の式で表されることを示せ。
$$r^2 + r_1{}^2 - 2rr_1\cos(\theta - \theta_1) = a^2$$

指針 **円の極方程式** 極を点 O とし, △OCP に余弦定理を用いる。

解答 極を点 O, 点 C を中心とする半径 a の円上の点 P の極座標を (r, θ) とする。

点 P が直線 OC 上にないとき, △OCP において, 余弦定理から
$$CP^2 = OP^2 + OC^2 - 2OP \cdot OC \cos(\theta - \theta_1)$$
ゆえに
$$r^2 + r_1{}^2 - 2rr_1\cos(\theta - \theta_1) = a^2$$
この式は点 P が直線 OC 上にあるときも成り立つ。

よって, 求める極方程式は
$$r^2 + r_1{}^2 - 2rr_1\cos(\theta - \theta_1) = a^2 \text{ で表される。} \quad \text{終}$$

第5章 │ 数学的な表現の工夫

1 データの表現方法の工夫

A パレート図　**B** パレート図の活用

教 p.147

練習1 右のデータは，2020 年 9 月における日本の電気事業者について，発電方法とその発電量を調査した結果である。このデータについて，パレート図をかけ。

項目	発電量（億kWh）
火力発電	586.7
水力発電	67.5
原子力発電	27.1
新エネルギー等	18.8
その他	0.2
計	700.3

（資源エネルギー庁ホームページより作成）

指針 **パレート図のかき方**　左側の軸は発電量，右側の軸は累積比率となる。
累積比率は，発電量の合計 700.3（億 kWh）と発電量の累積和から求める。

解答

C バブルチャート

教 p.151

練習
2

右のバブルチャートは，2019 年におけ
る各都道府県の出生率を横軸，死亡率
を縦軸，転入超過数（他都道府県から
の転入者数から，他都道府県への転出
者数を引いた数）の絶対値を円の面積
で表したものである。ただし，転入超
過数が正のデータは塗りの円，負の
データは白い円で表している。このバ
ブルチャートから読み取れることとし
て，正しいものを，次の ① ～ ③ から
1 つ選べ。

（総務省統計局
ホームページより作成）

① 地区 A は，出生率が死亡率を上
回っており，転入超過数も正の値を
とるから，人口は増加している。

② 出生率が死亡率を上回っているのは，地区 A 以外にもある。

③ 死亡率が出生率を上回っている都道府県のすべてで人口が減少
している。

注意 出生率，死亡率の単位 ‰ はパーミルといい，1000 分の 1 を単
位として表した比率である。たとえば，8.5 ‰ は 0.0085 である。

指針 **バブルチャートの読み方** 出生率と死亡率はそれぞれ軸から読み取り，転入
超過数は円の大きさや色から読み取る。

③ 人口が減少したかは（出生率）−（死亡率）と転入超過数から考えることが
できるが，一方が正，もう一方が負の場合，与えられた条件からだけでは
読み取ることはできない。

解答 ① 地区 A の出生率は 10 ‰ より大きく，死亡率は 10 ‰ 未満であるから，
出生率が死亡率を上回っている。また，転入超過数も正の値をとるから，
人口は増加していることがわかる。よって，正しい。

② 地区 A 以外のすべての地区が，出生率は 8 ‰ 以下で，死亡率は 8 ‰ よ
り大きい。ゆえに，出生率が死亡率を上回っているのは地区 A だけである。
よって，正しくない。

③ 死亡率が出生率を上回っている都道府県のうち, 転入超過数が正の値を
とる地区がある。このような地区については, 人口が減少しているかをこ
のバブルチャートから読み取ることはできない。

以上から, 読み取れることとして正しいものは 　①　 图

2 行列による表現

まとめ

1 行列

$A=\begin{pmatrix} 2 & 5 & 7 \\ -1 & 4 & 2 \end{pmatrix}$ のように, いくつかの数や文字を長方形状に書き並べ, 両側を
かっこで囲んだものを **行列** といい, かっこの中のそれぞれの数や文字を **成分**
という。成分の横の並びを **行**, 縦の並びを **列** といい, m 個の行と n 個の列
からなる行列を **m 行 n 列の行列** または **$m \times n$ 行列** という。また, 第 i 行と第
j 列の交わるところにある成分を **(i, j) 成分** という。

2 行列の型

2 つの行列 A, B が, 行数が等しく, 列数も等しいとき, A と B は **同じ型** で
あるという。また, 行列 A, B が同じ型であり, かつ対応する成分がそれぞれ
等しいとき, A と B は **等しい** といい, $A=B$ と書く。

3 行列の和と差

同じ型の 2 つの行列 A, B の対応する成分の和を成分とする行列を A と B の
和 といい, $A+B$ で表す。同様に, 対応する成分の差を成分とする行列を A
と B の **差** といい, $A-B$ で表す。

4 行列の実数倍

k を実数とするとき, 行列 A の各成分の k 倍を成分とする行列を kA で表す。

5 行列の積

$1 \times m$ 行列 A と $m \times 1$ 行列 B に対して, 次のように対応する成分の積の和を,
積 AB と定める。

$$AB=(a_1 \quad a_2 \quad \cdots\cdots \quad a_m)\begin{pmatrix} b_1 \\ b_2 \\ \vdots \\ b_m \end{pmatrix}=a_1 b_1 + a_2 b_2 + \cdots\cdots + a_m b_m$$

さらに, A が $l \times m$ 行列, B が $m \times n$ 行列のとき, 2 つの行列 A, B の **積 AB**
を, A の第 i 行を取り出した $1 \times m$ 行列と B の第 j 列を取り出した $m \times 1$ 行列
の積を (i, j) 成分とする $l \times n$ 行列と定める。

A（$l \times m$ 行列） B（$m \times n$ 行列） C（$l \times n$ 行列）

(i, j) 成分

第 i 行

第 j 列

注意 A の列数と B の行数が異なるときは，積 AB を考えない。

A 行列

教 p.153

練習3 教科書 152 ページの 4 種類のボールペンの販売数について，次の問いに答えよ。

(1) 4 月において，3 つの店の合計販売数が最も多いのは，どの色のボールペンか。

(2) 4 種類のボールペンの合計販売数が，4 月より 5 月の方が多いのは，どの店か。

指針 **行列による表現の読み取り**

(1) 列ごとに，3 つの店の本数を合計して比較する。

(2) 行ごとに，4 種類の本数を合計して 4 月と 5 月で比較する。

解答 (1) 4 種類のボールペンの，4 月における 3 つの店の合計販売数は，次のようになる。

黒：$55+78+43=176$

赤：$61+64+45=170$

青：$21+32+20=73$

緑：$13+18+9=40$

よって，**合計販売数が最も多いのは，黒のボールペン** である。 答

(2) 4 月，5 月における 4 種類のボールペンの 3 つの店での合計販売数は次のようになる。

店 X 4 月：$55+61+21+13=150$
5 月：$50+52+23+16=141$

店 Y 4 月：$78+64+32+18=192$
5 月：$70+64+36+25=195$

店 Z 4 月：$43+45+20+9=117$
5 月：$45+41+9+7=102$

よって，**4 月より 5 月の方が多いのは，店 Y** である。 答

教 p.154

練習 4

次の行列は何行何列の行列か。

(1) $\begin{pmatrix} 1 & 3 & 0 \\ 4 & 2 & 1 \end{pmatrix}$ (2) $\begin{pmatrix} 2 & 4 & -7 \\ -3 & 5 & 0 \\ 1 & 6 & 9 \end{pmatrix}$ (3) $(3 \quad 7)$ (4) $\begin{pmatrix} 1 \\ 4 \\ -2 \end{pmatrix}$

指針 **行列の型** 横の並びが行，縦の並びが列である。

解答 (1) **2行3列** 答

(2) **3行3列** 答

(3) **1行2列** 答

(4) **3行1列** 答

教 p.154

練習 5

行列 $\begin{pmatrix} 3 & -2 & 1 & 0 \\ 7 & 4 & -1 & 5 \\ 9 & 8 & -5 & -8 \\ -3 & 6 & 2 & 10 \end{pmatrix}$ について，次の成分をいえ。

(1) $(3, 2)$ 成分 (2) $(1, 4)$ 成分 (3) $(4, 4)$ 成分

指針 **行列の成分** (i, j) 成分は i 行目と j 列目が交わるところにある成分である。

解答 (1) 8 答

(2) 0 答

(3) 10 答

B 行列の和と差

教 p.155

練習 6

教科書152ページの各ボールペンの販売数について，4月から5月で最も減ったもの，最も増えたものは，それぞれどの店のどの色のボールペンか。教科書155ページの $A-B$ を利用して答えよ。

指針 **行列の差** $A-B$ の各成分は，4月の販売数と比べて5月の販売数がどれくらい減ったかを表しているから，成分の値を比較する。

解答 $A-B = \begin{pmatrix} 5 & 9 & -2 & -3 \\ 8 & 0 & -4 & -7 \\ -2 & 4 & 11 & 2 \end{pmatrix}$ の各成分は，4月から5月でのそれぞれの店のそ

れぞれの色の販売数の増減を表す。

よって，最大の成分が最も減ったもの，最小の成分が最も増えたものを表す。

最大の成分は $(3,\ 3)$ 成分の 11 であるから，**最も減ったものは店 Z の青の ボールペン** である。 答

最小の成分は $(2,\ 4)$ 成分の -7 であるから，**最も増えたものは店 Y の緑の ボールペン** である。 答

練習 7　次の計算をせよ。

(1) $\begin{pmatrix} 7 & 4 \\ -3 & 1 \end{pmatrix} + \begin{pmatrix} -2 & 5 \\ 8 & -1 \end{pmatrix}$　(2) $\begin{pmatrix} 2 & 9 \\ -6 & 7 \end{pmatrix} - \begin{pmatrix} 5 & 6 \\ 4 & -2 \end{pmatrix}$

(3) $\begin{pmatrix} 6 & -5 & 2 \\ 0 & 4 & -3 \end{pmatrix} + \begin{pmatrix} -4 & 3 & -7 \\ 1 & 8 & 6 \end{pmatrix}$　(4) $\begin{pmatrix} 5 \\ 0 \\ 4 \end{pmatrix} - \begin{pmatrix} 2 \\ 3 \\ -1 \end{pmatrix}$

指針 **行列の和と差の計算**　対応する成分の和，差を計算する。

解答 (1) $\begin{pmatrix} 7 & 4 \\ -3 & 1 \end{pmatrix} + \begin{pmatrix} -2 & 5 \\ 8 & -1 \end{pmatrix} = \begin{pmatrix} 5 & 9 \\ 5 & 0 \end{pmatrix}$ 答

(2) $\begin{pmatrix} 2 & 9 \\ -6 & 7 \end{pmatrix} - \begin{pmatrix} 5 & 6 \\ 4 & -2 \end{pmatrix} = \begin{pmatrix} -3 & 3 \\ -10 & 9 \end{pmatrix}$ 答

(3) $\begin{pmatrix} 6 & -5 & 2 \\ 0 & 4 & -3 \end{pmatrix} + \begin{pmatrix} -4 & 3 & -7 \\ 1 & 8 & 6 \end{pmatrix} = \begin{pmatrix} 2 & -2 & -5 \\ 1 & 12 & 3 \end{pmatrix}$ 答

(4) $\begin{pmatrix} 5 \\ 0 \\ 4 \end{pmatrix} - \begin{pmatrix} 2 \\ 3 \\ -1 \end{pmatrix} = \begin{pmatrix} 3 \\ -3 \\ 5 \end{pmatrix}$ 答

C 行列の実数倍

練習 8　教科書 152 ページのボールペンの販売数について，6 月の販売数を 表す行列が $C = \begin{pmatrix} 45 & 50 & 22 & 13 \\ 81 & 73 & 39 & 25 \\ 40 & 40 & 13 & 10 \end{pmatrix}$ のとき，4〜6 月の平均値を表す 行列を求めよ。

指針 **行列の実数倍**　$A+B+C$ の各成分を $\dfrac{1}{3}$ 倍する。

解答　$Q=A+B+C$ とすると，求める行列は $\dfrac{1}{3}Q$ である。

$$A+B=\begin{pmatrix} 105 & 113 & 44 & 29 \\ 148 & 128 & 68 & 43 \\ 88 & 86 & 29 & 16 \end{pmatrix}$$ であるから

$$\begin{aligned}
Q&=A+B+C \\
&=\begin{pmatrix} 105 & 113 & 44 & 29 \\ 148 & 128 & 68 & 43 \\ 88 & 86 & 29 & 16 \end{pmatrix}+\begin{pmatrix} 45 & 50 & 22 & 13 \\ 81 & 73 & 39 & 25 \\ 40 & 40 & 13 & 10 \end{pmatrix} \\
&=\begin{pmatrix} 150 & 163 & 66 & 42 \\ 229 & 201 & 107 & 68 \\ 128 & 126 & 42 & 26 \end{pmatrix}
\end{aligned}$$

よって，求める行列は

$$\frac{1}{3}Q=\frac{1}{3}\begin{pmatrix} 150 & 163 & 66 & 42 \\ 229 & 201 & 107 & 68 \\ 128 & 126 & 42 & 26 \end{pmatrix}=\begin{pmatrix} 50 & \dfrac{163}{3} & 22 & 14 \\[2mm] \dfrac{229}{3} & 67 & \dfrac{107}{3} & \dfrac{68}{3} \\[2mm] \dfrac{128}{3} & 42 & 14 & \dfrac{26}{3} \end{pmatrix}$$ 答

練習9　教 p.156

$P=\begin{pmatrix} 2 & -4 \\ -3 & 6 \end{pmatrix}$ のとき，次の行列を求めよ。

(1) $2P$　　　　(2) $\dfrac{1}{3}P$　　　　(3) $(-2)P$　　　　(4) $(-1)P$

指針　**行列の実数倍**　kP は行列 P の各成分を k 倍した行列である。

解答　(1)　$2P=2\begin{pmatrix} 2 & -4 \\ -3 & 6 \end{pmatrix}=\begin{pmatrix} 4 & -8 \\ -6 & 12 \end{pmatrix}$ 答

(2)　$\dfrac{1}{3}P=\dfrac{1}{3}\begin{pmatrix} 2 & -4 \\ -3 & 6 \end{pmatrix}=\begin{pmatrix} \dfrac{2}{3} & -\dfrac{4}{3} \\[2mm] -1 & 2 \end{pmatrix}$ 答

(3)　$(-2)P=(-2)\begin{pmatrix} 2 & -4 \\ -3 & 6 \end{pmatrix}=\begin{pmatrix} -4 & 8 \\ 6 & -12 \end{pmatrix}$ 答

(4)　$(-1)P=(-1)\begin{pmatrix} 2 & -4 \\ -3 & 6 \end{pmatrix}=\begin{pmatrix} -2 & 4 \\ 3 & -6 \end{pmatrix}$ 答

5章　数学的な表現の工夫

D 行列の積

教 p.158

練習
10

教科書 157 ページの例で，自動車 Y，自動車 Z の総得点を行列の積として表し，計算せよ。
また，X，Y，Z のうちどの自動車を購入すればよいか答えよ。

指針 **行列の積** Y，Z の総得点はそれぞれ AY，AZ であるから，これらを AX と同様に計算する。

解答 自動車 Y の総得点は
$$AY=(5 \quad 2 \quad 4)\begin{pmatrix}4\\5\\2\end{pmatrix}=5 \cdot 4+2 \cdot 5+4 \cdot 2=38 \quad 答$$

自動車 Z の総得点は
$$AZ=(5 \quad 2 \quad 4)\begin{pmatrix}2\\4\\3\end{pmatrix}=5 \cdot 2+2 \cdot 4+4 \cdot 3=30 \quad 答$$

よって，X，Y，Z のうち最も総得点が大きいのは Y であるから，**Y を購入すればよい。** 答

教 p.159

練習
11

教科書 157 ページの例で，各観点の重要度が右の表のようであるとする。3つの自動車 X，Y，Z の評価は教科書と同じであるとき，どの自動車を購入すればよいか答えよ

観点	a	b	c
重要度	1	3	5

指針 **行列の積** 重要度を表す行列 $B=(1 \quad 3 \quad 5)$ と，X，Y，Z を並べた行列 W の積 BW は，3つの自動車の総得点を表す行列である。

解答 観点の重要度を次の 1×3 行列 B で表すと $B=(1 \quad 3 \quad 5)$

各自動車の評価を表す行列 X，Y，Z を並べた行列 $\begin{pmatrix}3&4&2\\1&5&4\\5&2&3\end{pmatrix}$ を W とすると，

各自動車の総得点は次のように求められる。
$$BW=(1 \quad 3 \quad 5)\begin{pmatrix}3&4&2\\1&5&4\\5&2&3\end{pmatrix}$$
$$=(1 \cdot 3+3 \cdot 1+5 \cdot 5 \quad 1 \cdot 4+3 \cdot 5+5 \cdot 2 \quad 1 \cdot 2+3 \cdot 4+5 \cdot 3)$$
$$=(31 \quad 29 \quad 29)$$

よって，最も総得点が大きいのは X であるから，**X を購入すればよい。** 答

練習
12　次の行列の積を計算せよ。

(1)　$(2 \quad 3)\begin{pmatrix} 5 \\ 4 \end{pmatrix}$　　(2)　$\begin{pmatrix} 5 & 0 \\ -6 & 1 \end{pmatrix}\begin{pmatrix} 2 \\ 3 \end{pmatrix}$　　(3)　$\begin{pmatrix} 1 & 2 \\ 3 & 1 \end{pmatrix}\begin{pmatrix} 2 & 4 \\ 3 & 1 \end{pmatrix}$

指針　**行列の積**　行列の積の規則に従って計算する。

解答　(1)　$(2 \quad 3)\begin{pmatrix} 5 \\ 4 \end{pmatrix} = 2 \cdot 5 + 3 \cdot 4 = \mathbf{22}$　答

(2)　$\begin{pmatrix} 5 & 0 \\ -6 & 1 \end{pmatrix}\begin{pmatrix} 2 \\ 3 \end{pmatrix} = \begin{pmatrix} 5 \cdot 2 + 0 \cdot 3 \\ -6 \cdot 2 + 1 \cdot 3 \end{pmatrix} = \begin{pmatrix} \mathbf{10} \\ \mathbf{-9} \end{pmatrix}$　答

(3)　$\begin{pmatrix} 1 & 2 \\ 3 & 1 \end{pmatrix}\begin{pmatrix} 2 & 4 \\ 3 & 1 \end{pmatrix} = \begin{pmatrix} 1 \cdot 2 + 2 \cdot 3 & 1 \cdot 4 + 2 \cdot 1 \\ 3 \cdot 2 + 1 \cdot 3 & 3 \cdot 4 + 1 \cdot 1 \end{pmatrix} = \begin{pmatrix} \mathbf{8} & \mathbf{6} \\ \mathbf{9} & \mathbf{13} \end{pmatrix}$　答

③ 離散グラフによる表現

まとめ

1　離散グラフ

いくつかの点とそれらを結ぶ何本かの線で表された図を **離散グラフ** または単に **グラフ** という。

離散グラフの点を **頂点**，線を **辺** という。

また教科書および本書では，集まる辺の本数が奇数である頂点を **奇点**，偶数である頂点を **偶点** という。

2　連結

離散グラフのどの2つの頂点も，いくつかの辺をたどって一方から他方に行けるとき，離散グラフは **連結** であるという。

3　一筆書きができる離散グラフ

連結である離散グラフについて，一筆書きができるための必要十分条件は，奇点の個数が0または2であることである。

4　最短経路

それぞれの辺に数を与えた離散グラフを利用すると，ある頂点から別の頂点へ向かう経路のうち，最短経路を調べることができる。

A 一筆書き

教 p.161

練習
13
次の2つの図は，どちらも一筆書きの方法がある。その方法を見つけよ。

(1)

(2)

指針 **一筆書きの方法** すべての辺を1回だけ通る方法を探す。書き方は1通りではない。

解答 たとえば，次の矢印のように線をたどればよい。

(1)

(2)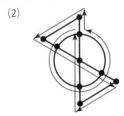

教 p.162

練習
14
教科書例3，練習13の図について，奇点，偶点はそれぞれ何個あるか。

指針 **奇点と偶点** 頂点に集まる辺の本数を数える。

解答 例3

   (1) **奇点は2個，偶点は4個** 答

   (2) **奇点は0個，偶点は6個** 答

   練習13

   (1) **奇点は2個，偶点は3個** 答

   (2) **奇点は0個，偶点は9個** 答

練習 15
教科書例4の図[2]の離散グラフは，一筆書きができない。その理由を説明せよ。

指針　**一筆書きができるための必要十分条件**　奇点の個数が0または2でないと一筆書きすることはできない。

解答　一筆書きができるための必要十分条件は，奇点の個数が0または2である。
図[2]の離散グラフには奇点が4個あるから，一筆書きができない。 答

練習 16
次の離散グラフについて，一筆書きができるか判定せよ。また，一筆書きができる場合は，実際に一筆書きの方法を見つけよ。

(1) 　(2) 　(3)

5章　数学的な表現の工夫

指針　**一筆書きができるための必要十分条件**　奇点の個数が0または2であるかどうかで判定する。
　一筆書きの方法は，始点の決め方が重要である。奇点の個数が0の場合は始点をどこにとってもよい。奇点の個数が2の場合は奇点のうちどちらかを始点とする。このとき，もう一方の奇点が終点となる。

解答　(1)　奇点が4個あるから，**一筆書きはできない。** 答
　　　(2)　奇点がないから，**一筆書きはできる。** 答
　　　(3)　奇点が2個あるから，**一筆書きはできる。** 答
(2), (3)については，たとえば，次の矢印のように線をたどればよい。

(2) 　(3)

教 p.163

練習
17

右の離散グラフは，九州の7つの県の県庁所在地を頂点で表し，2つの頂点を含む県が陸続きで隣接しているならば，その間を辺で結んだものである。この離散グラフは一筆書きができるか。理由とともに答えよ。

指針　**一筆書きができるための必要十分条件**　奇点の個数が0または2であるかどうかで判定する。

解答　長崎市，福岡市，大分市，宮崎市が奇点である。

よって，**奇点が4個あるから，一筆書きはできない。** 答

B 最短経路

教 p.164

練習
18

A, B, C, D, E, Fの6駅が右の図のような路線を構成している。この離散グラフの辺に隣接して書かれている数は移動する際の所要時間(分)である。この路線において，AからFまで移動するとき，所要時間が最も短くなる経路を見つけよ。

指針　**最短経路**　AからFまでの経路の所要時間を1つずつ調べ，最小のものを見つける。

解答　それぞれの経路の所要時間を調べると

$A \to B \to C \to D \to E \to F$　では18分

$A \to B \to C \to D \to F$　　　では12分

$A \to B \to C \to F$　　　　　では13分

$A \to C \to D \to E \to F$　　　では17分

$A \to C \to D \to F$　　　　　では11分

$A \to C \to F$　　　　　　　では12分

$A \to D \to C \to F$　　　　　では18分

$A \to D \to E \to F$　　　　　では19分

$A \to D \to F$　　　　　　　では13分

$A \to E \to D \to C \to F$　　　では19分

A→E→D→F　　　　では 14 分
A→E→F　　　　　では 12 分

であるから，最も短い所要時間は 11 分で，そのときの経路は

A→C→D→F 答

練習
19

教 p.167

A，B，C，D，E，F の 6 駅が右の図のような路線を構成している。この離散グラフの辺に隣接して書かれている数は移動する際の所要時間(分)である。この路線において，A から F まで移動するとき，所要時間が最も短くなる経路をダイクストラのアルゴリズムを利用して見つけよ。

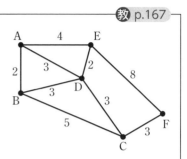

5
章

数学的な表現の工夫

指針 **最短経路を効率よく調べる方法**　教科書 165～167 ページの方法を参考にするとよい。A から順に所要時間の小さい頂点を探索して数値を確定させていく。

解答 まず，A に 0 を割り当てる。

① A が 0 で確定
② B に 2，D に 3，E に 4 を割り当てる

頂点 B について考える。

① B が 2 で確定
② C に 7 を割り当て，D は 3 のまま

頂点 D について考える。

① D が 3 で確定
② C に 6 を割り当て，E は 4 のまま

頂点 E について考える。

① E が 4 で確定
② F に 12 を割り当てる

頂点 C について考える。

① C が 6 で確定
② F に 9 を割り当てる

頂点 F について考える。

① F が 9 で確定

以上から，頂点 A から頂点 F までの最小の所要時間は 9 分であることがわかり，このときの経路は　　**A→D→C→F** 答

教科書 *p*.168

4 離散グラフと行列の関連

まとめ

1 隣接行列

n を自然数として，離散グラフの頂点を P_1，P_2，……，P_n とする。

このとき，$n \times n$ 行列 A の (i, j) 成分を，2つの頂点 P_i，P_j を結ぶ辺の本数とする。このようにして定めた行列 A を離散グラフの **隣接行列** という。

(離散グラフ)　　　　　　　　　　(隣接行列)

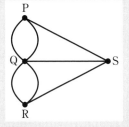

$$A = \begin{matrix} & P & Q & R & S \\ & \vdots & \vdots & \vdots & \vdots \\ \begin{pmatrix} 0 & 2 & 0 & 1 \\ 2 & 0 & 2 & 1 \\ 0 & 2 & 0 & 1 \\ 1 & 1 & 1 & 0 \end{pmatrix} \end{matrix} \begin{matrix} \cdots P \\ \cdots Q \\ \cdots R \\ \cdots S \end{matrix}$$

2 行列の n 乗

行列 A に A 自身を掛けた積 AA を A^2 と書き，これを行列 A の **2乗** という。

同様にして，自然数 n について A^n すなわち A の **n 乗** を定義することができる。

3 経路の数え上げ

ある頂点 P から別の頂点 Q への経路を数え上げる際，離散グラフの隣接行列 A を利用できる場合がある。

たとえば，辺を2回通って P から Q まで行く経路の総数は，A^2 を計算してその成分から求めることができる。

A 離散グラフの隣接行列

教 p.169

練習 20　次の離散グラフの隣接行列を求めよ。

(1)

(2)

指針　**離散グラフの隣接行列**　隣接する2つの頂点を結ぶ辺の本数を読み取り，行列に表す。

解答 (1) $\begin{pmatrix} 0 & 1 & 1 & 1 & 0 \\ 1 & 0 & 1 & 0 & 0 \\ 1 & 1 & 0 & 1 & 1 \\ 1 & 0 & 1 & 0 & 1 \\ 0 & 0 & 1 & 1 & 0 \end{pmatrix}$ 答

(2) $\begin{pmatrix} 0 & 1 & 0 & 0 & 0 & 1 \\ 1 & 0 & 1 & 0 & 1 & 0 \\ 0 & 1 & 0 & 1 & 0 & 0 \\ 0 & 0 & 1 & 0 & 1 & 0 \\ 0 & 1 & 0 & 1 & 0 & 1 \\ 1 & 0 & 0 & 0 & 1 & 0 \end{pmatrix}$ 答

練習 21

次の隣接行列 A をもつ離散グラフを，右下の図に辺を書き入れて完成させよ。

$$A = \begin{matrix} & \text{P} & \text{Q} & \text{R} & \text{S} & \text{T} \\ & \vdots & \vdots & \vdots & \vdots & \vdots \\ & \begin{pmatrix} 0 & 0 & 1 & 0 & 1 \\ 0 & 0 & 0 & 0 & 1 \\ 1 & 0 & 0 & 1 & 0 \\ 0 & 0 & 1 & 0 & 0 \\ 1 & 1 & 0 & 0 & 0 \end{pmatrix} & \begin{matrix} \cdots \text{P} \\ \cdots \text{Q} \\ \cdots \text{R} \\ \cdots \text{S} \\ \cdots \text{T} \end{matrix} \end{matrix}$$

P

Q • • T

R • • S

指針 **隣接行列の表す離散グラフ** 2つの頂点を結ぶ辺の本数を隣接行列から読み取り，離散グラフに表す。

解答

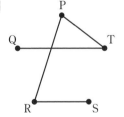

B 経路の数え上げ

練習
22

教科書 170 ページで考えた 4 つの都市とそれらを結ぶ 5 本の高速道路について，次の経路の総数を求めよ。ただし，(2) では $S \to R \to S$ のように同じ高速道路を使う経路も考えることとする。

(1) 高速道路を 2 回使って，Q から R に行く経路

(2) 高速道路を 2 回使って，S を出発して再び S に戻る経路

指針 **経路の総数と行列** A^2 の各成分は，高速道路を 2 回使ってある都市からある都市まで行く経路の総数を表している。

(1) $Q \to R$ は $(2, 3)$ 成分

(2) $S \to S$ は $(4, 4)$ 成分

解答 $A^2 = \begin{pmatrix} 2 & 0 & 0 & 3 \\ 0 & 5 & 3 & 0 \\ 0 & 3 & 2 & 0 \\ 3 & 0 & 0 & 5 \end{pmatrix}$ である。

(1) 求める経路の総数は行列 A^2 の $(2, 3)$ 成分であるから　**3**　答

(2) 求める経路の総数は行列 A^2 の $(4, 4)$ 成分であるから　**5**　答

練習
23

教科書 170 ページで考えた 4 つの都市とそれらを結ぶ 5 本の高速道路について，次の問いに答えよ。

(1) 170 ページで考えた隣接行列 A について，A^3 を求めよ。

(2) 高速道路を 3 回使って，P から Q に行く経路の総数を求めよ。
　　ただし，$P \to R \to P \to Q$ のように，同じ高速道路を複数回使う経路も考えることとする。

指針 **経路の総数と行列**

(2) A^2 のときと同様に，A^3 の成分から経路の総数を読み取る。

解答 (1) $A^3 = A^2 A = \begin{pmatrix} 2 & 0 & 0 & 3 \\ 0 & 5 & 3 & 0 \\ 0 & 3 & 2 & 0 \\ 3 & 0 & 0 & 5 \end{pmatrix} \begin{pmatrix} 0 & 1 & 1 & 0 \\ 1 & 0 & 0 & 2 \\ 1 & 0 & 0 & 1 \\ 0 & 2 & 1 & 0 \end{pmatrix} = \begin{pmatrix} 0 & 8 & 5 & 0 \\ 8 & 0 & 0 & 13 \\ 5 & 0 & 0 & 8 \\ 0 & 13 & 8 & 0 \end{pmatrix}$　答

(2) 求める経路の総数は行列 A^3 の $(1, 2)$ 成分であるから　**8**　答

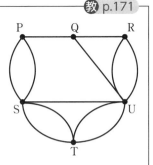

練習
24

右の図はある鉄道会社の主要 6 駅とその駅を結ぶ路線について，離散グラフに表したものである。たとえば，P 駅から S 駅へは 2 つの路線が運行している。

1 日に 1 路線のみを使えるとし，P → Q → P と移動するには 2 日かかるとする。

(1) P 駅から出発して，3 日目に U 駅に到着する経路の総数を求めよ。

(2) P 駅から出発して，4 日目に U 駅に到着する経路の総数を求めよ。

指針 **経路の総数と行列** 離散グラフの隣接行列 A について A^3, A^4 を求め，これらの成分から経路の総数を求める。

解答 離散グラフの隣接行列を A とすると

$$A = \begin{pmatrix} 0 & 1 & 0 & 2 & 0 & 0 \\ 1 & 0 & 1 & 0 & 0 & 1 \\ 0 & 1 & 0 & 0 & 0 & 2 \\ 2 & 0 & 0 & 0 & 2 & 1 \\ 0 & 0 & 0 & 2 & 0 & 2 \\ 0 & 1 & 2 & 1 & 2 & 0 \end{pmatrix}$$

(1)
$$A^2 = \begin{pmatrix} 5 & 0 & 1 & 0 & 4 & 3 \\ 0 & 3 & 2 & 3 & 2 & 2 \\ 1 & 2 & 5 & 2 & 4 & 1 \\ 0 & 3 & 2 & 9 & 2 & 4 \\ 4 & 2 & 4 & 2 & 8 & 2 \\ 3 & 2 & 1 & 4 & 2 & 10 \end{pmatrix}, \quad A^3 = \begin{pmatrix} 0 & 9 & 6 & 21 & 6 & 10 \\ 9 & 4 & 7 & 6 & 10 & 14 \\ 6 & 7 & 4 & 11 & 6 & 22 \\ 21 & 6 & 11 & 8 & 26 & 20 \\ 6 & 10 & 6 & 26 & 8 & 28 \\ 10 & 14 & 22 & 20 & 28 & 12 \end{pmatrix}$$

求める経路の総数は行列 A^3 の $(1, 6)$ 成分であるから **10** 答

(2)
$$A^4 = \begin{pmatrix} 51 & 16 & 29 & 22 & 62 & 54 \\ 16 & 30 & 32 & 52 & 40 & 44 \\ 29 & 32 & 51 & 46 & 66 & 38 \\ 22 & 52 & 46 & 114 & 56 & 88 \\ 62 & 40 & 66 & 56 & 108 & 64 \\ 54 & 44 & 38 & 88 & 64 & 134 \end{pmatrix}$$

求める経路の総数は行列 A^4 の $(1, 6)$ 成分であるから **54** 答

5
章

数学的な表現の工夫

総合問題

1 ※ 問題文は教科書172ページを参照

指針 (1) $\vec{a}$ の大きさは $|\vec{a}|$ であるから，$\vec{a}$ を $\dfrac{1}{|\vec{a}|}$ 倍すると単位ベクトルになる。

$\overrightarrow{OH}$ の大きさは b と $\cos\theta$ で表される。

(2) $\overrightarrow{AH}$ を $\overrightarrow{AC}$ の $\vec{n}$ への正射影ベクトルとみると $\quad \overrightarrow{AH} = \dfrac{\vec{n}\cdot\overrightarrow{AC}}{|\vec{n}|^2}\vec{n}$

(3) $\overrightarrow{OB} = \overrightarrow{OA} + 2\overrightarrow{AH}$ から $\overrightarrow{OB}$ を求める。

解答 (1) $\vec{a}$ の大きさは $|\vec{a}|$ であるから，$\vec{a}$ と同じ向きの単位ベクトルは $\dfrac{\vec{a}}{|\vec{a}|}$ で

表される。

[1] $0° \leqq \theta < 90°$ のとき

$\cos\theta > 0$ であるから，$\overrightarrow{OH}$ の大きさは $|\vec{b}|\cos\theta$ であり，$\overrightarrow{OH}$ は $\vec{a}$ と同じ向きである。

よって，$\overrightarrow{OH}$ は $\dfrac{\vec{a}}{|\vec{a}|}$ を $|\vec{b}|\cos\theta$ 倍したベクトルである。

[2] $90° < \theta \leqq 180°$ のとき

$\cos\theta < 0$ であるから，$\overrightarrow{OH}$ の大きさは $-|\vec{b}|\cos\theta$ であり，$\overrightarrow{OH}$ は $\vec{a}$ と反対の向きである。

よって，$\overrightarrow{OH}$ は $\dfrac{\vec{a}}{|\vec{a}|}$ を $-(-|\vec{b}|\cos\theta)$ すなわち $|\vec{b}|\cos\theta$ 倍したベクトルである。

以上から $\quad \overrightarrow{OH} = \dfrac{\vec{a}}{|\vec{a}|} \times |\vec{b}|\cos\theta = \dfrac{|\vec{a}| \times |\vec{b}|\cos\theta}{|\vec{a}|^2}\vec{a} = \dfrac{\vec{a}\cdot\vec{b}}{|\vec{a}|^2}\vec{a}$

なお，$\theta = 90°$ のとき $\overrightarrow{OH} = \vec{0}$，$\vec{a}\cdot\vec{b} = 0$ であり，これらは $\overrightarrow{OH} = \dfrac{\vec{a}\cdot\vec{b}}{|\vec{a}|^2}\vec{a}$ を

満たす。

答 (ア) $\dfrac{\vec{a}}{|\vec{a}|}$ (イ) $|\vec{b}|\cos\theta$

(2) $\overrightarrow{\text{AH}}$ は $\overrightarrow{\text{AC}}$ の $\vec{n}$ への正射影ベクトルであるから $\qquad \overrightarrow{\text{AH}}=\dfrac{\vec{n}\cdot\overrightarrow{\text{AC}}}{|\vec{n}|^2}\vec{n}$

点 C の座標は $(0,\ 1)$ であるから

$$\overrightarrow{\text{AC}}=(0,\ 1)-\left(-2,\ \dfrac{9}{2}\right)=\left(2,\ -\dfrac{7}{2}\right)$$

よって $\qquad \vec{n}\cdot\overrightarrow{\text{AC}}=2\times2+(-1)\times\left(-\dfrac{7}{2}\right)=\dfrac{15}{2}$

また $\qquad |\vec{n}|^2=2^2+(-1)^2=5$

したがって $\qquad \overrightarrow{\text{AH}}=\dfrac{\vec{n}\cdot\overrightarrow{\text{AC}}}{|\vec{n}|^2}\vec{n}=\dfrac{1}{5}\cdot\dfrac{15}{2}\vec{n}=\dfrac{3}{2}(2,\ -1)=\left(3,\ -\dfrac{3}{2}\right)$ 答

(3) $\overrightarrow{\text{OB}}=\overrightarrow{\text{OA}}+\overrightarrow{\text{AB}}=\overrightarrow{\text{OA}}+2\overrightarrow{\text{AH}}=\left(-2,\ \dfrac{9}{2}\right)+2\left(3,\ -\dfrac{3}{2}\right)=\left(4,\ \dfrac{3}{2}\right)$

よって，点 B の座標は $\left(4,\ \dfrac{3}{2}\right)$ 答

2 ※ 問題文は教科書 173 ページを参照

指針 (2) △ABC は xy 平面上にあるから H の z 座標は 0 となる。また，△ABC は $\angle\text{BAC}=90°$ の直角三角形であるから H は線分 BC の中点である。

(3) $\overrightarrow{\text{AB}}\cdot\overrightarrow{\text{AD}}$ から x 座標が，$\overrightarrow{\text{AC}}\cdot\overrightarrow{\text{AD}}$ から y 座標が求められる。さらに，AD=4 から z 座標が求められる。

(4) $|\overrightarrow{\text{OA}}|=|\overrightarrow{\text{OD}}|$ から k の値が求められる。

解答 (1) OA=OB=OC=r，$\angle\text{OHA}=\angle\text{OHB}=\angle\text{OHC}=90°$ であるから

$$\text{AH}^2=\text{OA}^2-\text{OH}^2=r^2-\text{OH}^2$$
$$\text{BH}^2=\text{OB}^2-\text{OH}^2=r^2-\text{OH}^2$$
$$\text{CH}^2=\text{OC}^2-\text{OH}^2=r^2-\text{OH}^2$$

ゆえに，$\text{AH}^2=\text{BH}^2=\text{CH}^2$ から $\qquad$ AH=BH=CH

よって，H は △ABC の外心である。 終

(2) △ABC は $\angle\text{BAC}=90°$ の直角三角形であるから，BC を直径とする円が △ABC の外接円である。

よって，外心 H は BC の中点 $\left(\dfrac{1}{2},\ \dfrac{3}{2},\ 0\right)$ である。 答

(3) $\overrightarrow{\text{AB}}\cdot\overrightarrow{\text{AD}}=|\overrightarrow{\text{AB}}||\overrightarrow{\text{AD}}|\cos\angle\text{BAD}$ から

$$x=1\times4\times\cos60°=2$$

また，$\overrightarrow{\text{AC}}\cdot\overrightarrow{\text{AD}}=|\overrightarrow{\text{AC}}||\overrightarrow{\text{AD}}|\cos\angle\text{CAD}$ から $\qquad 3y=3\times4\times\cos60°$

ゆえに，$3y=6$ から $\qquad y=2$

AD=4 から $\qquad x^2+y^2+z^2=16$

$x=2$，$y=2$ を代入すると $\qquad z^2=8$

よって，$z\geqq0$ から $\qquad z=2\sqrt{2}$

したがって $\qquad x=2,\ y=2,\ z=2\sqrt{2}$

すなわち，D の座標は　　$(2,\ 2,\ 2\sqrt{2})$　答

(4)　$\overrightarrow{\mathrm{AO}}=\overrightarrow{\mathrm{AH}}+\overrightarrow{\mathrm{HO}}=\left(\dfrac{1}{2},\ \dfrac{3}{2},\ 0\right)+k(0,\ 0,\ 1)=\left(\dfrac{1}{2},\ \dfrac{3}{2},\ k\right)$

すなわち，$\mathrm{O}\left(\dfrac{1}{2},\ \dfrac{3}{2},\ k\right)$ と表すことができる。

ゆえに，OA＝OD から

$$\left(\dfrac{1}{2}\right)^2+\left(\dfrac{3}{2}\right)^2+k^2=\left(2-\dfrac{1}{2}\right)^2+\left(2-\dfrac{3}{2}\right)^2+(2\sqrt{2}-k)^2$$

よって，$8-4\sqrt{2}\,k=0$ から　　$k=\sqrt{2}$

これより，O の座標は　　$\left(\dfrac{1}{2},\ \dfrac{3}{2},\ \sqrt{2}\right)$　答

また，球の半径 r は　　$r=\mathrm{OA}=\sqrt{\left(\dfrac{1}{2}\right)^2+\left(\dfrac{3}{2}\right)^2+(\sqrt{2})^2}=\dfrac{3\sqrt{2}}{2}$　答

3 ※　問題文は教科書 174 ページを参照

指針 (1), (2) 印 A，印 B の位置を表す複素数をそれぞれ z_1，z_2 とすると，点 z_1 は点 α を，点 β を中心として $-\dfrac{\pi}{2}$ だけ回転した点であり，点 z_2 は点 α を，点 γ を中心として $\dfrac{\pi}{2}$ だけ回転した点である。

(3) 財宝の位置は点 z_1，z_2 を結んでできる線分の中点である。

解答 (1)　印 A，印 B の位置を表す複素数を，それぞれ z_1，z_2 とする。

印 A は，井戸から松の木まで歩いていき，左回りに 90 度向きを変え，同じ距離だけ進んだ点であるから，点 z_1 は，点 α を，点 β を中心として $-\dfrac{\pi}{2}$ だけ回転した点である。

印 B は，井戸から梅の木まで歩いていき，右回りに 90 度向きを変え，同じ距離だけ進んだ点であるから，点 z_2 は，点 α を，点 γ を中心として $\dfrac{\pi}{2}$ だけ回転した点である。

答　（ア）β　　（イ）$-\dfrac{\pi}{2}$　　（ウ）γ　　（エ）$\dfrac{\pi}{2}$

(2) 点 z_1 は，点 α を，点 β を中心として $-\dfrac{\pi}{2}$ だけ回転した点であるから

$$z_1 - \beta = \left\{ \cos\left(-\frac{\pi}{2}\right) + i\sin\left(-\frac{\pi}{2}\right) \right\}(\alpha - \beta)$$
$$= -i(\alpha - \beta) = (\beta - \alpha)i$$

よって　　$z_1 = (\beta - \alpha)i + \beta$

点 z_2 は，点 α を，点 γ を中心として $\dfrac{\pi}{2}$ だけ回転した点であるから

$$z_2 - \gamma = \left(\cos\frac{\pi}{2} + i\sin\frac{\pi}{2}\right)(\alpha - \gamma)$$

よって　　$z_2 = (\alpha - \gamma)i + \gamma$　答

(3) 財宝の位置を表す複素数を δ とすると，δ は，点 z_1, z_2 を結んでできる線分の中点であるから

$$\delta = \frac{z_1 + z_2}{2} = \frac{(\beta - \alpha)i + \beta + (\alpha - \gamma)i + \gamma}{2} = \frac{\beta - \gamma}{2}i + \frac{\beta + \gamma}{2}$$　答

(4) (3) から，δ は α を用いずに表すことができる。

答　(オ) α

4 ※ 問題文は教科書 175 ページを参照

指針 (3) 点 P における C_1，C_2 の接線の傾き $-\dfrac{16x_1}{a^2 y_1}$，$\dfrac{b^2 x_1}{4y_1}$ の積が -1 になることを示す。

(4) $F(c, 0)$, $F'(-c, 0)$ とすると　　$c = \sqrt{a^2 - 16}$

(5) 接線とそれぞれの漸近線の方程式を連立させて解く。

解答 (1) C_1 の焦点の座標は　　$(\sqrt{a^2 - 16}, 0)$, $(-\sqrt{a^2 - 16}, 0)$

C_2 の焦点の座標は　　$(\sqrt{4 + b^2}, 0)$, $(-\sqrt{4 + b^2}, 0)$

C_1 と C_2 は 2 つの焦点を共有しているから　　$a^2 - 16 = 4 + b^2$

よって　　$b^2 = a^2 - 20$　答

(2) (1) から，$P(x_1, y_1)$ は次の ①，② を満たす。

$$16x_1{}^2 + a^2 y_1{}^2 = 16a^2 \qquad \cdots\cdots ①$$
$$(a^2 - 20)x_1{}^2 - 4y_1{}^2 = 4(a^2 - 20) \qquad \cdots\cdots ②$$

①$\times 4 +$②$\times a^2$ から　　$(a^4 - 20a^2 + 64)x_1{}^2 = 4(a^4 - 20a^2) + 64a^2$

展開して整理すると　　$(a^2 - 4)(a^2 - 16)x_1{}^2 = 4a^2(a^2 - 4)$

$a > 2\sqrt{5}$ より $a^2 - 4 \neq 0$, $a^2 - 16 \neq 0$ であるから

$$x_1{}^2 = \frac{4a^2}{a^2 - 16} \qquad \cdots\cdots ③$$

$x_1 > 0$ であるから　　$x_1 = \dfrac{2a}{\sqrt{a^2 - 16}}$　答

また，③ を ① に代入して　　$\dfrac{64a^2}{a^2-16}+a^2y_1^2=16a^2$

よって　　$y_1^2=\dfrac{16(a^2-16)}{a^2-16}-\dfrac{64}{a^2-16}=\dfrac{16a^2-256-64}{a^2-16}$

$$=\dfrac{16a^2-320}{a^2-16}=\dfrac{16(a^2-20)}{a^2-16}$$

$y_1>0$ であるから　　$y_1=4\sqrt{\dfrac{a^2-20}{a^2-16}}$　答

(3) 点 P における C_1，C_2 の接線の傾きは，それぞれ　　$-\dfrac{16x_1}{a^2y_1}$，$\dfrac{b^2x_1}{4y_1}$

(1)，(2) の結果を用いると

$$-\dfrac{16x_1}{a^2y_1}\cdot\dfrac{b^2x_1}{4y_1}=-4\cdot\dfrac{b^2}{a^2}\cdot x_1^2\cdot\dfrac{1}{y_1^2}$$

$$=-4\cdot\dfrac{a^2-20}{a^2}\cdot\dfrac{4a^2}{a^2-16}\cdot\dfrac{a^2-16}{16(a^2-20)}=-1$$

よって，2 つの接線は直交する。　終

(4) 点 P における C_1 の接線の方程式は　　$\dfrac{x_1x}{a^2}+\dfrac{y_1y}{16}-1=0$

また，$\mathrm{F}(c,\ 0)$，$\mathrm{F}'(-c,\ 0)$ とすると　　$c=\sqrt{a^2-16}$

このとき

$$\mathrm{FH}=\dfrac{\left|\dfrac{x_1c}{a^2}-1\right|}{\sqrt{\left(\dfrac{x_1}{a^2}\right)^2+\left(\dfrac{y_1}{16}\right)^2}},\ \ \mathrm{F'H'}=\dfrac{\left|-\dfrac{x_1c}{a^2}-1\right|}{\sqrt{\left(\dfrac{x_1}{a^2}\right)^2+\left(\dfrac{y_1}{16}\right)^2}}$$

であるから

$$\mathrm{FH}\cdot\mathrm{F'H'}=\dfrac{\left|\dfrac{x_1^2c^2}{a^4}-1\right|}{\left(\dfrac{x_1}{a^2}\right)^2+\left(\dfrac{y_1}{16}\right)^2}=\dfrac{\left|\dfrac{4}{a^2}-1\right|}{\dfrac{4}{a^2(a^2-16)}+\dfrac{a^2-20}{16(a^2-16)}}$$

$$=\dfrac{16(a^2-16)\,|4-a^2|}{64+a^2(a^2-20)}=\dfrac{16(a^2-16)(a^2-4)}{(a^2-16)(a^2-4)}=16$$

よって，2 つの垂線の長さの積 $\mathrm{FH}\cdot\mathrm{F'H'}$ の値は a の値によらず一定である。　終

(5) 点 P における C_2 の接線の方程式は $\dfrac{x_1 x}{4} - \dfrac{y_1 y}{b^2} = 1$

2 つの漸近線の方程式は $y = \dfrac{b}{2} x$, $y = -\dfrac{b}{2} x$

ここで，$\dfrac{x_1 x}{4} - \dfrac{y_1 y}{b^2} = 1$ と $y = \dfrac{b}{2} x$ の交点 A の x 座標は，方程式 $\dfrac{x_1 x}{4} - \dfrac{y_1 x}{2b} = 1$ の解である。

$(b x_1 - 2 y_1) x = 4b$ から $x = \dfrac{4b}{b x_1 - 2 y_1}$

これを $y = \dfrac{b}{2} x$ に代入すると $y = \dfrac{2 b^2}{b x_1 - 2 y_1}$

ゆえに $\mathrm{A}\left(\dfrac{4b}{b x_1 - 2 y_1}, \ \dfrac{2 b^2}{b x_1 - 2 y_1} \right)$

同様に，$y = -\dfrac{b}{2} x$ との交点 B の座標は $\mathrm{B}\left(\dfrac{4b}{b x_1 + 2 y_1}, \ \dfrac{-2 b^2}{b x_1 + 2 y_1} \right)$

よって，線分 AB の中点の座標を $\mathrm{M}(x', \ y')$ とすると

$$x' = \frac{1}{2}\left(\frac{4b}{b x_1 - 2 y_1} + \frac{4b}{b x_1 + 2 y_1} \right) = \frac{1}{2} \cdot \frac{8 b^2 x_1}{b^2 x_1^2 - 4 y_1^2} = \frac{1}{2} \cdot \frac{8 b^2 x_1}{4 b^2} = x_1$$

$$y' = \frac{1}{2}\left(\frac{2 b^2}{b x_1 - 2 y_1} - \frac{2 b^2}{b x_1 + 2 y_1} \right) = \frac{1}{2} \cdot \frac{8 b^2 y_1}{b^2 x_1^2 - 4 y_1^2} = \frac{1}{2} \cdot \frac{8 b^2 y_1}{4 b^2} = y_1$$

したがって，点 P は線分 AB の中点である。 終

第1章 平面上のベクトル

1 ベクトル

1 右の図に示されたベクトルについて，
次のようなベクトルの番号の組をすべ
てあげよ。

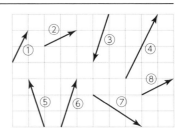

(1) 大きさが等しいベクトル
(2) 向きが同じベクトル
(3) 等しいベクトル
(4) 互いに逆ベクトル　▶️教p.9 練習 1

2 ベクトルの演算

2 次の等式が成り立つことを示せ。
$$\overrightarrow{AD}+\overrightarrow{DC}+\overrightarrow{CB}=\overrightarrow{AB}$$

▶️教p.11 練習 3

3 次の等式が成り立つことを示せ。
$$\overrightarrow{AC}+\overrightarrow{CB}+\overrightarrow{BA}=\vec{0}$$

▶️教 p.12 練習 4

4 右の図のベクトル $\vec{a}$, $\vec{b}$, $\vec{c}$ について，
次の( )に適する実数を求めよ。

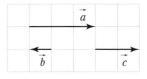

(1) $\vec{b}=(\quad)\vec{a}$
(2) $\vec{c}=(\quad)\vec{b}$
(3) $\vec{a}=(\quad)\vec{c}$

▶️教 p.13 練習 6

5 次の計算をせよ。
(1) $\vec{a}-3\vec{a}+4\vec{a}$　　　(2) $2(3\vec{a}-\vec{b})+3(2\vec{b}-\vec{a})$　▶️教 p.14 練習 8

6 (1) 単位ベクトル $\vec{e}$ と平行で，大きさが3のベクトルを $\vec{e}$ を用いて表
せ。
(2) $|\vec{a}|=5$ のとき，$\vec{a}$ と同じ向きの単位ベクトルを $\vec{a}$ を用いて表せ。

▶️教 p.15 練習 9

7 正六角形 ABCDEF において，$\overrightarrow{AB}=\vec{a}$，$\overrightarrow{AF}=\vec{b}$ とする
とき，次のベクトルを $\vec{a}$，$\vec{b}$ を用いて表せ。

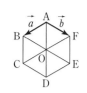

(1) $\overrightarrow{EC}$ (2) $\overrightarrow{BC}$ (3) $\overrightarrow{FD}$

                                 ≫ 教 p.16 練習 10

③ ベクトルの成分

8 右の図のベクトル $\vec{a}$，$\vec{b}$，$\vec{c}$，$\vec{d}$，$\vec{e}$ を，それぞれ
成分表示せよ。また，各ベクトルの大きさを求めよ。

                          ≫ 教 p.18 練習 11

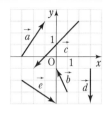

9 $\vec{a}=(3,\ 4)$，$\vec{b}=(-2,\ 3)$ のとき，次のベクトルを成分表示せよ。
(1) $\vec{a}+\vec{b}$ (2) $-3\vec{a}$
(3) $-2\vec{a}+3\vec{b}$ (4) $-3(-\vec{a}+2\vec{b})$ ≫ 教 p.19 練習 12

10 $\vec{a}=(4,\ 2)$，$\vec{b}=(-3,\ 5)$ とする。$\vec{c}=(5,\ 9)$ を，適当な実数 s，t を用い
て $s\vec{a}+t\vec{b}$ の形に表せ。   ≫ 教 p.19 練習 13

11 次の 2 つのベクトルが平行になるように，x の値を定めよ。
(1) $\vec{a}=(-1,\ 2)$，$\vec{b}=(3,\ x)$ (2) $\vec{a}=(x,\ 2)$，$\vec{b}=(12,\ 8)$

                                 ≫ 教 p.20 練習 14

12 次の 2 点 A，B について，$\overrightarrow{AB}$ を成分表示し，$|\overrightarrow{AB}|$ を求めよ。
(1) A$(3,\ 1)$，B$(-2,\ 5)$ (2) A$(3,\ 5)$，B$(5,\ -1)$ ≫ 教 p.21 練習 15

13 4 点 A$(x,\ y)$，B$(2,\ 1)$，C$(5,\ 2)$，D$(4,\ 6)$ を頂点とする四角形 ABCD
が平行四辺形になるように，x，y の値を定めよ。   ≫ 教 p.21 練習 16

④ ベクトルの内積

14 $\vec{a}$ と $\vec{b}$ のなす角を θ とする。次の場合に内積 $\vec{a}\cdot\vec{b}$ を求めよ。

(1) $|\vec{a}|=1$, $|\vec{b}|=2$, $\theta=45°$ (2) $|\vec{a}|=2$, $|\vec{b}|=5$, $\theta=150°$

▶ 教 p.23 練習 17

15 右の図の直角三角形 ABC において，次の内積を
求めよ。

(1) $\overrightarrow{\mathrm{BC}}\cdot\overrightarrow{\mathrm{CA}}$ (2) $\overrightarrow{\mathrm{BA}}\cdot\overrightarrow{\mathrm{BC}}$

▶ 教 p.23 練習 18

16 次のベクトル $\vec{a}$, $\vec{b}$ について，内積 $\vec{a}\cdot\vec{b}$ を求めよ。

(1) $\vec{a}=(1,\ 3)$, $\vec{b}=(5,\ -2)$ (2) $\vec{a}=(2,\ 1)$, $\vec{b}=(3,\ -6)$

▶ 教 p.24 練習 19

17 次の 2 つのベクトルのなす角 θ を求めよ。

(1) $\vec{a}=(2,\ 3)$, $\vec{b}=(-1,\ 5)$ (2) $\vec{a}=(\sqrt{3}\,,\ -1)$, $\vec{b}=(\sqrt{3}\,,\ -3)$

(3) $\vec{a}=(2,\ -3)$, $\vec{b}=(-4,\ 6)$ (4) $\vec{a}=(-\sqrt{6}\,,\ \sqrt{2}\,)$, $\vec{b}=(\sqrt{3}\,,\ 1)$

▶ 教 p.25 練習 20

18 次の 2 つのベクトルが垂直になるように，x の値を定めよ。

(1) $\vec{a}=(4,\ -1)$, $\vec{b}=(x,\ 2)$ (2) $\vec{a}=(x,\ x-3)$, $\vec{b}=(x-7,\ 2)$

▶ 教 p.25 練習 21

19 (1) $\vec{a}=(3,\ 4)$ に垂直で大きさが 5 のベクトル $\vec{p}$ を求めよ。

(2) $\vec{a}=(2,\ -\sqrt{5}\,)$ に垂直な単位ベクトル $\vec{e}$ を求めよ。 ▶ 教 p.26 練習 22

20 $\vec{0}$ でないベクトル $\vec{a}=(a_1, a_2)$, $\vec{b}=(a_2, -a_1)$ が垂直であることを用いて, $\vec{p}=(3, 2)$ に垂直な単位ベクトル $\vec{e}$ を求めよ。 ▶ 教 p.26 練習 23

21 次の等式が成り立つことを示せ。
(1) $|2\vec{a}+3\vec{b}|^2=4|\vec{a}|^2+12\vec{a}\cdot\vec{b}+9|\vec{b}|^2$
(2) $(3\vec{a}+4\vec{b})\cdot(3\vec{a}-4\vec{b})=9|\vec{a}|^2-16|\vec{b}|^2$ ▶ 教 p.28 練習 25

22 $|\vec{a}|=2$, $|\vec{b}|=3$, $\vec{a}\cdot\vec{b}=5$ のとき, 次の値を求めよ。
(1) $|\vec{a}-\vec{b}|$ (2) $|2\vec{a}+\vec{b}|$ ▶ 教 p.28 練習 26

23 次の3点を頂点とする三角形の面積を求めよ。
A(0, −1), B(2, 5), C(−1, 1) ▶ 教 p.29 練習 2

5 位置ベクトル

24 3点 P($\vec{p}$), Q($\vec{q}$), R($\vec{r}$) に対して, 次のベクトルを $\vec{p}$, $\vec{q}$, $\vec{r}$ のいずれかを用いて表せ。
(1) $\overrightarrow{PQ}$ (2) $\overrightarrow{RP}$ (3) $\overrightarrow{QR}$ ▶ 教 p.31 練習 27

25 2点 A($\vec{a}$), B($\vec{b}$) を結ぶ線分 AB に対して, 次のような点の位置ベクトルを求めよ。
(1) 1:2 に内分する点 (2) 5:3 に内分する点
(3) 1:4 に外分する点 (4) 6:5 に外分する点 ▶ 教 p.33 練習 28

26 3点 A($\vec{a}$), B($\vec{b}$), C($\vec{c}$) を頂点とする △ABC において, 辺 BC, CA, AB を 3:2 に内分する点を, それぞれ D, E, F とする。△DEF の重心 G の位置ベクトル $\vec{g}$ を $\vec{a}$, $\vec{b}$, $\vec{c}$ を用いて表せ。 ▶ 教 p.35 練習 29

6 ベクトルの図形への応用

27 △ABC において，辺 BC を 3：1 に内分する点を D，辺 BC を 3：1 に外分する点を E とする。このとき，次のベクトルを $\overrightarrow{\text{AB}}$，$\overrightarrow{\text{AC}}$ を用いて表せ。
(1) $\overrightarrow{\text{AD}}$　　　(2) $\overrightarrow{\text{AE}}$　　　(3) $\overrightarrow{\text{BD}}$　　　▶️ 教 p.36 練習 30

28 △OAB において，辺 OA を 1：2 に内分する点を D，辺 OB の中点を E，辺 AB を 2：1 に外分する点を F とする。このとき，3 点 D，E，F は一直線上にあることを証明せよ。　　　▶️ 教 p.37 練習 31

29 △OAB において，辺 OA を 4：3 に内分する点を C，辺 OB を 3：1 に内分する点を D とし，線分 AD と線分 BC の交点を P とする。$\overrightarrow{\text{OA}}=\vec{a}$，$\overrightarrow{\text{OB}}=\vec{b}$ とするとき，$\overrightarrow{\text{OP}}$ を $\vec{a}$，$\vec{b}$ を用いて表せ。
▶️ 教 p.38 練習 32

30 OA=6，OC=4である長方形OABCにおいて，辺 OA 上に OP：PA=2：1 となる点 P，辺 OC 上に OQ：QC=3：1 となる点 Q をとる。このとき，PB⊥QA であることをベクトルを用いて証明せよ。　　▶️ 教 p.39 練習 33

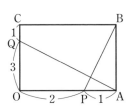

7 図形のベクトルによる表示

31 本書 33 ページの練習 34 において，t を次の値にしたときの点 P($\vec{p}$) の位置をそれぞれ練習 34 の図にしるせ。
(1) $t=3$　　　(2) $t=5$　　　(3) $t=-3$　　　▶️ 教 p.40 練習 34

32 点 A(4, −2)を通り，$\vec{d}=(2, -1)$ に平行な直線を媒介変数表示せよ。また，媒介変数を消去した式で表せ。　　　📖 p.41 練習 35

33 本書 34 ページの練習 36 において，t を次の値にしたときの点 $\text{P}(\vec{p})$ の位置をそれぞれ練習 36 の図にしるせ。

(1) $t=3$　　　(2) $t=-\dfrac{1}{2}$　　　(3) $t=\dfrac{3}{2}$　　　📖 p.42 練習 36

34 △OAB において，次の式を満たす点 P の存在範囲を求めよ。

$$\overrightarrow{\text{OP}}=s\overrightarrow{\text{OA}}+t\overrightarrow{\text{OB}}, \quad s+t=\dfrac{1}{3}, \ s\geqq0, \ t\geqq0$$　📖 p.43 練習 37

35 次の点 A を通り，ベクトル $\vec{n}$ に垂直な直線の方程式を求めよ。

(1) A(1, 3), $\vec{n}=(4, 5)$　　　(2) A(−4, 1), $\vec{n}=(2, -3)$

📖 p.44 練習 38

36 次の直線の法線ベクトルを 1 つ示せ。

(1) $2x+3y=4$　　　(2) $y=4x-5$　　　📖 p.44 練習 39

37 点 A($\vec{a}$) が与えられているとき，次のベクトル方程式において点 $\text{P}(\vec{p})$ の全体は円となる。円の中心の位置ベクトル，円の半径を求めよ。

(1) $|\vec{p}+\vec{a}|=4$　　　(2) $|3\vec{p}-2\vec{a}|=1$　　　📖 p.45 練習 1

38 平面上の異なる 2 点 O, A に対して，$\overrightarrow{\text{OA}}=\vec{a}$ とすると，点 A を中心とし線分 OA を半径とする円のベクトル方程式は，その円上の点 P について $\overrightarrow{\text{OP}}=\vec{p}$ として，$\vec{p}\cdot(\vec{p}-2\vec{a})=0$ で与えられることを示せ。

📖 p.45 練習 2

1 $\overrightarrow{OA}=\vec{a}$, $\overrightarrow{OB}=\vec{b}$, $\overrightarrow{OP}=5\vec{a}-4\vec{b}$, $\overrightarrow{OQ}=2\vec{a}-\vec{b}$ であるとき, $\overrightarrow{PQ}/\!/\overrightarrow{AB}$ であることを示せ。ただし, $\vec{a}\neq\vec{0}$, $\vec{b}\neq\vec{0}$ で, $\vec{a}$ と $\vec{b}$ は平行でないものとする。

2 $|\vec{a}|=3$, $|\vec{b}|=2$, $|\vec{a}+\vec{b}|=\sqrt{15}$ のとき, $3\vec{a}-\vec{b}$ と $\vec{a}+2t\vec{b}$ が垂直になるように, 実数 t の値を定めよ。

3 $|\vec{a}|=4$, $|\vec{b}|=5$, $|\vec{a}-\vec{b}|=\sqrt{21}$ のとき, $|\vec{a}+t\vec{b}|$ の最小値を求めよ。ただし, t は実数とする。

4 AB=5, BC=6, CA=7 である △ABC の内心を I とする。 $\overrightarrow{AB}=\vec{b}$, $\overrightarrow{AC}=\vec{c}$ とするとき, $\overrightarrow{AI}$ を $\vec{b}$, $\vec{c}$ を用いて表せ。

5 △ABC と点 P に対して, 等式 $2\overrightarrow{PA}+3\overrightarrow{PB}+4\overrightarrow{PC}=\vec{0}$ が成り立つとする。
(1) 点 P は △ABC に対してどのような位置にあるか。
(2) 面積の比 △PBC : △PCA : △PAB を求めよ。

6 平行四辺形 ABCD において, 辺 CD を 3:1 に内分する点を E, 対角線 BD を 4:1 に内分する点を F とする。このとき, 3点 A, F, E は一直線上にあることを証明せよ。

7 △OAB と点 P に対して, $\overrightarrow{OP}=s\overrightarrow{OA}+t\overrightarrow{OB}$ が成り立つとする。s, t が次の条件を満たすとき, 点 P の存在範囲を求めよ。
(1) $s+t=3$ (2) $0\leqq2s+3t\leqq6$, $s\geqq0$, $t\geqq0$

8 平面上の異なる 2 点 O, A に対して, $\overrightarrow{OA}=\vec{a}$ とする。このとき, ベクトル方程式 $2\vec{a}\cdot\vec{p}=|\vec{a}||\vec{p}|$ において $\overrightarrow{OP}=\vec{p}$ となる点 P の全体はどのような図形を表すか。

第2章 空間のベクトル

① 空間の点

39 次に関して点 P$(1,\ 5,\ -2)$ と対称な点の座標を，それぞれ求めよ。

(1) xy 平面   (2) x 軸

(3) z 軸   (4) 原点

▶ 教 p.53 練習 1

40 原点 O と次の点の距離を求めよ。

(1) P$(5,\ -2,\ 4)$ (2) Q$(-4,\ -1,\ 3)$ ▶ 教 p.53 練習 2

② 空間のベクトル

41 右の図の直方体において，始点，終点がともに
頂点となる有向線分が表すベクトルのうち，$\overrightarrow{\mathrm{BC}}$
に等しいベクトルで $\overrightarrow{\mathrm{BC}}$ 以外のものをすべてあ
げよ。また，$\overrightarrow{\mathrm{HD}}$ の逆ベクトルで $\overrightarrow{\mathrm{DH}}$ 以外のも
のをすべてあげよ。   ▶ 教 p.54 練習 3

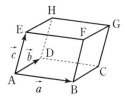

42 本書の演習問題 41 番の図の直方体において，次の □ に適する頂点の文
字を求めよ。

(1) $\overrightarrow{\mathrm{AB}}+\overrightarrow{\mathrm{EH}}+\overrightarrow{\mathrm{CG}}=\overrightarrow{\mathrm{A}\square}$

(2) $\overrightarrow{\mathrm{AB}}-\overrightarrow{\mathrm{FG}}-\overrightarrow{\mathrm{DH}}=\overrightarrow{\square\mathrm{B}}$ ▶ 教 p.55 練習 4

43 右の図の平行六面体において，
$\overrightarrow{\mathrm{AB}}=\vec{a}$，$\overrightarrow{\mathrm{AD}}=\vec{b}$，$\overrightarrow{\mathrm{AE}}=\vec{c}$ と
するとき，次のベクトルを
$\vec{a}$，$\vec{b}$，$\vec{c}$ を用いて表せ。

(1) $\overrightarrow{\mathrm{BD}}$ (2) $\overrightarrow{\mathrm{FC}}$

(3) $\overrightarrow{\mathrm{GA}}$ (4) $\overrightarrow{\mathrm{CE}}$ ▶ 教 p.55 練習 5

3 ベクトルの成分

44 次のベクトル $\vec{a}$, $\vec{b}$ が等しくなるように, x, y, z の値を定めよ。
$$\vec{a}=(1,\ 2,\ -3),\ \vec{b}=(x+2,\ -y,\ z)$$
▶ 教 p.57 練習 6

45 次のベクトルの大きさを求めよ。
(1) $\vec{a}=(3,\ -2,\ 4)$ (2) $\vec{b}=(2,\ 4,\ -5)$
▶ 教 p.58 練習 7

46 $\vec{a}=(1,\ 0,\ 1)$, $\vec{b}=(2,\ -1,\ -2)$ のとき, 次のベクトルを成分表示せよ。
(1) $\vec{a}+\vec{b}$ (2) $\vec{a}-\vec{b}$
(3) $3\vec{a}-2\vec{b}$ (4) $(\vec{a}-3\vec{b})-(7\vec{a}-2\vec{b})$
▶ 教 p.59 練習 8

47 次の2点 A, B について, $\overrightarrow{AB}$ を成分表示し, $|\overrightarrow{AB}|$ を求めよ。
(1) A$(1,\ 1,\ 2)$, B$(2,\ 3,\ 5)$
(2) A$(0,\ -1,\ 3)$, B$(3,\ 4,\ -5)$
▶ 教 p.59 練習 9

4 ベクトルの内積

48 次の2つのベクトル $\vec{a}$, $\vec{b}$ の内積およびそのなす角 θ を求めよ。
(1) $\vec{a}=(1,\ -2,\ -3)$, $\vec{b}=(6,\ 2,\ -4)$
(2) $\vec{a}=(-4,\ -2,\ 4)$, $\vec{b}=(2,\ 1,\ -2)$
▶ 教 p.61 練習 10

49 3点 A$(2,\ 1,\ 0)$, B$(0,\ 2,\ 1)$, C$(1,\ 0,\ 2)$ を頂点とする △ABC において, ∠BAC の大きさを求めよ。
▶ 教 p.61 練習 11

50 2つのベクトル $\vec{a}=(1,\ 2,\ 3)$, $\vec{b}=(1,\ -2,\ 1)$ の両方に垂直で, 大きさが $\sqrt{21}$ のベクトル $\vec{p}$ を求めよ。
▶ 教 p.62 練習 12

5 ベクトルの図形への応用

51 四面体 OABC において，辺 AB を 2:1 に内分する点を D，線分 CD を
3:2 に内分する点を P とする。$\overrightarrow{OP}$ を $\overrightarrow{OA}$，$\overrightarrow{OB}$，$\overrightarrow{OC}$ を用いて表せ。

> 教 p.63 練習 13

52 四面体 OABC において，辺 OA を 1:2 に内分する点を D，辺 BC を
3:2 に内分する点を E，線分 DE の中点を M とし，直線 OM と平面
ABC の交点を P とする。$\overrightarrow{OA}=\vec{a}$，$\overrightarrow{OB}=\vec{b}$，$\overrightarrow{OC}=\vec{c}$ とするとき，$\overrightarrow{OP}$ を
$\vec{a}$，$\vec{b}$，$\vec{c}$ を用いて表せ。

> 教 p.65 練習 14

53 正四面体 ABCD において，辺 AB, CD の中点をそれぞれ E, F とすると，
AB⊥EF である。このことをベクトルを用いて証明せよ。

> 教 p.65 練習 15

6 座標空間における図形

54 2 点 A(2, 1, −1)，B(1, −3, 5)について，次のものを求めよ。
(1) 2 点 A，B 間の距離
(2) 線分 AB の中点の座標
(3) 線分 AB を 3:1 に内分する点の座標
(4) 線分 AB を 2:1 に外分する点の座標

> 教 p.67 練習 16

55 3点 A$(2, -3, 0)$，B$(5, 1, 5)$，C$(8, -1, 1)$を頂点とする △ABC の重心の座標を，原点 O に関する位置ベクトルを利用して求めよ。

＞教 p.67 練習 17

56 点$(3, -2, 5)$を通り，次のような平面の方程式を求めよ。
   (1) xy 平面に平行　　　(2) zx 平面に平行　　　(3) x 軸に垂直

＞教 p.68 練習 18

57 次のような球面の方程式を求めよ。
   (1) 原点を中心とする半径 5 の球面
   (2) 点$(3, 2, 1)$を中心とする，半径 2 の球面
   (3) 点 A$(1, 2, 1)$を中心とし，点 B$(-2, 3, 4)$を通る球面

＞教 p.69 練習 19

58 2点 A$(2, 5, 1)$，B$(-1, 3, 2)$を直径の両端とする球面の方程式を求めよ。

＞教 p.70 練習 20

59 球面$(x-2)^2+(y+3)^2+(z+1)^2=4^2$ と zx 平面が交わる部分は円である。その円の中心の座標と半径を求めよ。　＞教 p.70 練習 21

182 ● 第 2 章 ｜ 空間のベクトル

1 $|\vec{a}|=6$, $|\vec{c}|=1$, $\vec{a}$ と $\vec{b}$ のなす角は $60°$ で, $\vec{a}$ と $\vec{c}$, $\vec{b}$ と $\vec{c}$, $\vec{a}+\vec{b}+\vec{c}$ と $2\vec{a}-5\vec{b}$ のなす角は, いずれも $90°$ である。
このとき, $|\vec{b}|$, $|\vec{a}+\vec{b}+\vec{c}|$ の値を求めよ。

2 $\vec{a}=(1,\ 2,\ 3)$, $\vec{b}=(2,\ -1,\ 1)$で, t は実数とする。$|\vec{a}+t\vec{b}|$ の最小値とそのときの t の値を求めよ。

3 四面体 ABCD において, 辺 AB, CD, BD, AC の中点を, それぞれ M, N, P, Q とする。次の等式が成り立つことを示せ。
(1) $\overrightarrow{AD}+\overrightarrow{BC}=2\overrightarrow{MN}$
(2) $\overrightarrow{AB}+\overrightarrow{AD}+\overrightarrow{CB}+\overrightarrow{CD}=4\overrightarrow{QP}$

4 3点 A$(-3,\ 2,\ 4)$, B$(1,\ -1,\ 6)$, C$(x,\ y,\ 5)$が一直線上にあるとき, x, yの値を求めよ。

5 1辺の長さが2の正四面体 OABC において, 辺 BC の中点を M とする。
(1) 内積 $\overrightarrow{OA}\cdot\overrightarrow{OM}$ を求めよ。
(2) $\cos\angle AOM$ の値を求めよ。

6 A$(1,\ -2,\ 3)$, B$(-1,\ 2,\ 3)$, C$(1,\ 2,\ -3)$とする。原点 O から平面 ABC に垂線 OH を下ろす。線分 OH の長さを求めよ。また, 四面体 OABC の体積を求めよ。

7 中心が点$(-2,\ 1,\ a)$, 半径が6の球面が, xy平面と交わってできる円の半径が $4\sqrt{2}$ であるとき, a の値を求めよ。

第3章 複素数平面

1 複素数平面

60 次の点を右の図に示せ。

A$(2+i)$,　　　B$(-3-4i)$,

C$(-1+2i)$,　　D$(-2i)$

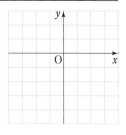

▶ 教 p.77 練習 1

61 次の複素数の共役複素数を求めよ。

(1) $1+2i$　　(2) $\dfrac{1-\sqrt{3}\,i}{2}$　　(3) $-2i$　　(4) 3

▶ 教 p.77 練習 2

62 次の複素数の絶対値を求めよ。

(1) $5-2i$　　(2) $1+\sqrt{3}\,i$　　(3) 4　　(4) $-7i$

▶ 教 p.79 練習 5

63 右の図の複素数平面上の点 α, β について, 次の
点を図に示せ。

(1) $\alpha+\beta$　　(2) $\alpha-\beta$

▶ 教 p.80 練習 7

64 次の2点間の距離を求めよ。

(1) A$(5+4i)$, B$(9+2i)$　　(2) C$(6-7i)$, D$(-3+i)$

▶ 教 p.80 練習 8

65 $\alpha=2+6i$, $\beta=-1+yi$ とする。2点 A(α), B(β) と原点 O が一直線上に
あるとき, 実数 y の値を求めよ。　　▶ 教 p.81 練習 9

66 複素数 α, β について，$\alpha+\beta-2i=0$ のとき，$\overline{\alpha}+\overline{\beta}$ を求めよ。

67 複素数 α について，次のことを証明せよ。

$|\alpha|=1$ のとき，$\alpha^4+\dfrac{1}{\alpha^4}$ は実数である。 p.83 練習 11

演習
演習編

② 複素数の極形式

68 次の複素数を極形式で表せ。ただし，偏角 θ の範囲は，(1), (2) では $0\leq\theta<2\pi$，(3), (4) では $-\pi<\theta\leq\pi$ とする。

(1) $-1+\sqrt{3}\,i$ (2) $3-3i$

(3) $-\sqrt{3}-i$ (4) $-3i$ p.85 練習 12

69 次の複素数 α, β について，$\alpha\beta$, $\dfrac{\alpha}{\beta}$ をそれぞれ極形式で表せ。

ただし，偏角 θ の範囲は $0\leq\theta<2\pi$ とする。

$$\alpha=4\sqrt{2}\left(\cos\frac{3}{4}\pi+i\sin\frac{3}{4}\pi\right),\ \beta=2\left(\cos\frac{2}{3}\pi+i\sin\frac{2}{3}\pi\right)$$

70 複素数 α, β について，$|\alpha|=5$，$|\beta|=4$ のとき，次の値を求めよ。

(1) $|\alpha^3|$ (2) $|\alpha\beta^2|$ (3) $\left|\dfrac{1}{\alpha\beta}\right|$ (4) $\left|\dfrac{\beta^3}{\alpha^2}\right|$

71 次の点は，点 z をどのように移動した点であるか。

(1) $(1-i)z$ (2) $(-1+\sqrt{3}\,i)z$

72 $z=6+2i$ とする。点 z を原点を中心として次の角だけ回転した点を表す複素数を求めよ。

(1) $\dfrac{\pi}{4}$ (2) $-\dfrac{\pi}{3}$ (3) $\dfrac{\pi}{2}$ (4) $\dfrac{5}{6}\pi$

③ ド・モアブルの定理

73 次の式を計算せよ。
(1) $(\sqrt{3}+i)^6$　　　(2) $(-\sqrt{2}+\sqrt{6}\,i)^5$　　　(3) $(1-i)^{-6}$

▶️ 𝕡 p.91 練習 18

74 1 の 4 乗根を求めよ。　　　　　　　　　　　　　　▶️ 𝕡 p.92 練習 19

75 次の方程式を解け。また，解を表す点を，それぞれ複素数平面上に図示せよ。
(1) $z^2=1-\sqrt{3}\,i$　　　(2) $z^3=-8i$　　　▶️ 𝕡 p.93 練習 20

④ 複素数と図形

76 $\mathrm{A}(2+4i)$，$\mathrm{B}(5-2i)$ とする。次の点を表す複素数を求めよ。
(1) 線分 AB を 2 : 1 に内分する点 C
(2) 線分 AB の中点 M
(3) 線分 AB を 1 : 3 に外分する点 D　　　▶️ 𝕡 p.95 練習 21

77 複素数平面上の 3 点 $\mathrm{A}(3+2i)$，$\mathrm{B}(6-i)$，$\mathrm{C}(-3-4i)$ を頂点とする
△ABC の重心を表す複素数を求めよ。　　　▶️ 𝕡 p.95 練習 22

78 次の方程式を満たす点 z 全体は，どのような図形か。
(1) $|z|=3$　　　(2) $|z-3|=1$　　　(3) $|z+2i|=4$

▶️ 𝕡 p.95 練習 23

79 次の方程式を満たす点 z 全体は，どのような図形か。

(1) $|z+2|=|z-6i|$ (2) $|z|=|z-2i|$

$\gg$ 教 p.96 練習 24

80 方程式 $2|z-i|=|z+2i|$ を満たす点 z 全体は，どのような図形か。

$\gg$ 教 p.97 練習 25

81 $w=2i(z+2)$ とする。点 z が原点 O を中心とする半径 1 の円上を動くとき，点 w はどのような図形を描くか。 $\gg$ 教 p.97 練習 26

82 $\alpha=-1+2i$，$\beta=3-i$ とする。点 β を，点 α を中心として $\dfrac{\pi}{2}$ だけ回転した点を表す複素数 γ を求めよ。 $\gg$ 教 p.98 練習 27

83 3 点 O，$A(-\sqrt{3}+3i)$，$B(-1-\sqrt{3}i)$ について，半直線 OA から半直線 OB までの回転角 θ を求めよ。ただし，$-\pi<\theta\leqq\pi$ とする。

$\gg$ 教 p.99 練習 28

84 3 点 $A(-2-3i)$，$B(5-2i)$，$C(1+i)$ に対して，半直線 AB から半直線 AC までの回転角 θ を求めよ。ただし，$-\pi<\theta\leqq\pi$ とする。

$\gg$ 教 p.100 練習 29

85 3 点 $A(-1)$，$B(2+i)$，$C(x-4i)$ について，次の問いに答えよ。ただし，x は実数とする。

(1) 2 直線 AB，AC が垂直に交わるように，x の値を定めよ。

(2) 3 点 A，B，C が一直線上にあるように，x の値を定めよ。

$\gg$ 教 p.101 練習 1

1 $\alpha=-2+3i$, $\beta=a-6i$, $\gamma=3+bi$ とする。4 点 0, α, β, γ が一直線上にあるとき，実数 a, b の値を求めよ。

2 (1) 複素数 α, β について，$|\alpha|=|\beta|=|\alpha+\beta|=1$ のとき，$\alpha^2+\alpha\beta+\beta^2=0$ であることを証明せよ。

(2) 複素数 z について，$|z+1|=2|z-2|$ のとき，$|z-3|$ の値を求めよ。

3 次の複素数を極形式で表せ。ただし，偏角 θ の範囲は $0\leqq\theta<2\pi$ とする。

(1) $\dfrac{3+2i}{1+5i}$

(2) $\sin\dfrac{\pi}{6}+i\cos\dfrac{\pi}{6}$

4 複素数平面上の 3 点 O(0)，A($3-i$)，B について，次の条件を満たしているとき，点 B を表す複素数を求めよ。

(1) △OAB が正三角形

(2) 2OA$=$OB かつ $\angle$AOB$=\dfrac{2}{3}\pi$

5 複素数平面上で，原点 O と点 $\sqrt{3}+i$ を通る直線を ℓ とする。点 $2+i$ を直線 ℓ に関して対称移動した点を表す複素数を求めよ。

6 次の式を計算せよ。

(1) $\left(\dfrac{\sqrt{3}-i}{\sqrt{3}+i}\right)^3$

(2) $\left\{\left(\dfrac{1+i}{\sqrt{2}}\right)^{10}-\left(\dfrac{1-i}{\sqrt{2}}\right)^{10}\right\}^2$

7 複素数 z が，$z+\dfrac{1}{z}=2\cos\theta$ を満たすとき，次の問いに答えよ。

(1) z を θ を用いて表せ。

(2) n が自然数のとき，$z^n+\dfrac{1}{z^n}=2\cos n\theta$ であることを示せ。

8 次の方程式の解を極形式で表せ。
$$z^4+2z^3+4z^2+8z+16=0$$

9 $\alpha=\cos\dfrac{2}{17}\pi+i\sin\dfrac{2}{17}\pi$ のとき，次の式の値を求めよ。

(1) $1+\alpha+\alpha^2+\cdots\cdots+\alpha^{16}$

(2) $\alpha\cdot\alpha^2\cdot\alpha^3\cdot\cdots\cdots\cdot\alpha^{16}$

10 n が $a_n=\left(\dfrac{\sqrt{3}+1}{2}+\dfrac{\sqrt{3}-1}{2}i\right)^{2n}$ を実数とする最小の自然数のとき，a_n の値を求めよ。

11 次の方程式を満たす点 z 全体は，どのような図形か。

(1) $z-\overline{z}=2i$

(2) $2z\overline{z}+z+\overline{z}+i(z-\overline{z})=1$

(3) $3|z|=|z+8|$

(4) $|z-2i|=2|z+i|$

12 複素数平面上の異なる 3 点 α，β，γ が一直線上にあるとき，次の等式が成り立つことを証明せよ。
$$\overline{\alpha}(\beta-\gamma)+\overline{\beta}(\gamma-\alpha)+\overline{\gamma}(\alpha-\beta)=0$$

13 $\triangle\mathrm{ABC}$ と点 P に対し，等式 $\mathrm{AB}^2+\mathrm{PC}^2=\mathrm{AC}^2+\mathrm{PB}^2$ が成り立つならば $\mathrm{PA}\perp\mathrm{BC}$ であることを，複素数平面を利用して証明せよ。ただし，点 P は頂点 A と異なるものとする。

第4章 式と曲線

1 放物線

86 次の放物線の概形をかけ。また，その焦点と準線を求めよ。

(1) $y^2 = 16x$　　　　(2) $y^2 = -2x$　　　　▶教 p.107 練習 1

87 焦点が点 $(5, 0)$ で，準線が直線 $x = -5$ である放物線の方程式を求めよ。

▶教 p.107 練習 2

88 次の放物線の概形をかけ。また，その焦点と準線を求めよ。

(1) $x^2 = 8y$　　　　(2) $y = -3x^2$　　　　▶教 p.107 練習 3

2 楕円

89 次の楕円の概形をかけ。また，その焦点，長軸の長さ，短軸の長さを求めよ。

(1) $\dfrac{x^2}{6^2} + \dfrac{y^2}{5^2} = 1$　　　　(2) $x^2 + \dfrac{25}{16}y^2 = 100$　　　　▶教 p.109 練習 4

90 2点 $(4, 0)$，$(-4, 0)$ を焦点とし，焦点からの距離の和が 10 である楕円の方程式を求めよ。　　　　▶教 p.110 練習 5

91 次の楕円の概形をかけ。また，その焦点，長軸の長さ，短軸の長さを求めよ。

(1) $\dfrac{x^2}{4^2} + \dfrac{y^2}{5^2} = 1$　　　　(2) $25x^2 + 9y^2 = 225$　　　　▶教 p.110 練習 6

92 円 $x^2 + y^2 = 2^2$ を，x 軸をもとにして次のように縮小または拡大して得られる楕円の方程式を求めよ。

(1) y 軸方向に $\dfrac{1}{2}$ 倍　　　　(2) y 軸方向に $\dfrac{3}{2}$ 倍　　　　▶教 p.111 練習 7

93 座標平面上において，長さが 9 の線分 AB の端点 A は x 軸上を，端点 B は y 軸上を動くとき，線分 AB を $1:2$ に内分する点 P の軌跡を求めよ。

▶教 p.112 練習 8

③ 双曲線

94 次の双曲線の概形をかけ。また，その焦点，頂点，漸近線を求めよ。

(1) $\dfrac{x^2}{6^2} - \dfrac{y^2}{3^2} = 1$

(2) $4x^2 - y^2 = 1$　　　　　　　　　　　▶ 教 p.115 練習 9

95 2 点 $(3, 0)$，$(-3, 0)$ を焦点とし，焦点からの距離の差が 4 である双曲線の方程式を求めよ。　　　　　　　　　　▶ 教 p.116 練習 10

96 2 点 $(2\sqrt{2}, 0)$，$(-2\sqrt{2}, 0)$ を焦点とする直角双曲線の方程式を求めよ。　　　　　　　　　　▶ 教 p.116 練習 11

97 次の双曲線の概形をかけ。また，その焦点，頂点，漸近線を求めよ。

(1) $\dfrac{x^2}{3^2} - \dfrac{y^2}{4^2} = -1$

(2) $x^2 - 4y^2 = -1$　　　　　　　　　　▶ 教 p.117 練習 12

④ 2 次曲線の平行移動

98 楕円 $x^2 + \dfrac{y^2}{4} = 1$ を，x 軸方向に 1，y 軸方向に 2 だけ平行移動するとき，移動後の楕円の方程式と焦点の座標を求めよ。　　▶ 教 p.119 練習 13

99 放物線 $y^2 = 2x$ を，x 軸方向に 2，y 軸方向に -1 だけ平行移動するとき，移動後の放物線の方程式と焦点の座標を求めよ。　　▶ 教 p.119 練習 14

100 次の方程式はどのような図形を表すか。

(1) $x^2 + 4y^2 - 4x + 8y + 4 = 0$

(2) $4y^2 - 9x^2 - 18x - 24y - 9 = 0$

(3) $y^2 + 2x - 2y - 3 = 0$　　　　　　　▶ 教 p.120 練習 15

2 次曲線と直線

101　k は定数とする。双曲線 $4x^2-9y^2=36$ と直線 $x+y=k$ の共有点の個数を調べよ。
　　　▶️教 p.121 練習 16

102　点 C$(3,\ 0)$ から楕円 $x^2+4y^2=4$ に接線を引くとき，その接線の方程式を求めよ。
　　　▶️教 p.122 練習 17

103　次の曲線上の点 P における接線の方程式を求めよ。
　　　(1)　放物線 $y^2=4x$，P$(1,\ -2)$
　　　(2)　楕円 $\dfrac{x^2}{4}+y^2=1$，P$\left(\sqrt{3}\ ,\ -\dfrac{1}{2}\right)$
　　　▶️教 p.123 練習 1

曲線の媒介変数表示

104　次のように媒介変数表示される曲線について，t を消去して $x,\ y$ の方程式を求め，曲線の概形をかけ。
　　　(1)　$x=t+2,\ y=2t^2+1$
　　　(2)　$x=4t+1,\ y=2t^2-4t+2$
　　　▶️教 p.127 練習 18

105　放物線 $y=-x^2+2tx+(t-1)^2$ の頂点は，t の値が変化するとき，どのような曲線を描くか。
　　　▶️教 p.127 練習 19

106 角 θ を媒介変数として，次の円を表せ。

(1) $x^2+y^2=4^2$

(2) $x^2+y^2=5$

> 教 p.128 練習 20

107 角 θ を媒介変数として，次の楕円を表せ。

(1) $\dfrac{x^2}{5^2}+\dfrac{y^2}{3^2}=1$

(2) $9x^2+4y^2=36$

> 教 p.129 練習 21

108 θ が変化するとき，点 $\mathrm{P}\left(\dfrac{4}{\cos\theta},\ 6\tan\theta\right)$ は双曲線 $\dfrac{x^2}{16}-\dfrac{y^2}{36}=1$ 上を動くことを示せ。

> 教 p.129 練習 22

109 双曲線 $\dfrac{x^2}{4}-y^2=1$ を媒介変数 θ を用いて表せ。

> 教 p.129 練習 23

110 次の媒介変数表示は，どのような曲線を表すか。

(1) $x=2\cos\theta-1,\ y=2\sin\theta+2$

(2) $x=2\cos\theta+1,\ y=3\sin\theta-1$

> 教 p.130 練習 24

111 サイクロイド $x=3(\theta-\sin\theta),\ y=3(1-\cos\theta)$ において，θ が次の値をとったときの点の座標を求めよ。

(1) $\theta=\dfrac{\pi}{6}$

(2) $\theta=\dfrac{\pi}{2}$

(3) $\theta=\dfrac{3}{2}\pi$

(4) $\theta=2\pi$

> 教 p.131 練習 25

⑦ 極座標と極方程式

112 極座標が次のような点の直交座標を求めよ。

    (1) $\left(4, \dfrac{\pi}{3}\right)$ (2) $\left(4, \dfrac{\pi}{2}\right)$ (3) $\left(\sqrt{2}, -\dfrac{\pi}{4}\right)$ ▶️教 p.133 練習 27

113 直交座標が次のような点の極座標を求めよ。ただし，偏角 θ の範囲は $0 \leqq \theta < 2\pi$ とする。

    (1) $(2, 0)$ (2) $(-3, 3)$ (3) $(-1, -\sqrt{3})$ ▶️教 p.134 練習 28

114 極座標が $\left(2, \dfrac{\pi}{2}\right)$ である点 A を通り，始線に平行な直線を，極方程式で表せ。   ▶️教 p.135 練習 29

115 次の極方程式で表される曲線を図示せよ。

    (1) $\theta = \dfrac{\pi}{3}$

    (2) $r = 4\cos\theta$ ▶️教 p.135 練習 30

116 次の楕円を極方程式で表せ。   ▶️教 p.136 練習 31
$$3x^2 + 2y^2 = 1$$

117 次の極方程式の表す曲線を，直交座標の x, y の方程式で表せ。

    (1) $r = \cos\theta + \sin\theta$

    (2) $r^2\cos 2\theta = -1$ ▶️教 p.137 練習 32

118 次の極方程式の表す曲線を，直交座標の x, y の方程式で表せ。
$$r = \dfrac{9}{1 + 2\cos\theta}$$ ▶️教 p.137 練習 33

194 ● 第 4 章｜式と曲線

1 次のような2次曲線の方程式を求めよ。

(1) 軸がx軸，頂点が原点で，点$(-4,\ 6)$を通る放物線

(2) 焦点が2点$(0,\ 4)$，$(0,\ -4)$，短軸の長さが6である楕円

(3) 2つの焦点$(7,\ 0)$，$(-7,\ 0)$からの距離の差が6である双曲線

2 次の方程式はどのような図形を表すか。

(1) $x-y^2+4y-3=0$

(2) $4x^2+9y^2-16x+54y+61=0$

(3) $2x^2-9y^2+32x+36y+74=0$

3 楕円$x^2+9y^2=9$と直線$x+3y=1$の2つの交点を結んだ線分の中点の座標と，その線分の長さを求めよ。

4 傾きが1で双曲線$2x^2-y^2=-2$に接する直線の方程式を求めよ。

5 点$(3,\ 4)$から楕円$\dfrac{x^2}{16}+\dfrac{y^2}{9}=1$に引いた2本の接線は直交することを示せ。

6 楕円$x^2+4y^2=4$と直線$y=x+k$が，異なる2点Q，Rで交わるようにkの値が変化するとき，線分QRの中点Pの軌跡を求めよ。

7 次のように媒介変数表示される図形はどのような曲線か。$x,\ y$の方程式を求めて示せ。

(1) $x=t+1,\ y=2t-3$

(2) $x=t+1,\ y=\sqrt{t}$

(3) $x=\sqrt{t},\ y=\sqrt{1-t}$

(4) $x=4\cos\theta+1,\ y=3\sin\theta-1$

(5) $x=\dfrac{2}{\cos\theta},\ y=3\tan\theta$

8 次の極方程式はどのような曲線を表すか。

(1) $\theta = \dfrac{\pi}{4}$

(2) $r = 6\cos\theta$

(3) $r\cos\left(\theta - \dfrac{5}{6}\pi\right) = 1$

9 次の極方程式の表す曲線を，直交座標の x, y の方程式で表せ。

(1) $r = \dfrac{1}{\sqrt{2} + \cos\theta}$

(2) $r = \dfrac{3}{1 + 2\cos\theta}$

(3) $r = \dfrac{2}{1 + \cos\theta}$

10 極座標が $(2,\ 0)$ である点 A を通り始線 OX に垂直な直線を ℓ とし，ℓ 上の動点を P とする。極 O を端点とする半直線 OP 上に，OP・OQ$=4$ を満たす点 Q をとるとき，点 Q の軌跡の極方程式を求めよ。

11 次の点 P は，t の値が変化するとき，どのような曲線を描くか。

(1) 放物線 $x = y^2 - 2(t+1)y + 2t^2 - t$ の頂点 P

(2) 円 $(1 + t^2)(x^2 + y^2) - 2(1 - t^2)x - 12ty - 2 = 0$ の中心 P

12 極座標に関して，中心が $\left(2,\ \dfrac{\pi}{6}\right)$，半径が $\sqrt{3}$ である円に，極から引いた 2 本の接線の極方程式を求めよ。

1 データの表現方法の工夫

119 右のデータは，2020年10月にお
け る 日 本 の 電 気 事 業 者 に つ い て，
発電方法とその発電量を調査した
結果である。このデータについて，
次の問いに答えよ。

項目	発電量(億kWh)
火力発電	547.4
水力発電	55.6
新エネルギー等	□
原子力発電	18.2
その他	0.2
計	641.3

(1) 空欄に当てはまる数値を答えよ。

(2) 各項目の累積比率を求めよ。

　　ただし，小数第5位を四捨五入して，%で答えよ。　　≫教 p.147 練習1

120 (1) 次の空欄に当てはまる数，言葉を答えよ。

　　バブルチャートは^ア□つの異なる変量を1つの図で表すことがで

　　きる。たとえば，散布図は縦軸と横軸の^イ□つのデータによる表

　　現となるが，バブルチャートは縦軸と横軸に加えて^ウ□でもデー

　　タを表現することが可能である。

(2) バブルチャートは，データの状態によっては(1)の長所を活かしきれ
　　ない場合がある。そのようなデータの特徴を2つ，理由とともに答えよ。
　　　　　　　　　　　　　　　　　　　　　　　　　　≫教 p.151 練習2

2 行列による表現

121 教科書152ページと同様に，その年の7月における3つの店X，Y，Zで
の，4種類の色のボールペンの販売数を表と行列で次のように表した。

	黒	赤	青	緑
X	60	31	15	14
Y	49	32	17	10
Z	37	40	25	7

$$D = \begin{pmatrix} 60 & 31 & 15 & 14 \\ 49 & 32 & 17 & 10 \\ 37 & 40 & 25 & 7 \end{pmatrix}$$

(1) 7月において，3つの店の合計販売数が最も少ないのは，どの色の
　　ボールペンか。

(2) 7月において，4種類のボールペンの合計販売数が最も少ないのは，
　　どの店か。　　　　　　　　　　　　　　　　　　　≫教 p.153 練習3

122 次の行列は何行何列の行列か。

(1) $(3 \quad 2)$　　(2) $\begin{pmatrix} 3 & 0 \\ 5 & 6 \end{pmatrix}$　　(3) $\begin{pmatrix} 4 \\ -1 \\ 3 \end{pmatrix}$　　(4) $\begin{pmatrix} 2 & 7 & -8 \\ 4 & -5 & -3 \\ -1 & 6 & 7 \end{pmatrix}$

教 p.154 練習 4

123 行列 $\begin{pmatrix} -1 & 2 & 3 \\ 5 & 0 & 2 \\ -2 & 4 & -1 \end{pmatrix}$ について，次の成分をいえ。

(1) $(3, 2)$成分　　(2) $(1, 3)$成分　　(3) $(2, 2)$成分　　教 p.154 練習 5

124 教科書 152 ページの各ボールペンの販売数について，4 月の販売数と 5 月の販売数の合計が最も多かったもの，最も少なかったものは，それぞれどの店のどの色のボールペンか。教科書 154 ページの行列の和 $A+B$ を利用して答えよ。教 p.155 練習 6

125 次の計算をせよ。

(1) $\begin{pmatrix} 2 & 5 \\ -1 & 3 \end{pmatrix} + \begin{pmatrix} 4 & -2 \\ 7 & 5 \end{pmatrix}$　　(2) $\begin{pmatrix} 1 & 2 & 3 \\ -4 & 5 & -6 \end{pmatrix} + \begin{pmatrix} 3 & -5 & 9 \\ 6 & 2 & -7 \end{pmatrix}$

(3) $\begin{pmatrix} -1 & -2 \\ 2 & 1 \end{pmatrix} - \begin{pmatrix} 1 & 1 \\ -1 & 1 \end{pmatrix}$　　(4) $\begin{pmatrix} 7 \\ -3 \end{pmatrix} - \begin{pmatrix} 5 \\ -1 \end{pmatrix}$

教 p.155 練習 7

126 教科書 156 ページ練習 8 の行列 C と，本書の演習問題 121 の行列 D を利用して，6 月と 7 月の平均値を表す行列を求めよ。教 p.156 練習 8

127 $A = \begin{pmatrix} 1 & -2 \\ 0 & 3 \end{pmatrix}$ のとき，次の行列を求めよ。

(1) $2A$　　(2) $\dfrac{1}{3}A$　　(3) $(-1)A$　　(4) $(-3)A$　　教 p.156 練習 9

128 教科書 157 ページの自動車の評価について，別の購入検討者の観点の重要度が右の表のようであるとする。この購入者について，3 つの自動車の総得点を計算し，X，Y，Z のうち総得点が最大になる自動車はどれか答えよ。教 p.159 練習 11

観点	a	b	c
重要度	5	2	2

129 次の行列の積を計算せよ。

(1) $\begin{pmatrix} 5 & 2 \\ 3 & 3 \end{pmatrix}\begin{pmatrix} 2 \\ 4 \end{pmatrix}$　　(2) $\begin{pmatrix} 1 & 3 \\ 2 & 4 \end{pmatrix}\begin{pmatrix} 4 & 1 \\ 3 & 2 \end{pmatrix}$　　(3) $\begin{pmatrix} -1 & 2 \\ 2 & 1 \end{pmatrix}\begin{pmatrix} 0 & 1 \\ 1 & 2 \end{pmatrix}$

教 p.159 練習 12

③ 離散グラフによる表現

130 次の離散グラフについて，一筆書きができるか判定せよ。また，一筆書きができる場合は，実際に一筆書きの方法を見つけよ。

(1)   (2)   (3)

> 教 p.163 練習 16

131 A，B，C，D，E，F，G，Hの8駅が右の図のような路線を構成している。この離散グラフの辺に隣接して書かれている数は移動する際の所要時間(分)である。この図において，AからHまで移動するとき，所要時間が最も短くなる経路をダイクストラのアルゴリズムを利用して見つけよ。 > 教 p.167 練習 19

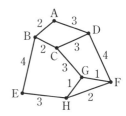

④ 離散グラフと行列の関連

132 次の行列 A について，A^2，A^3 をそれぞれ求めよ。

(1) $A=\begin{pmatrix} 1 & 1 \\ 0 & 1 \end{pmatrix}$　　　(2) $A=\begin{pmatrix} 1 & 0 & 5 \\ 2 & -1 & 4 \\ 3 & -2 & 0 \end{pmatrix}$

> 教 p.171 練習 23

133 右の図はある鉄道会社の主要5駅とその駅を結ぶ路線について，離散グラフに表したものである。たとえば，P駅からS駅へは2つの路線が運行している。1日に1路線のみを使えるとし，P→Q→Pと移動するには2日かかるとする。

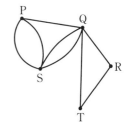

(1) P駅から出発して，3日目にT駅に到着する経路の総数を求めよ。

(2) 3日目にT駅に到着する経路の総数が最も大きい出発地点はどこか。出発地点の駅を経路の総数とともに答えよ。 > 教 p.171 練習 24

演習編の答と略解

注意 演習編の答の数値, 図を示し, 適宜略解, 証明問題には略証を[ ]に入れて示した.

1 (1) ①と②と⑧, ③と⑤と⑥
(2) ①と④, ②と⑧　(3) ②と⑧
(4) ③と⑥

2 $[(\overrightarrow{AD}+\overrightarrow{DC})+\overrightarrow{CB}=\overrightarrow{AC}+\overrightarrow{CB}=\overrightarrow{AB}]$

3 $[(\overrightarrow{AC}+\overrightarrow{CB})+\overrightarrow{BA}=\overrightarrow{AB}+\overrightarrow{BA}=\overrightarrow{AA}=\vec{0}]$

4 (1) $-\dfrac{1}{3}$　(2) -2　(3) $\dfrac{3}{2}$

5 (1) $2\vec{a}$　(2) $3\vec{a}+4\vec{b}$

6 (1) $3\vec{e}$, $-3\vec{e}$　(2) $\dfrac{1}{5}\vec{a}$

7 (1) $\overrightarrow{EC}=\vec{a}-\vec{b}$　(2) $\overrightarrow{BC}=\vec{a}+\vec{b}$
(3) $\overrightarrow{FD}=2\vec{a}+\vec{b}$

8 $\vec{a}=(2,\ 3)$, $\vec{b}=(-1,\ 2)$, $\vec{c}=(-4,\ -4)$,
$\vec{d}=(0,\ -3)$, $\vec{e}=(3,\ -2)$
各ベクトルの大きさは
$|\vec{a}|=\sqrt{13}$, $|\vec{b}|=\sqrt{5}$, $|\vec{c}|=4\sqrt{2}$, $|\vec{d}|=3$,
$|\vec{e}|=\sqrt{13}$

9 (1) $(1,\ 7)$　(2) $(-9,\ -12)$
(3) $(-12,\ 1)$　(4) $(21,\ -6)$

10 $\vec{c}=2\vec{a}+\vec{b}$

11 (1) $x=-6$　(2) $x=3$
[(1) $(3,\ x)=k(-1,\ 2)$, (2) $(x,\ 2)=k(12,\ 8)$
として, まず k の値を求める]

12 (1) $\overrightarrow{AB}=(-5,\ 4)$, $|\overrightarrow{AB}|=\sqrt{41}$
(2) $\overrightarrow{AB}=(2,\ -6)$, $|\overrightarrow{AB}|=2\sqrt{10}$

13 $x=1$, $y=5$

14 (1) $\sqrt{2}$　(2) $-5\sqrt{3}$

15 (1) -4　(2) 0

16 (1) -1　(2) 0

17 (1) $\theta=45°$　(2) $\theta=30°$　(3) $\theta=180°$
(4) $\theta=120°$

18 (1) $x=\dfrac{1}{2}$　(2) $x=-1,\ 6$

19 (1) $\vec{p}=(4,\ -3)$, $(-4,\ 3)$
(2) $\vec{e}=\left(\dfrac{\sqrt{5}}{3},\ \dfrac{2}{3}\right)$, $\left(-\dfrac{\sqrt{5}}{3},\ -\dfrac{2}{3}\right)$
$[$(1) $\vec{p}=(x,\ y)$ とすると $3x+4y=0$, $x^2+y^2=5^2$
(2) $\vec{e}=(x,\ y)$ とすると $2x-\sqrt{5}\,y=0$, $x^2+y^2=1^2]$

20 $\vec{e}=\left(\dfrac{2\sqrt{13}}{13},\ -\dfrac{3\sqrt{13}}{13}\right)$, $\left(-\dfrac{2\sqrt{13}}{13},\ \dfrac{3\sqrt{13}}{13}\right)$

21 $[$(1) 左辺 $=(2\vec{a}+3\vec{b})\cdot(2\vec{a}+3\vec{b})$
$=2\vec{a}\cdot(2\vec{a}+3\vec{b})+3\vec{b}\cdot(2\vec{a}+3\vec{b})$
$=4|\vec{a}|^2+12\vec{a}\cdot\vec{b}+9|\vec{b}|^2$
(2) 左辺 $=3\vec{a}\cdot(3\vec{a}-4\vec{b})+4\vec{b}\cdot(3\vec{a}-4\vec{b})$
$=9|\vec{a}|^2-16|\vec{b}|^2]$

22 (1) $\sqrt{3}$　(2) $3\sqrt{5}$

23 5

24 (1) $\overrightarrow{PQ}=\vec{q}-\vec{p}$　(2) $\overrightarrow{RP}=\vec{p}-\vec{r}$
(3) $\overrightarrow{QR}=\vec{r}-\vec{q}$

25 (1) $\dfrac{2}{3}\vec{a}+\dfrac{1}{3}\vec{b}$　(2) $\dfrac{3}{8}\vec{a}+\dfrac{5}{8}\vec{b}$
(3) $\dfrac{4}{3}\vec{a}-\dfrac{1}{3}\vec{b}$　(4) $-5\vec{a}+6\vec{b}$

26 $\vec{g}=\dfrac{\vec{a}+\vec{b}+\vec{c}}{3}$

27 (1) $\overrightarrow{AD}=\dfrac{1}{4}\overrightarrow{AB}+\dfrac{3}{4}\overrightarrow{AC}$
(2) $\overrightarrow{AE}=-\dfrac{1}{2}\overrightarrow{AB}+\dfrac{3}{2}\overrightarrow{AC}$
(3) $\overrightarrow{BD}=-\dfrac{3}{4}\overrightarrow{AB}+\dfrac{3}{4}\overrightarrow{AC}$

28 $[\overrightarrow{OA}=\vec{a}$, $\overrightarrow{OB}=\vec{b}$ とすると
$\overrightarrow{DE}=\overrightarrow{OE}-\overrightarrow{OD}=\dfrac{1}{2}\vec{b}-\dfrac{1}{3}\vec{a}$
$=-\dfrac{1}{3}\vec{a}+\dfrac{1}{2}\vec{b}$,
$\overrightarrow{DF}=\overrightarrow{OF}-\overrightarrow{OD}=(-\vec{a}+2\vec{b})-\dfrac{1}{3}\vec{a}$
$=-\dfrac{4}{3}\vec{a}+2\vec{b}]$

29 $\overrightarrow{OP}=\dfrac{1}{4}\vec{a}+\dfrac{9}{16}\vec{b}$
$[AP:PD=s:(1-s)$, $BP:PC=t:(1-t)$ とする
と $1-s=\dfrac{4}{7}t$, $\dfrac{3}{4}s=1-t]$

30 $[\overrightarrow{OA}=\vec{a}$, $\overrightarrow{OC}=\vec{c}$ とすると
$\overrightarrow{PB}=\dfrac{1}{3}\vec{a}+\vec{c}$, $\overrightarrow{QA}=\vec{a}-\dfrac{3}{4}\vec{c}$ であるから
$\overrightarrow{PB}\cdot\overrightarrow{QA}=\dfrac{1}{3}|\vec{a}|^2+\dfrac{3}{4}\vec{a}\cdot\vec{c}-\dfrac{3}{4}|\vec{c}|^2=0]$

31 [図]

32 $\begin{cases} x=4+2t \\ y=-2-t \end{cases}$; $x+2y=0$

33 [図]

34 $\dfrac{1}{3}\overrightarrow{\mathrm{OA}}=\overrightarrow{\mathrm{OA'}}$, $\dfrac{1}{3}\overrightarrow{\mathrm{OB}}=\overrightarrow{\mathrm{OB'}}$ となる点A′, B′ をとると, 点Pの存在範囲は線分A′B′

35 (1) $4x+5y-19=0$　(2) $2x-3y+11=0$

36 (1) $(2, 3)$　(2) $(4, -1)$

37 (1) $-\vec{a}$, 4　(2) $\dfrac{2}{3}\vec{a}$, $\dfrac{1}{3}$

38 $\Big[|\vec{p}-\vec{a}|=|\vec{a}|$ から $|\vec{p}-\vec{a}|^2=|\vec{a}|^2$ より
$|\vec{p}|^2-2\vec{p}\cdot\vec{a}+|\vec{a}|^2=|\vec{a}|^2\Big]$

39 (1) $(1, 5, 2)$　(2) $(1, -5, 2)$
(3) $(-1, -5, -2)$　(4) $(-1, -5, 2)$

40 (1) $3\sqrt{5}$　(2) $\sqrt{26}$

41 $\overrightarrow{\mathrm{BC}}$ に等しいベクトル:$\overrightarrow{\mathrm{AD}}$, $\overrightarrow{\mathrm{EH}}$, $\overrightarrow{\mathrm{FG}}$
$\overrightarrow{\mathrm{HD}}$ の逆ベクトル:$\overrightarrow{\mathrm{AE}}$, $\overrightarrow{\mathrm{BF}}$, $\overrightarrow{\mathrm{CG}}$

42 (1) G　(2) H

43 (1) $\overrightarrow{\mathrm{BD}}=-\vec{a}+\vec{b}$　(2) $\overrightarrow{\mathrm{FC}}=\vec{b}-\vec{c}$
(3) $\overrightarrow{\mathrm{GA}}=-\vec{a}-\vec{b}-\vec{c}$　(4) $\overrightarrow{\mathrm{CE}}=-\vec{a}-\vec{b}+\vec{c}$

44 $x=-1$, $y=-2$, $z=-3$

45 (1) $\sqrt{29}$　(2) $3\sqrt{5}$

46 (1) $(3, -1, -1)$　(2) $(-1, 1, 3)$
(3) $(-1, 2, 7)$　(4) $(-8, 1, -4)$

47 (1) $\overrightarrow{\mathrm{AB}}=(1, 2, 3)$, $|\overrightarrow{\mathrm{AB}}|=\sqrt{14}$
(2) $\overrightarrow{\mathrm{AB}}=(3, 5, -8)$, $|\overrightarrow{\mathrm{AB}}|=7\sqrt{2}$

48 (1) 14, $\theta=60°$　(2) -18, $\theta=180°$

49 $60°$

50 $\vec{p}=(-4, -1, 2)$, $(4, 1, -2)$
$[\vec{p}=(x, y, z)$とすると $x+2y+3z=0$,
$x-2y+z=0$, $x^2+y^2+z^2=21]$

51 $\overrightarrow{\mathrm{OP}}=\dfrac{1}{5}\overrightarrow{\mathrm{OA}}+\dfrac{2}{5}\overrightarrow{\mathrm{OB}}+\dfrac{2}{5}\overrightarrow{\mathrm{OC}}$

52 $\overrightarrow{\mathrm{OP}}=\dfrac{1}{4}\vec{a}+\dfrac{3}{10}\vec{b}+\dfrac{9}{20}\vec{c}$
$\big[\overrightarrow{\mathrm{OP}}=k\overrightarrow{\mathrm{OM}}$, $\overrightarrow{\mathrm{AP}}=s\overrightarrow{\mathrm{AB}}+t\overrightarrow{\mathrm{AC}}$ となる実数
k, s, t があり, 条件から
$\dfrac{k}{6}=1-s-t$, $\dfrac{k}{5}=s$, $\dfrac{3}{10}k=t\big]$

53 $\Big[\overrightarrow{\mathrm{AB}}=\vec{b}$, $\overrightarrow{\mathrm{AC}}=\vec{c}$, $\overrightarrow{\mathrm{AD}}=\vec{d}$ とすると
$\overrightarrow{\mathrm{AB}}\cdot\overrightarrow{\mathrm{EF}}=\vec{b}\cdot\Big(\dfrac{\vec{c}+\vec{d}-\vec{b}}{2}\Big)$
$\qquad =\dfrac{1}{2}(\vec{b}\cdot\vec{c}+\vec{b}\cdot\vec{d}-|\vec{b}|^2)$
$\vec{b}$ と $\vec{c}$, $\vec{b}$ と $\vec{d}$ のなす角はともに $60°$ であり,
$|\vec{b}|=|\vec{c}|=|\vec{d}|$ であるから $\vec{b}\cdot\vec{c}=\vec{b}\cdot\vec{d}=\dfrac{1}{2}|\vec{b}|^2$
である。よって, $\overrightarrow{\mathrm{AB}}\cdot\overrightarrow{\mathrm{EF}}=0$ となる$\Big]$

54 (1) $\sqrt{53}$　(2) $\Big(\dfrac{3}{2}, -1, 2\Big)$
(3) $\Big(\dfrac{5}{4}, -2, \dfrac{7}{2}\Big)$　(4) $(0, -7, 11)$

55 $(5, -1, 2)$

56 (1) $z=5$　(2) $y=-2$　(3) $x=3$

57 (1) $x^2+y^2+z^2=25$
(2) $(x-3)^2+(y-2)^2+(z-1)^2=4$
(3) $(x-1)^2+(y-2)^2+(z-1)^2=19$

58 $\Big(x-\dfrac{1}{2}\Big)^2+(y-4)^2+\Big(z-\dfrac{3}{2}\Big)^2=\dfrac{7}{2}$

59 $(2, 0, -1)$, $\sqrt{7}$

60 [図]

61 (1) $1-2i$　(2) $\dfrac{1+\sqrt{3}\,i}{2}$　(3) $2i$
(4) 3

62 (1) $\sqrt{29}$　(2) 2　(3) 4　(4) 7

63 [図]

64 (1) $2\sqrt{5}$　(2) $\sqrt{145}$

65 $y=-3$

66 $-2i$

67 $\Big[|\alpha|^2=1$ から $\overline{\alpha}=\dfrac{1}{\alpha}$
よって $\overline{\alpha}^4+\dfrac{1}{\alpha^4}=(\overline{\alpha})^4+\dfrac{1}{(\overline{\alpha})^4}=\dfrac{1}{\alpha^4}+\alpha^4\Big]$

68 (1) $2\left(\cos\dfrac{2}{3}\pi+i\sin\dfrac{2}{3}\pi\right)$

(2) $3\sqrt{2}\left(\cos\dfrac{7}{4}\pi+i\sin\dfrac{7}{4}\pi\right)$

(3) $2\left\{\cos\left(-\dfrac{5}{6}\pi\right)+i\sin\left(-\dfrac{5}{6}\pi\right)\right\}$

(4) $3\left\{\cos\left(-\dfrac{\pi}{2}\right)+i\sin\left(-\dfrac{\pi}{2}\right)\right\}$

69 $\alpha\beta=8\sqrt{2}\left(\cos\dfrac{17}{12}\pi+i\sin\dfrac{17}{12}\pi\right)$,

$\dfrac{\alpha}{\beta}=2\sqrt{2}\left(\cos\dfrac{\pi}{12}+i\sin\dfrac{\pi}{12}\right)$

70 (1) 125　(2) 80　(3) $\dfrac{1}{20}$　(4) $\dfrac{64}{25}$

71 (1) 原点を中心として $-\dfrac{\pi}{4}$ だけ回転し，原点からの距離を $\sqrt{2}$ 倍した点

(2) 原点を中心として $\dfrac{2}{3}\pi$ だけ回転し，原点からの距離を 2 倍した点

72 (1) $2\sqrt{2}+4\sqrt{2}\,i$

(2) $(3+\sqrt{3})+(1-3\sqrt{3}\,)i$　(3) $-2+6i$

(4) $(-3\sqrt{3}-1)+(-\sqrt{3}+3)i$

73 (1) -64　(2) $-64\sqrt{2}\,(1+\sqrt{3}\,i)$

(3) $-\dfrac{1}{8}i$

74 $\pm1,\ \pm i$

75 (1) $z=-\dfrac{\sqrt{6}}{2}+\dfrac{\sqrt{2}}{2}i,\ \dfrac{\sqrt{6}}{2}-\dfrac{\sqrt{2}}{2}i$，[図]

(2) $z=2i,\ -\sqrt{3}-i,\sqrt{3}-i$，[図]

(1)　　　　　　(2)

76 (1) 4　(2) $\dfrac{7}{2}+i$　(3) $\dfrac{1}{2}+7i$

77 $2-i$

78 (1) 原点を中心とする半径 3 の円

(2) 点 3 を中心とする半径 1 の円

(3) 点 $-2i$ を中心とする半径 4 の円

79 (1) 2 点 $-2,\ 6i$ を結ぶ線分の垂直二等分線

(2) 原点と点 $2i$ を結ぶ線分の垂直二等分線

80 点 $2i$ を中心とする半径 2 の円

81 点 $4i$ を中心とする半径 2 の円

82 $\gamma=2+6i$

83 $\theta=\dfrac{2}{3}\pi$

84 $\theta=\dfrac{\pi}{4}$

[A(α)，B(β)，C(γ)とすると

$\dfrac{\gamma-\alpha}{\beta-\alpha}=\dfrac{1}{2}+\dfrac{1}{2}i=\dfrac{1}{\sqrt{2}}\left(\cos\dfrac{\pi}{4}+i\sin\dfrac{\pi}{4}\right)$]

85 (1) $x=\dfrac{1}{3}$　(2) $x=-13$

$\left[\dfrac{(x-4i)-(-1)}{(2+i)-(-1)}=\dfrac{3x-1}{10}-\dfrac{x+13}{10}i\right]$

86 (1) [図]，点$(4,\ 0)$，直線 $x=-4$

(2) [図]，点$\left(-\dfrac{1}{2},\ 0\right)$，直線 $x=\dfrac{1}{2}$

(1)　　　　　　(2)

87 $y^2=20x$

88 (1) 点$(0,\ 2)$，直線 $y=-2$，[図]

(2) 点$\left(0,\ -\dfrac{1}{12}\right)$，直線 $y=\dfrac{1}{12}$，[図]

(1)　　　　　　(2)

89 焦点，長軸の長さ，短軸の長さの順に

(1) [図]；2 点$(\sqrt{11},\ 0)$，$(-\sqrt{11},\ 0)$；12；10

(2) [図]；2 点$(6,\ 0)$，$(-6,\ 0)$；20；16

(1)　　　　　　(2)

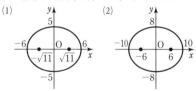

90 $\dfrac{x^2}{25}+\dfrac{y^2}{9}=1$

91 焦点，長軸の長さ，短軸の長さの順に

(1) ［図］；2 点$(0, 3)$, $(0, -3)$；10；8

(2) ［図］；2 点$(0, 4)$, $(0, -4)$；10；6

(1) 　(2)

92 (1) $\dfrac{x^2}{4}+y^2=1$　　(2) $\dfrac{x^2}{4}+\dfrac{y^2}{9}=1$

93 楕円 $\dfrac{x^2}{36}+\dfrac{y^2}{9}=1$

94 焦点，頂点，漸近線の順に

(1) ［図］；2 点$(3\sqrt{5}, 0)$, $(-3\sqrt{5}, 0)$；
2 点$(6, 0)$, $(-6, 0)$；
2 直線$y=\dfrac{1}{2}x$, $y=-\dfrac{1}{2}x$

(2) ［図］；2 点$\left(\dfrac{\sqrt{5}}{2}, 0\right)$, $\left(-\dfrac{\sqrt{5}}{2}, 0\right)$；

2 点$\left(\dfrac{1}{2}, 0\right)$, $\left(-\dfrac{1}{2}, 0\right)$；

2 直線$y=2x$, $y=-2x$

(1) 　(2)

95 $\dfrac{x^2}{4}-\dfrac{y^2}{5}=1$

96 $\dfrac{x^2}{4}-\dfrac{y^2}{4}=1$

97 焦点，頂点，漸近線の順に

(1) ［図］；2 点$(0, 5)$, $(0, -5)$；
2 点$(0, 4)$, $(0, -4)$；
2 直線$y=\dfrac{4}{3}x$, $y=-\dfrac{4}{3}x$

(2) ［図］；2 点$\left(0, \dfrac{\sqrt{5}}{2}\right)$, $\left(0, -\dfrac{\sqrt{5}}{2}\right)$；

2 点$\left(0, \dfrac{1}{2}\right)$, $\left(0, -\dfrac{1}{2}\right)$；

2 直線$y=\dfrac{1}{2}x$, $y=-\dfrac{1}{2}x$

(1) 　(2)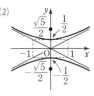

98 $(x-1)^2+\dfrac{(y-2)^2}{4}=1$；

$(1, \sqrt{3}+2)$, $(1, -\sqrt{3}+2)$

99 $(y+1)^2=2(x-2)$, $\left(\dfrac{5}{2}, -1\right)$

100 (1) 楕円 $\dfrac{x^2}{4}+y^2=1$ を x 軸方向に 2, y 軸方向に-1 だけ平行移動した楕円

(2) 双曲線 $\dfrac{x^2}{4}-\dfrac{y^2}{9}=-1$ を x 軸方向に-1, y 軸方向に 3 だけ平行移動した双曲線

(3) 放物線 $y^2=-2x$ を x 軸方向に 2, y 軸方向に 1 だけ平行移動した放物線

101 $k<-\sqrt{5}$, $\sqrt{5}<k$ のとき 2 個；
$k=\pm\sqrt{5}$ のとき 1 個；
$-\sqrt{5}<k<\sqrt{5}$ のとき 0 個

［x の 2 次方程式 $4x^2-9(-x+k)^2=36$ の判別式の符号を調べる］

102 $y=\dfrac{1}{\sqrt{5}}x-\dfrac{3}{\sqrt{5}}$, $y=-\dfrac{1}{\sqrt{5}}x+\dfrac{3}{\sqrt{5}}$

［接線の方程式は $y=m(x-3)$ とおけるから，x の 2 次方程式 $x^2+4\{m(x-3)\}^2=4$ が重解をもつときの m の値を求める］

103 (1) $x+y+1=0$　　(2) $\sqrt{3}x-2y-4=0$

104 (1) $y=2x^2-8x+9$；［図］

(2) $y=\dfrac{1}{8}x^2-\dfrac{5}{4}x+\dfrac{25}{8}$；［図］

(1)　　　　　　　(2)

105 放物線 $y=2x^2-2x+1$

106 (1) $x=4\cos\theta$, $y=4\sin\theta$

(2) $x=\sqrt{5}\cos\theta$, $y=\sqrt{5}\sin\theta$

107 (1) $x=5\cos\theta$, $y=3\sin\theta$

(2) $x=2\cos\theta$, $y=3\sin\theta$

108 $\left[x=\dfrac{4}{\cos\theta},\ y=6\tan\theta\ \text{とすると}\right.$

$\left.\dfrac{x^2}{16}-\dfrac{y^2}{36}=\dfrac{1}{\cos^2\theta}-\tan^2\theta=1\right]$

109 $x=\dfrac{2}{\cos\theta},\ y=\tan\theta$

110 (1) 点$(-1,\ 2)$を中心とする半径2の円

(2) 楕円 $\dfrac{(x-1)^2}{4}+\dfrac{(y+1)^2}{9}=1$

111 (1) $\left(\dfrac{\pi}{2}-\dfrac{3}{2},\ 3-\dfrac{3\sqrt{3}}{2}\right)$

(2) $\left(\dfrac{3}{2}\pi-3,\ 3\right)$　(3) $\left(\dfrac{9}{2}\pi+3,\ 3\right)$

(4) $(6\pi,\ 0)$

112 (1) $(2,\ 2\sqrt{3}\,)$　(2) $(0,\ 4)$

(3) $(1,\ -1)$

113 (1) $(2,\ 0)$　(2) $\left(3\sqrt{2},\ \dfrac{3}{4}\pi\right)$

(3) $\left(2,\ \dfrac{4}{3}\pi\right)$

114 $r=\dfrac{2}{\sin\theta}$

115 (1) ［図］　　(2) ［図］

116 $r^2(\cos^2\theta+2)=1$

117 (1) $x^2+y^2-x-y=0$　(2) $x^2-y^2=-1$

[(1) 両辺に r を掛ける

(2) $\cos2\theta=\cos^2\theta-\sin^2\theta$ を利用する]

118 $3x^2-y^2-36x+81=0$

119 (1) 19.9

(2) 順に 85.36%，94.03%，97.13%，99.97%，100%

120 (1) （ア） 3　　（イ） 2

（ウ） 円の大きさ

(2) ［1］ データの大きさが大きくなり過ぎると，円が重なり読み取りにくいことがある。

［2］ 円の大きさで表すデータの値の差が小さいと，大きさの細かな読み取りが難しく比較しづらいことがある。

121 (1) 緑　　(2) 店Y

122 (1) 1行2列　　(2) 2行2列

(3) 3行1列　　(4) 3行3列

123 (1) 4　　(2) 3　　(3) 0

124 最も多かったもの：店Yの黒のボールペン；最も少なかったもの：店Zの緑のボールペン

125 (1) $\begin{pmatrix}6 & 3\\6 & 8\end{pmatrix}$　(2) $\begin{pmatrix}4 & -3 & 12\\2 & 7 & -13\end{pmatrix}$

(3) $\begin{pmatrix}-2 & -3\\3 & 0\end{pmatrix}$　(4) $\begin{pmatrix}2\\-2\end{pmatrix}$

126 $\begin{pmatrix}\dfrac{105}{2} & \dfrac{81}{2} & \dfrac{37}{2} & \dfrac{27}{2}\\[2mm] 65 & \dfrac{105}{2} & 28 & \dfrac{35}{2}\\[2mm] \dfrac{77}{2} & 40 & 19 & \dfrac{17}{2}\end{pmatrix}$

127 (1) $\begin{pmatrix}2 & -4\\0 & 6\end{pmatrix}$　(2) $\begin{pmatrix}\dfrac{1}{3} & -\dfrac{2}{3}\\[1mm] 0 & 1\end{pmatrix}$

(3) $\begin{pmatrix}-1 & 2\\0 & -3\end{pmatrix}$　(4) $\begin{pmatrix}-3 & 6\\0 & -9\end{pmatrix}$

128 自動車Y

$\left[\text{総得点は}(5\ \ 2\ \ 2)\begin{pmatrix}3 & 4 & 2\\1 & 5 & 4\\5 & 2 & 3\end{pmatrix}=(27\ \ 34\ \ 24)\right]$

129 (1) $\begin{pmatrix}18\\18\end{pmatrix}$　(2) $\begin{pmatrix}13 & 7\\20 & 10\end{pmatrix}$　(3) $\begin{pmatrix}2 & 3\\1 & 4\end{pmatrix}$

130 (1) 一筆書きはできる

(2) 一筆書きはできない

(3) 一筆書きはできる

(1) （例）　　　　　(3) （例）

131 A → B → C → G → H

132 (1) $A^2=\begin{pmatrix}1 & 2\\0 & 1\end{pmatrix}$, $A^3=\begin{pmatrix}1 & 3\\0 & 1\end{pmatrix}$

(2) $A^2=\begin{pmatrix}16 & -10 & 5\\12 & -7 & 6\\1 & 2 & 7\end{pmatrix}$, $A^3=\begin{pmatrix}11 & 0 & 40\\16 & -5 & 32\\24 & -16 & 3\end{pmatrix}$

133 (1) 5　　(2) Q駅，8

[(1) 行列 A^3 の$(1,\ 5)$成分

(2) 経路の総数は，行列 A^3 の第5列の各成分である]

定期考査対策問題の答と略解

第1章

1 $\left[\overrightarrow{\mathrm{PQ}}=\overrightarrow{\mathrm{OQ}}-\overrightarrow{\mathrm{OP}}=3(\vec{b}-\vec{a}),\right.$

$\overrightarrow{\mathrm{AB}}=\overrightarrow{\mathrm{OB}}-\overrightarrow{\mathrm{OA}}=\vec{b}-\vec{a}$

よって $\overrightarrow{\mathrm{PQ}}=3\overrightarrow{\mathrm{AB}}$ である$]$

2 $t=13$

$\left[\vec{a}\cdot\vec{b}=1,\ 3|\vec{a}|^2+(6t-1)\vec{a}\cdot\vec{b}-2t|\vec{b}|^2=0\right]$

3 $t=-\dfrac{2}{5}$ で最小値 $2\sqrt{3}$

$\left[\vec{a}\cdot\vec{b}=10\ \text{から}\ |\vec{a}+t\vec{b}|^2=25\left(t+\dfrac{2}{5}\right)^2+12\right]$

4 $\overrightarrow{\mathrm{AI}}=\dfrac{7}{18}\vec{b}+\dfrac{5}{18}\vec{c}$

[AI と BC の交点を D とすると

BD：DC＝AB：AC＝5：7，

AI：ID＝BA：BD＝$5:\dfrac{5}{2}$＝2：1]

5 (1) 辺 BC を 4：3 に内分する点を Q とすると，線分 AQ を 7：2 に内分する点

(2) 2：3：4

[(2) △PBQ：△PCQ＝4：3，

△PCA：△PCQ＝△PAB：△PBQ＝7：2]

6 $\left[\overrightarrow{\mathrm{AB}}=\vec{b},\ \overrightarrow{\mathrm{AD}}=\vec{d}\ \text{とすると}\right.$

$\overrightarrow{\mathrm{AF}}=\dfrac{\overrightarrow{\mathrm{AB}}+4\overrightarrow{\mathrm{AD}}}{4+1}=\dfrac{\vec{b}+4\vec{d}}{5}$

また，$\overrightarrow{\mathrm{AC}}=\vec{b}+\vec{d}$ より

$\overrightarrow{\mathrm{AE}}=\dfrac{\overrightarrow{\mathrm{AC}}+3\overrightarrow{\mathrm{AD}}}{3+1}=\dfrac{\vec{b}+4\vec{d}}{4}$

よって，$\overrightarrow{\mathrm{AF}}=\dfrac{4}{5}\overrightarrow{\mathrm{AE}}$ である$]$

7 (1) $3\overrightarrow{\mathrm{OA}}=\overrightarrow{\mathrm{OA'}}$，$3\overrightarrow{\mathrm{OB}}=\overrightarrow{\mathrm{OB'}}$ となる点 A′，B′ をとると，点 P の存在範囲は直線 A′B′

(2) $3\overrightarrow{\mathrm{OA}}=\overrightarrow{\mathrm{OA'}}$，$2\overrightarrow{\mathrm{OB}}=\overrightarrow{\mathrm{OB'}}$ となる点 A′，B′ をとると，点 P の存在範囲は△OA′B′ の周および内部

8 O を端点とし，半直線 OA と 60°の角をなす 2 本の半直線

第2章

1 $|\vec{b}|=3,\ |\vec{a}+\vec{b}+\vec{c}|=8$

$[|\vec{a}|=6$ で，$\vec{a}$ と $\vec{b}$ のなす角は 60°であり，

$\vec{a}\cdot\vec{c}=0,\ \vec{b}\cdot\vec{c}=0,$

$(\vec{a}+\vec{b}+\vec{c})\cdot(2\vec{a}-5\vec{b})=0$ であるから$|\vec{b}|=3$ となる$]$

2 $t=-\dfrac{1}{2}$ で最小値 $\dfrac{5\sqrt{2}}{2}$

$\left[|\vec{a}+t\vec{b}|^2=6\left(t+\dfrac{1}{2}\right)^2+\dfrac{25}{2}\right]$

3 $\left[\overrightarrow{\mathrm{AB}}=\vec{b},\ \overrightarrow{\mathrm{AC}}=\vec{c},\ \overrightarrow{\mathrm{AD}}=\vec{d}\ \text{とすると}\right.$

(1) （左辺）$=\overrightarrow{\mathrm{AD}}+(\overrightarrow{\mathrm{AC}}-\overrightarrow{\mathrm{AB}})=\vec{d}+\vec{c}-\vec{b}$，

（右辺）$=2(\overrightarrow{\mathrm{AN}}-\overrightarrow{\mathrm{AM}})=\vec{c}+\vec{d}-\vec{b}$

(2) （左辺）

$=\overrightarrow{\mathrm{AB}}+\overrightarrow{\mathrm{AD}}+(\overrightarrow{\mathrm{AB}}-\overrightarrow{\mathrm{AC}})+(\overrightarrow{\mathrm{AD}}-\overrightarrow{\mathrm{AC}})$

$=2(\vec{b}-\vec{c}+\vec{d})$，

（右辺）$=4(\overrightarrow{\mathrm{AP}}-\overrightarrow{\mathrm{AQ}})=2(\vec{b}-\vec{c}+\vec{d})]$

4 $x=-1,\ y=\dfrac{1}{2}$

5 (1) 2

(2) $\dfrac{1}{\sqrt{3}}$

6 線分 OH の長さ $\dfrac{6}{7}$，四面体 OABC の体積 4

$\left[\overrightarrow{\mathrm{OH}}=\left(\dfrac{36}{49},\ \dfrac{18}{49},\ \dfrac{12}{49}\right)\right.$

また，$\overrightarrow{\mathrm{AB}}\cdot\overrightarrow{\mathrm{AC}}=16,\ |\overrightarrow{\mathrm{AB}}|^2=20,\ |\overrightarrow{\mathrm{AC}}|^2=52$

から △ABC＝14 となる$]$

7 $a=\pm2$

[球面が xy 平面と交わってできる円の方程式は

$(x+2)^2+(y-1)^2=6^2-a^2,\ z=0$ である$]$

演習

答と略解

答と略解 ● 205

第3章

1 $a=4$, $b=-\dfrac{9}{2}$

[3点 0, α, β が一直線上にあるとき，$\beta=k\alpha$ となる実数 k があり，3点 0, α, γ が一直線上にあるとき，$\gamma=l\alpha$ となる実数 l がある]

2 (2) 2

[(1) 条件から $\alpha\overline{\alpha}=1$, $\beta\overline{\beta}=1$,

$(\alpha+\beta)(\overline{\alpha}+\overline{\beta})=1$ である。

よって，$\overline{\alpha}=\dfrac{1}{\alpha}$, $\overline{\beta}=\dfrac{1}{\beta}$ であるから

$(\alpha+\beta)\left(\dfrac{1}{\alpha}+\dfrac{1}{\beta}\right)=1$ である]

3 (1) $\dfrac{1}{\sqrt{2}}\left(\cos\dfrac{7}{4}\pi+i\sin\dfrac{7}{4}\pi\right)$

(2) $\cos\dfrac{\pi}{3}+i\sin\dfrac{\pi}{3}$

4 (1) $\dfrac{3+\sqrt{3}}{2}-\dfrac{1-3\sqrt{3}}{2}i$ または

$\dfrac{3-\sqrt{3}}{2}-\dfrac{1+3\sqrt{3}}{2}i$

(2) $-(3-\sqrt{3})+(1+3\sqrt{3})i$ または
$-(3+\sqrt{3})+(1-3\sqrt{3})i$

[(2) 点 B は，点 A を原点を中心として $\pm\dfrac{2}{3}\pi$ だけ回転し，原点からの距離を2倍した点である]

5 $\dfrac{2+\sqrt{3}}{2}-\dfrac{1-2\sqrt{3}}{2}i$

[点 $2+i$ を原点を中心として $-\dfrac{\pi}{6}$ 回転した点を，実軸に関して対称移動し，さらに原点を中心として $\dfrac{\pi}{6}$ だけ回転した点を表す複素数を求める]

6 (1) -1

(2) -4

7 (1) $z=\cos\theta\pm i\sin\theta$

[(2) (1)から $z=\cos\theta\pm i\sin\theta$ である。

$z=\cos\theta+i\sin\theta$ のとき $z^n=\cos n\theta+i\sin n\theta$,

$\dfrac{1}{z^n}=\cos n\theta-i\sin n\theta$

よって，$z^n+\dfrac{1}{z^n}=2\cos n\theta$ が成り立つ。

$z=\cos\theta-i\sin\theta$ のときも同様に考える]

8 $z=2\left(\cos\dfrac{2}{5}\pi+i\sin\dfrac{2}{5}\pi\right)$,

$2\left(\cos\dfrac{4}{5}\pi+i\sin\dfrac{4}{5}\pi\right)$, $2\left(\cos\dfrac{6}{5}\pi+i\sin\dfrac{6}{5}\pi\right)$,

$2\left(\cos\dfrac{8}{5}\pi+i\sin\dfrac{8}{5}\pi\right)$

9 (1) 0

(2) 1

[(1) $\alpha^{17}=1$ から

$(\alpha-1)(\alpha^{16}+\alpha^{15}+\cdots\cdots+\alpha^2+\alpha+1)=0$]

10 -64

11 (1) 点 i を通り虚軸に垂直な直線

(2) 点 $-\dfrac{1}{2}+\dfrac{1}{2}i$ を中心とする半径1の円

(3) 点 1 を中心とする半径3の円

(4) 点 $-2i$ を中心とする半径2の円

[(2) 変形すると $\left(z+\dfrac{1-i}{2}\right)\left(\overline{z}+\overline{\dfrac{1-i}{2}}\right)=1$

(4) $|z-2i|^2=4|z+i|^2$ から

$z\overline{z}-2iz+2i\overline{z}=0$

よって $(z+2i)(\overline{z}-2i)=4$ となる]

12 [3点 α, β, γ が一直線上にあるから

$\dfrac{\gamma-\alpha}{\beta-\alpha}$ は実数である。

よって，$\dfrac{\gamma-\alpha}{\beta-\alpha}=\overline{\left(\dfrac{\gamma-\alpha}{\beta-\alpha}\right)}$ すなわち

$\dfrac{\gamma-\alpha}{\beta-\alpha}=\dfrac{\overline{\gamma}-\overline{\alpha}}{\overline{\beta}-\overline{\alpha}}$ である]

13 [P(0), A(α), B(β), C(γ) とすると，

$AB^2+PC^2=AC^2+PB^2$ から

$|\beta-\alpha|^2+|\gamma|^2=|\gamma-\alpha|^2+|\beta|^2$ である。

変形して $(\overline{\gamma}-\overline{\beta})\alpha=-(\gamma-\beta)\overline{\alpha}$ となる。

両辺を $\alpha\overline{\alpha}$ で割ると $\overline{\left(\dfrac{\gamma-\beta}{\alpha}\right)}=-\dfrac{\gamma-\beta}{\alpha}$ であるから，$\dfrac{\gamma-\beta}{\alpha}$ は純虚数である]

第4章

1 (1) $y^2=-9x$ (2) $\dfrac{x^2}{9}+\dfrac{y^2}{25}=1$

(3) $\dfrac{x^2}{9}-\dfrac{y^2}{40}=1$

2 (1) 放物線 $y^2=x$ を x 軸方向に -1, y 軸方向に 2 だけ平行移動した放物線

(2) 楕円 $\dfrac{x^2}{9}+\dfrac{y^2}{4}=1$ を x 軸方向に 2, y 軸方向に -3 だけ平行移動した楕円

(3) 双曲線 $\dfrac{x^2}{9}-\dfrac{y^2}{2}=1$ を x 軸方向に -8, y 軸方向に 2 だけ平行移動した双曲線

3 中点 $\left(\dfrac{1}{2},\ \dfrac{1}{6}\right)$, 長さ $\dfrac{\sqrt{170}}{3}$

[2 つの交点の y 座標を y_1, y_2, 2 つの交点を結んだ線分の長さを l とすると $y_1+y_2=\dfrac{1}{3}$,

$y_1y_2=-\dfrac{4}{9}$, $l^2=10\{(y_1+y_2)^2-4y_1y_2\}$ である]

4 $y=x+1$, $y=x-1$

[直線の方程式は $y=x+k$ とおけるから, x の 2 次方程式 $2x^2-(x+k)^2=-2$ が重解をもつときの k の値を求める]

5 [点 $(3,\ 4)$ を通る接線の方程式は $y=m(x-3)+4$ とおける。これを楕円の方程式に代入して変形して得られる x の 2 次方程式の判別式を D とすると $\dfrac{D}{4}=144(7m^2+24m-7)$

$D=0$ としたときの m の 2 次方程式の 2 つの解を m_1, m_2 とすると, 解と係数の関係から $m_1m_2=-1$ となる]

6 直線 $y=-\dfrac{1}{4}x$ の $-\dfrac{4\sqrt{5}}{5}<x<\dfrac{4\sqrt{5}}{5}$ の部分

[点 P, Q, R の x 座標をそれぞれ x_1, x_2, x とすると $x_1+x_2=-\dfrac{8}{5}k$, $x=\dfrac{x_1+x_2}{2}$ となる]

7 (1) 直線 $y=2x-5$

(2) 放物線 $x=y^2+1$ の $y\geqq0$ の部分

(3) 円 $x^2+y^2=1$ の $x\geqq0$, $y\geqq0$ の部分

(4) 楕円 $\dfrac{(x-1)^2}{16}+\dfrac{(y+1)^2}{9}=1$

(5) 双曲線 $\dfrac{x^2}{4}-\dfrac{y^2}{9}=1$

8 (1) 極を通り, 始線とのなす角が $\dfrac{\pi}{4}$ の直線

(2) 中心の極座標が $(3,\ 0)$, 半径が 3 の円

(3) 極座標が $\left(1,\ \dfrac{5}{6}\pi\right)$ である点 A を通り, OA に垂直な直線(ただし, O は極である)

9 (1) $x^2+2y^2+2x-1=0$

(2) $3x^2-y^2-12x+9=0$

(3) $y^2+4x-4=0$

10 $r=2\cos\theta$ (ただし $r\neq0$)

11 (1) 放物線 $x=y^2-5y+3$

(2) 楕円 $x^2+\dfrac{y^2}{9}=1$ ただし, 点 $(-1,\ 0)$ を除く

$\left[\text{(2)}\ \text{P}(x,\ y)\text{ とすると }x=\dfrac{1-t^2}{1+t^2},\ y=\dfrac{6t}{1+t^2}\text{ であり},\right.$

$\left. x^2+\left(\dfrac{y}{3}\right)^2=1\text{ となる。また},\right.$

$\left. x=\dfrac{1-t^2}{1+t^2}=-1+\dfrac{2}{1+t^2}\neq-1\text{ である}\right]$

12 $\theta=\dfrac{\pi}{2}$, $\theta=-\dfrac{\pi}{6}$

● 表紙デザイン
　株式会社リーブルテック

初版
第1刷　2023年5月1日　発行
第2刷　2024年3月1日　発行

ISBN978-4-87740-265-5

教科書ガイド

数研出版 版

新編　数学C

制　作　株式会社チャート研究所

発行所　数研図書株式会社

〒604-0861　京都市中京区烏丸通竹屋町上る
　　　　　　大倉町205番地

[電話]　075(254)3001

乱丁本・落丁本はお取り替えいたします。
本書の一部または全部を許可なく複写・複製する
こと，および本書の解説書，問題集ならびにこれ
に類するものを無断で作成することを禁じます。

240102